mediaforum

Richard Lewinsohn (Morus) | Franz Pick

Sinn und Unsinn der Börse

Mediaforum Verlag

April 2009
1. Auflage
Reprint der Originalausgabe von 1933
erschienen bei S. Fischer / Berlin

Mediaforum UG (haftungsbeschränkt) | Frankfurt am Main

www.lewinsohn.de

Umschlagkonzept: Rainer Zehner | ICON Kommunikationsdesign
Umschlagfoto: Lars Christensen / Fotolia.com
Druck und Bindung: Hubert & Co. | Göttingen
Printed in Germany | ISBN 978-3-9812870-0-4

SINN UND UNSINN DER BÖRSE

INHALT

Erstes Kapitel

DER BÖRSENSPIELER

Ein Tempel mit griechischen Säulen, in dem man regelmäßig sein Geld verliert – so kennzeichnete einmal ein französischer Finanzminister die Börse. Einen „Markt für vertretbare Werte" nennen sie die Theoretiker. Weder der plastische Ausspruch des verärgerten Politikers noch die unlebendige Definition der Wissenschaft trifft das Wesentliche der Börse. Beide haften am Äußerlichen.

Ein Markt, auf dem man Seifenpulver, Suppenwürfel, Schuhcreme oder sonstige Markenartikel verkauft, ist gewiß noch keine Börse, obwohl auch diese Güter ihrer Menge und ihrer Qualität nach gleichartig sind, also einander vertreten können. Aber auch der andere Teil der üblichen Definition trifft nicht zu. Die Börse ist kein Markt im streng wirtschaftlichen Sinne. Denn was auf der Börse hin- und hergehandelt wird, dient fast nie einem Bedarf. Die Börse hat keine fest umrissene, notwendige Stellung im Produktionsprozeß. Sie erfüllt nicht, wie der Handel, eine Transportfunktion. Sie leitet nichts vom Erzeuger zum Verbraucher weiter. Für die wenigen effektiven Warengeschäfte, die gewohnheitsmäßig an der Börse abgeschlossen werden, wäre die Unterhaltung eines so großen Apparates nicht notwendig, die meisten von ihnen ließen sich heute telephonisch erledigen. Ebensowenig sind die Effektenbörsen zur Anlage von Vermögenswerten unentbehrlich. Dazu würden unkompliziertere und gefahrlosere Einrichtungen vollständig genügen. Man geht in den Schuhladen bei Schuhbedarf, aber niemand geht an die Börse, weil er einen dringenden Bedarf an I. G. Farben-Aktien oder an Anaconda Shares hat. Da die Börse keine richtige Handelsfunktion hat, unterhält sie auch keinen Laden und kein Lager. An den Börsen wird nur gehandelt, was es dort nicht gibt. Mit einem wirklichen

Markt, der zur Versorgung der Kunden mit ganz bestimmten Gebrauchsgütern dient, hat die Börse also nichts gemein als den Namen, der von rein äußerlichen Analogien herrührt.

Natürlich wäre die Börse nicht da, wenn sie nicht auch einem Bedürfnis entspräche. Der Urgrund des Börsenbedarfs ist nicht nur wirtschaftlicher, sondern vor allem psychologischer Art. Die Börse ist ein Markt für Illusionen, die Geld bringen sollen. Doch schon aus der Tatsache, daß auch die meisten von denen, die an der Börse Geld verlieren, immer wieder zu ihr zurückkehren, muß man schließen, daß die Illusion das Wichtigste ist.

Die Zahl derer, die an diesem seltsamen „Handel" teilnehmen, ist theoretisch unbegrenzt und praktisch sehr groß. Die einzige Vorbedingung dafür ist: Geld. Wer an die Börse will, muß Geld haben. Er braucht nicht viel zu besitzen, es genügt, wenn er nur eine bescheidene Summe mitbringt, um durch die Börsentaufe der ersten Transaktion in die Gemeinschaft der Börsenfiguranten aufgenommen zu werden. Schon die Anzahlung reicht manchmal aus, um ihm einen Kredit zu verschaffen und damit seinen Börsenfonds zu vergrößern. Aber auch der Anzahlung bedarf es nicht einmal, sobald man im Börsenbetrieb erst eine gewisse Stellung einnimmt. Je näher man an die Börse selbst rückt, je weiter man im Börsengeschäft vorwärtsgekommen ist, desto weniger eigenes Geld ist notwendig, um ein neues Engagement einzugehen. Nach ihren Geldverhältnissen und nach ihrer Distanz zur Börse lassen sich daher die einzelnen Gruppen der Börsenfiguranten unterscheiden.

Der Amateur

Alle Gesellschaftsklassen weisen Leute auf, die auf dem Wege über die Börse etwas verdienen möchten. Denn nichts Leichteres scheint es zu geben. Sie wollen nicht von der Börse leben, sondern sich auf Grund ihrer Ersparnisse oder ihres sonstigen Vermögens ein zusätzliches Sondereinkommen schaffen. Das ist zu Beginn die Börsenabsicht jedes Amateurs. Er glaubt, bevor er den ersten Auftrag gegeben hat, mit etwas Klugheit, mit etwas Glück oder einem guten Tip etwas gewinnen zu können. Er ist sich meist darüber klar, daß er spielt, und er spielt gern. Nur wenn diese erste Operation anstatt Gewinn Verlust ergab, sucht er sie als Anlage hinzustellen und mit Verzinsungsargumenten vor sich und seiner Frau zu entschuldigen. Oft jedoch sagt er sich auch, daß er beim nächsten Male besser spekulieren wird, und geht bald eine neue Verpflichtung ein. Hat die erste oder die zweite Spekulation Erfolg, so gewinnt er am Börsenspiel Gefallen.

Der Amateur ist im Grunde ein Mensch, der friedlich seinem Berufe nachzugehen pflegt, der der Börse gesellschaftlich fernsteht und ihren Mechanismus nicht zu verstehen braucht. Er muß Geld haben und beim Eingehen des ersten Geschäftes den Kaufbetrag im voraus erlegen. Da seine Aufträge nie ins Große gehen, wird er von Banken und Vermittlern nicht immer zuvorkommend behandelt. Er erhält, falls er nicht über ein feststellbares Vermögen verfügt, auch keinen Spielkredit und muß seine Verpflichtungen pünktlich erfüllen. Der Amateur ist seiner Börsennatur nach ein Optimist und kennt meistens nur das Spiel à la hausse. Bei seiner brav-bürgerlichen Einstellung ist er dem Baissespiel im Prinzip abhold. Schwierigere Börsengeschäfte, wie Prämien oder Terminabwicklungen, locken ihn wenig. Er gibt sie bei trüben Erfahrungen bald wieder auf. Der Börse, die er gelegentlich von außen mit einem Gemisch von Respekt und Neugierde betrachtet, bleibt er auch dort fern, wo sie jedermann offen steht. Er sucht sie auch nicht zu ergründen, aber er hofft stets wieder, an ihr einmal gut zu verdienen. Diese Hoffnung erhält ihn als Kunden.

Der gute Kunde

Eine beträchtliche Rangstufe höher in der Börsenarmee steht der Kapitalist, der bewußt einen Teil seines Vermögens ins Spiel führt. Er faßt die Spekulation schon als einen Beruf, mindestens als einen Nebenberuf auf und gilt daher in der Öffentlichkeit als Berufsspekulant, auch wenn er sich auf seiner Visitenkarte „Rittergutsbesitzer“ oder „Generaldirektor a. D.“ nennt. Bei ihm liegen die Geldverhältnisse günstiger als beim Amateur. Denn er geht in der Regel mit einem ansehnlicheren Betrage an die Börse heran, an der er aber auch ansehnlicher als der Amateur zu verdienen hofft. In diese Kategorie fallen die Besitzer großer Vermögen, die einen Teil davon fest angelegt haben und mit einem anderen fest entschlossen spielen. Es sind Kapitalisten, die durch eine Erbschaft oder durch einen unerwarteten Vermögenszuwachs zu größeren Summen kamen, Kleinspekulanten, die durch ein paar glückliche Operationen reich wurden, kurz Leute, die glauben, durch regelmäßige Betätigung an der Börse ihren Besitz vermehren zu können.

Banken und Vermittler kennen den Vermögensstand dieser Spekulanten genau und behandeln sie infolgedessen schon als interessantere Kunden mit einer gewissen Zuvorkommenheit, die mit der Höhe des Depots zu wechseln pflegt. Zudem ist der Berufsspekulant der Börse bereits bedeutend näher als der Kleinkunde. Er trachtet danach, falls dies örtlich möglich ist, oft oder sogar täglich an die Börse zu gehen, und kann bei Stimmungsveränderungen innerhalb der Börsenstunden vorteilhafter operieren, weil er am Platze ist. Da seine Bank oder sein Vermittler von ihm wissen, daß er Geld hat, braucht er auch nicht im voraus zu zahlen, es werden ihm schon mittlere Spielkredite eingeräumt.

Als guter Kunde wird er auch laufend mit Tips versehen. Er läßt sich zum Unterschied vom Amateur, der vorwiegend am Kassamarkt arbeitet, auf Termingeschäfte ein, pflegt auch öfters in Prämien zu spielen und geht schon entschlossener mit der Tendenz. Obgleich eigentlich auch er Optimist ist, scheut er nicht vor einem Baissegeschäft zurück, falls er glaubt, damit Geld verdienen zu können. Hat er, was auch vorkommt, in langanhaltenden Börsenbewegungen einige größere Spielpartien gewonnen, so steigt sein Kredit in sehr starkem Maße mit diesen Gewinnen, und er verwächst noch mehr mit der Börse. Nicht selten verlegt er sich dann darauf, seine Tätigkeit auf einige wenige Werte zu beschränken. Aus dem wahllosen Spieler wird so ein Spezialist. Aus solchen Spezialisten rekrutieren sich zuweilen die großen Spieler.

Der große Spieler

Die meisten großen Spieler sind arm zur Welt gekommen. Nur wenige konnten sich dem Verspielen eines ererbten großen Vermögens widmen, und ganz selten wird der Sohn eines großen Spielers wiederum ein erfolgreicher Spekulant. Denn Spielneigung mag erblich sein, Spielerglück aber ist es nicht. Fast nie überdauerte einen Spekulanten der Spielerruhm seines Sohnes. Es handelt sich hier also um Einzelerscheinungen. Die großen Spieler sterben selten im Glanz ihres Vermögens und auf der Höhe ihres Börsenruhms eines normalen Todes. Sie sind, auch wenn man es ihnen nicht immer ansieht, Gewaltmenschen. Ihr Beruf ist hart, er erfordert große Willensstärke, eine gute Kenntnis des Börsenmechanismus, rasche Entschlußkraft und vor allem eine robuste Psychologie. Das Leben des großen Spielers ist ruhelos, es ist eine Akrobatie auf Zahlen, die einander nie gleichen und deren geschickte Ausnutzung sein Daseinszweck ist. Denn während der Amateur und der Berufsspekulant hinter den Kursen herspielen, macht sie der große Spieler oft, indem er mit ihnen spielt.

Alle großen Spieler brauchen im Anfang Geld. Manchmal erwerben sie es in der Industrie, wie Kreuger, manchmal finden sie es auf Grund ihres auffallenden Spieltalents bei anderen Spekulanten, wie Oustric bei Gualino, es kommt auch vor, daß sie, wie Alfred Löwenstein oder Hatry, von kleinen, aber wiederholten Spekulationserfolgen ausgehen und dadurch zu größeren Spielkapitalien gelangen. Der große Spieler arbeitet jedoch in der Regel schon mit bedeutenden Spielkrediten, da er von Vermittlern, Banken und Brokern als Großkunde geschätzt wird und nur einen Teil seiner Verpflichtungen mit einem Sicherungsdepot zu decken hat. Seine Spieleinlage überschreitet selten 30 Prozent der Spielsumme. Er spekuliert also mindestens zu 70 Prozent auf Kredit. Dadurch erweitert sich sein Operationskreis ganz außerordentlich. Er kann mit einer Million in bar schon für drei Millionen spielen, häufig aber auch für fünf.

Die Erfolgsbasis für die Entwicklung des großen Spielers wird fast stets in einer ansteigenden Konjunktur gelegt, die er mitmacht und bei anwachsenden Gewinnen sogar schon machen hilft. Bei zunehmendem Erfolg gehen seine Aufträge in vielen Fällen über den Rahmen der reinen Börsenspekulation hinaus. Um die Kursbildung zu beeinflussen, muß sich aber auch der größte Spekulant auf ein oder wenige Papiere konzentrieren. Auf diesem Wege kann der Großspieler äußerlich zumindest rasch Unternehmer werden, wenn er die Majorität einer Gesellschaft zu Spekulationszwecken aufkauft, wie das Bosel, Castiglioni, Oustric, Devilder, Löwenstein, Hatry taten. Die Unternehmerwürde, die sich diese Spieler dann gern mit einem Präsidententitel verzierten, hinderte sie jedoch in keiner Weise, in ihrem Wesen Spekulanten zu bleiben. Sie haben sich ihre Unternehmen im wahren Sinne des Wortes erspielt, besaßen in der Regel von vornherein keinen Unternehmertrieb und keine Fachkenntnisse. Der Sinn für Erhaltung der Unternehmen geht solchen Spekulanten vollständig ab. Sie bleiben im Grunde genommen doch nur Börsenhändler, die kurstechnisch und spielerisch, nicht aber wirtschaftlich denken und sehen. Ja, sie können buchstäblich in ganzen Unternehmen handeln, während sie glauben, es nur in Aktien zu tun.

Das Spiel im Großen bringt fast alle, die es pflegen, zu einer Bank. Oft geht auch solch ein Bankerwerb über die Börse vor sich, wie im Falle der Union-Bank durch Bosel, meist aber gründen Großspekulanten aus verschiedensten Erwägungen heraus neue Bankinstitute zur Zentralisierung ihrer Finanzen für die Börse. Erst in zweiter Linie steht hinter derartigen Bankgründungen die Absicht, den Spekulationskreis auszudehnen und ihn durch Kundengelder zu verstärken. Sehr wichtig ist in Einzelfällen aber dem großen Spieler das Akzept seiner Wechsel bei der Notenbank, das er nur als Bankier, nie als Spieler oder als Finanzier, wie er sich später nennt, erhält.

Der Börsenhändler

Der Amateur, der gute Kunde und der große Spieler kommen von außen her an die Börse. Sie kommen mit Geld und mit Aufträgen und sind eigentlich die Akteure, für die man die Börse schuf. Damit aber die Börse funktionieren kann, braucht sie, wie das Theater, auf dessen Bühne Statisten, Schauspieler und Stars sich bewegen, technisches Personal. Das spielt im Theater und an der Börse für den Zuschauer nicht mit. Was fürs Theater scheinbar stimmen mag, stimmt für die Börse ganz und gar nicht. Denn da spielt, wenn auch entgegen den Vorschriften, das technische Personal fast immer. Auf seiner untersten Stufe steht allenthalben der Laufjunge, den man Boy, Groom, Stift und in Frankreich merkwürdigerweise „grouillot“ — von grouiller, das heißt „sich sputen“ — nennt. Sogar diese Jungen spielen, wenn sie auch erst kurze Zeit an der Börse sind, indem sie zu dritt oder zu viert eine Aktie kaufen.

Der Angestellte der Banken und Börsenhäuser (Commis oder Clark) spielt schon regelmäßiger. Den Namen „Händler“, den er an den deutschen Börsen hat, trägt er mit Recht, denn er ist es, der an der Börse wirklich handelt. Er steht zwischen dem Kunden und dem Kurs. Man kann ihn nicht umgehen. Der Angestellte soll eigentlich nicht spielen, die Börsenvorschriften verbieten es ihm. An allen europäischen Börsen jedoch bezieht er kaum mehr als etwa 200 Mark offizielles Monatsgehalt. Er spielt also teils aus Existenzgründen und teils infolge des ständigen Anreizes, den die Kursbildung, der er näher als alle anderen steht, auf ihn ausübt. Er ist der echte Typus des Berufsspekulanten, obwohl er soziologisch ein Angestellter ist.

Der Angestellte spielt nach zwei Systemen: dem vorsichtigen und dem unvorsichtigen. Das vorsichtige System, das in europäischen Börsenkreisen auch „Spiel mit Regenschirm“ genannt und nicht nur von Händlern, sondern auch von Banken und Brokern gern gepflegt wird, besteht im Mitspielen hinter großen Aufträgen. Namentlich das wahllose Spiel der Commis bringt für die Häuser, bei denen sie angestellt sind, Gefahrenmomente mit sich. Man hat es deshalb oft zu unterdrücken gesucht. Da aber die Angestellten sich dann Konten in anderen Firmen eröffnen ließen und stets wieder spielten, bemüht man sich seit einigen Jahren in den Häusern, die ausnahmslos die Verpflichtungen ihres Börsenpersonals nach außen zu garantieren haben, eine Lösung dieses

Problems zu finden. Man eröffnet den Händlern im eigenen Hause Spielkonten, von denen die Hälfte der Gewinne dem Hause und die Hälfte dem Commis zukommt und die täglich überwacht werden. Besonders in Frankreich hat sich dies offizielle Spielsystem von Börsenangestellten in der Nachkriegszeit eingebürgert. Es hat jedoch nichts an der Tatsache geändert, daß die Commis meist nur sehr unbestimmte Kenntnisse von der Güte des Wertes haben, in dem sie spielen.

Der Angestellte als Spieler beurteilt seine gesamte berufliche Tätigkeit nach den Gewinnmöglichkeiten, die sich für ihn ergeben. Er formt sich seine Spieltechnik auf Grund des Auftragsmaterials, das durch seine Hände geht, und da er fast immer Aufträge hat, so ist er beinah immer im Spiel. Dabei ist es ihm gleichgültig, worin er spielt. Er hat eine wirtschaftliche Welt in seinem Notizbuch, an der ihn nicht die Unternehmen oder deren Schicksal interessieren, sondern nur die für sein eigenes Spiel günstige Kursveränderung. All das hindert ihn aber auch nicht, den Tips irgendeines seiner Kollegen, von dem er annimmt, daß „der etwas weiß", nachzuspielen. So können die Händler als Stoßtruppen des Mitläuferheeres an den Börsen betrachtet werden, denn sie sind die ersten, die mitlaufen können. Erst nach ihnen rücken die kleinen und mittleren Spekulanten ins Spielfeld. Sie sind als Stoßtruppen aber oft auch die ersten, die bei Rückzugsgefechten der Börse aufgerieben werden.

Der Commis hat keine sozialen Börsenambitionen. Er will gewinnen, er riskiert auch, und weil er es täglich tut, so bringt ihn die Gewohnheit nach ersten Gewinnen rasch in größeres Spiel hinein. Ein großer Teil der Händler gibt das rasch erspielte Geld auch ebenso schnell wieder aus. Selten kommen solche Börsenangestellte zu intakt bleibenden Vermögen, und tritt dieser Fall ein, so umgibt sie sofort die Legende ihrer Kollegen mit einem eigenartigen Börsennimbus. Ein Commis des im Jahre 1927 verkrachten Pariser Coulissiers Pacquement erspielte sich in der damaligen Kurskonjunktur ein paar Millionen. Seine Spielkühnheit und ihr Ergebnis trugen ihm darauf den Ehrenspitznamen „Rockefeller" an der Börse ein. Was aber nicht verhinderte, daß sein ganzes Vermögen im Bankrott seines Chefs, bei dem er es angelegt hatte, vollständig vernichtet wurde. Er suchte sich darauf einen anderen Beruf. Wie überhaupt in Krisenzeiten der Berufswechsel bei Börsenangestellten häufig ist.

Der Arbitragist

Der einzige unter den Börsenangestellten, von dem man sagen kann, daß er nicht freiwillig spielt, ist der Arbitragist. Seine Tätigkeit besteht nämlich darin, den Unterschied der Kurse eines bestimmten Papiers an verschiedenen Börsenplätzen auszunützen. Die Arbitrage, die wörtlich „Entscheidung" heißt, ist daher eine rein technische Fertigkeit, die jedoch heute infolge der schnellen Verbindungen zwischen den einzelnen Börsenplätzen sehr viel Geschicklichkeit, Entschlußkraft und Geistesgegenwart erfordert. Da eine Reihe von Werten, schon weil man sie an verschiedenen Börsenplätzen handelt, für die Tendenzbildung von besonderer Bedeutung ist, weil sich viele andere Kurse nach ihnen richten, so fällt dem Arbitragisten im Börsengetriebe eine wichtige Stellung zu. Er kann, weil er die Kurse solcher führenden Werte dauernd und möglichst gewinnreich auszugleichen sucht, als der Sekundenzeiger der Börsentendenz bezeichnet werden.

Seiner sozialen Stellung nach ist der Arbitragist in der Regel ein höherer und angesehener Bank- oder Brokerangestellter. Er bezieht ein relativ hohes Fixeinkommen, das in normalen Zeiten 500 Mark im Monat überschreiten kann, und ist an den Gewinnen aus seinen Operationen mit 20 bis 30 Prozent beteiligt. Er braucht zu seiner Börsentätigkeit kein Geld, weil ihm dies durch sein Haus gestellt wird. Seine Aktivität geht meist an Terminmärkten vor sich und erstreckt sich infolgedessen schon über größere Spieleinheiten. Ein Arbitragist jongliert täglich mit Millionenbeträgen. Die Arbitrage, die eigentlich ein Tagesgeschäft sein soll, kann jedoch rasch zur Zwangsspekulation ausarten. Eine nicht zustande gekommene Telephonverbindung, ein zu spät eingetroffenes Telegramm oder ein Tendenzwechsel innerhalb der Zeit, die nötig ist, um aus der Telephonkabine an den Markt zu kommen, können Gewinndifferenzen in ihr Gegenteil verwandeln. Da Verluste den Gewinnanteil des Arbitragisten verringern, trachtet er so vorsichtig als nur möglich zu operieren. Eine Vorliebe für Hausse oder Baisse gibt es beim Arbitragisten nicht, da jede seiner Transaktionen einen Kauf und einen Verkauf zugleich umschließt. Sein Beruf ist nicht leicht, er stellt große Anforderungen an die Nerven und setzt viel Routine voraus. Gute Arbitragisten sind marktbekannt, ihr Ruf geht gelegentlich über die Grenzen ihres Landes hinaus. Erfolgreiche Kurstechniker kommen bisweilen zu bedeutenden Vermögen und rücken in die erste Börsengarnitur vor. So wurde in der Inflationszeit der Hamburger Arbitragist Kramarski Teilhaber des Bankhauses Lisser und Rosenkranz in Amsterdam, Raymond Philippe, der Techniker der Franc-Stabilisierung, wurde Teilhaber des Bankhauses Lazard Frères in Paris und Georg Epstein Direktor des Prager Bankhauses Petschek & Co.

Banken als Spieler

Viel größer und beständiger als die Rolle der bisher geschilderten Börsenfiguranten ist von jeher die Bedeutung der Banken als Spieler gewesen. Abgesehen von den Vereinigten Staaten und von London, wo der Weg des Kunden zur Börse schon traditionell über den direkten Kursvermittler, den Broker, geht, gelangt man in der ganzen Welt über einen Bankschalter in die Säulentempel des Spiels. Weitaus die Mehrzahl der Leute, die ein Bankkonto haben, geben ihre Börsenaufträge ihrer Bank. Je weiter ein Ort von der Börse entfernt ist, desto stärker ist die Monopolstellung der Banken als Börsenvermittler. Vermittlungsbüros von Börsenhäusern sind außerhalb der Börsenplätze in Europa selten. Dagegen gibt es heute in den kleinsten Orten des Westens und in fast allen kleinen Städten Mitteleuropas Bankfilialen, die sämtlich eine Börsenabteilung haben. So stehen also die Banken für den überwiegenden Teil der Börsenkundschaft als Durchzugstore zum Spiel da. Daß sie für diesen Durchzug auf dem Wege zum Kursfelde, wie an mittelalterlichen Stadttoren, Sondergebühren abfordern, stellt einen Teil ihrer Tätigkeit und ihrer Einnahmen dar. Daß sie infolgedessen auch als größte Auftraggeber an den Börsen figurieren, erhöht ihre Macht in guten Konjunkturen. Da sie aber außerdem noch Gesellschaften, deren Aktien an der Börse gehandelt werden, kontrollieren, befinden sie sich in einer eigenartigen Zwitterstellung. Man weiß nie, wo ihre Vermittlerrolle aufhört und ihr Eigeninteresse beginnt.

Banken behaupten wohl

a) nie zu spielen,
b) spielen zu müssen.

Daß Banken nie spielen, würde, wenn es wahr wäre, in der Geschichte des Bankwesens ein Novum darstellen. Doch auch heute sind sie dazu viel zu sehr mit den Börsen verwachsen. Es gibt wohl kaum eine Bank, die nicht mindestens einen Börsenvertreter hat und an der Börse für eigene Rechnung Geschäfte macht. Gewiß können diese Geschäfte theoretisch auf Vermittlung von Aufträgen, Beschaffung von Börsenkrediten und dergleichen beschränkt bleiben. Praktisch kommt das aber sehr selten vor. Banken verfügen nämlich in normalen Zeiten durchweg über große Summen. Mit Ausnahme der Staatsbanken mit Notenausgaberecht sowie einiger reiner Depositenbanken, wie sie die englischen „Big Five“ darstellen, operieren alle Banken mehr oder minder spekulativ und mit mehr oder minder großen Teilen ihrer Mittel an der Börse. Man kann sogar sagen, daß die überwiegende Zahl der gemischten Depositenbanken, wie sie in Mitteleuropa, der Schweiz, Belgien, Holland und den Vereinigten Staaten vorhanden sind, ohne die Börse zwei Drittel ihrer Aktivität einbüßen würden. Die Privatbankhäuser aber, dann die eigentlich nur mit und von der Börse lebenden Geschäftsbanken (Banques d’affaires), sowie all die Kleinbanken, um gar nicht von reinen Spielbanken zu sprechen, sind heute ohne die Börse kaum vorstellbar. Die Börse ist ihr größtes Betätigungsfeld, ein überwiegender Teil ihrer Mittel ist in Wertpapieren angelegt, und für diese Mittel bleibt der Kurszettel die auch vom Gesetz vorgeschriebene Bewertungsgrundlage, also Verlust- oder Gewinnbasis.

Muß-Spiele

Die Arten der Bankenspiele an den Börsen sind zahlreich. An erster Stelle steht das Muß-Spiel. Es ergibt sich aus dem regulären Aufgabenkreis der Banken. Eine Bank übernimmt die Ausgabe einer Anleihe, für deren Unterbringung sie haftet. Die Placierung mißlingt. Die Bank bleibt mit erheblichen Anleiheresten sitzen. Was soll sie tun? Sie bemüht sich, die Anleihe wieder schmackhaft zu machen, und greift dazu selbst in die Börsenbewegung ein. Dadurch wird aus einem gewöhnlichen Kommissionsgeschäft ein Spiel. So war es bei der Young-Anleihe, deren von französischen und amerikanischen Banken übernommene Teile nicht ganz vom Publikum gezeichnet wurden und von den Banken nur bei stark gesunkenem Kurse abgestoßen werden konnten. Ähnlich lagen die Dinge 1930 bei der Kaffeestabilisierungsanleihe, die ein englisches Bankensyndikat übernommen hatte. Diese São Paulo Coffee Loan war bei der Kundschaft nicht zu placieren und brachte den Emissionsbankiers schwere Verluste ein, da sie rapid weit unter die Hälfte ihres Ausgabekurses sank.

In eine ähnliche Kategorie gehört das Spiel auf Börseneinführung von Aktien, das man früher mit dem Namen „Gründertechnik" bezeichnete. Im siebzehnten und achtzehnten Jahrhundert war es möglich, Aktien ganz neuer Gesellschaften sofort an der Börse einzuführen. Dieser Umstand zog zuerst in England tolle Spekulationskatastrophen mit sich, als im Jahre 1720 innerhalb eines Monats die Shares der South Sea Company von 1000 auf 179 Pfund sanken. Heute fordern fast alle Börsen vor der ersten offiziellen Kursnotierung von Aktien mindestens zwei erfolgreiche Bilanzen des Unternehmens. Die Börseneinführung geht meistens so vor sich, daß eine bedeutendere Bank zu einem festen Kurs eine hinreichende Anzahl von Aktien erwirbt, um sie zu einem höheren Kurs über die Börse ins Publikum zu bringen. Zur Erzielung eines günstigen Einführungskurses und zu dessen Steigerung im ersten Monat nach der Einführung werden von den Banken alle möglichen Kursbeeinflussungen, nicht immer einwandfreier Art, unternommen.

Der Zweck der Übung ist, durch Kurssteigerungen dem Publikum einen Anreiz zum Erwerb der eingeführten Aktie zu geben und gleichzeitig den Aktienvorrat der Bank mit Gewinn abzustoßen. Ist dieses Ziel erreicht, so liegt der Bank an der weiteren Kursgestaltung des Wertes nichts mehr.

So lagen die Dinge bei den im Jahre 1926 von der Danatbank in Berlin eingeführten Aktien der Vereinigten Stahlwerke, die mit einem Kurse von 143 ihr Börsendasein begannen und rasch auf 156 stiegen. Dann konnten sie nicht mehr „gehalten" werden, und der Abstieg bis unter 20 Prozent begann. Die im Jahre 1927 in Paris vom Bankhaus Lazard Frères eingeführte Aktie der Citroën-Werke erreichte bei einem Nennwert von 500 Francs einen ersten Börsenkurs von 670. Sie stieg auf 1000, auf 1200, auf 1750 und kam schließlich auf 2000. Dann lag der Bank nichts mehr an der Kurssteigerung. Sie hatte gewonnen, und der Abstieg bis auf 300 ging vor sich. Solche Einführungsspiele enthalten in der Regel ein bedeutendes Risiko, sie können Gewinne abwerfen, aber auch große Verluste einbringen. Ein verunglücktes Geschäft war beispielsweise die Einführung der jungen Royal Mail-Aktien an der Börse von London, die nicht nur mit großen Verlusten der Einführungsbankiers, sondern auch mit einer Gefängnisstrafe des Gesellschaftspräsidenten Lord Kylsant endete. Am 15. März 1932 sollte die letzte Tranche der Kreuger & Toll-Aktien an der Pariser Börse eingeführt werden. Zwei Tage vorher verübte Ivar Kreuger Selbstmord. Dadurch wurde auch diese Börsentransaktion eine große Verlustquelle für die Einführungsbanken.

Spiel in eigenen Aktien

Ein halbes Muß-Spiel der Bank ist das Spiel in eigenen Beteiligungen. Fast alle größeren Banken der Welt pflegen es. Lediglich bei den englischen Großbanken und bei zwei französischen Depositenbanken gehört es zu den seltenen Ereignissen. Alle anderen Banken haben einen Teil ihrer Mittel in Wertpapieren, vorwiegend in Aktien angelegt. Dieser Wertpapierbesitz wird von ihnen in der Hoffnung auf künftige Wertsteigerungen, manchmal wohl auch mit Rücksicht auf günstige Verzinsung erworben. Er figuriert in der Bilanz unter dem Sammelnamen „Portefeuille“. Nur in Belgien, als einzigem Lande der Welt, sind die Banken gezwungen, den Inhalt dieses Portefeuille alljährlich genau zu veröffentlichen. Hat die Bank einen größeren Besitz in bestimmten Aktien, so ist sie an einem Unternehmen beteiligt und hat daher Interesse, daß die Kurse solcher Aktien nicht fallen. Sie führt deswegen rein spielmäßig Haussemanöver, Kursstützungen oder zumindest Kursregulierungen ihrer Werte an der Börse durch. Bekannte Manipulationen dieser Art waren in den letzten Jahren die Operationen der Banque de Paris in den Aktien der ihr nahestehenden Norske Hydro Aktiebolaget an der Pariser Börse, der Banca Commerciale Italiana an den Börsen von Brüssel und Paris in Wagons-Lits-Aktien und das Spiel der Deutschen Bank und der Commerzbank in Schultheiß-Aktien in Berlin. Ein recht erfolgreiches Kursspiel hat die Prager Länderbank jahrelang in den Anteilen der von ihr kontrollierten Solo-Zündholz A.-G. an der Prager Börse gepflegt.

Außerordentlich interessant, obwohl vom Aktionärstandpunkt aus nicht zu rechtfertigen, ist das stets verlustreiche und nur auf Verteidigung der Institute eingestellte Spiel in eigenen Aktien. Es ist besonders seit 1930 zu zweifelhafter Berühmtheit in Mitteleuropa gelangt. Das Gesetz verbietet den Banken den Erwerb eigener Aktien in fast allen Staaten. Doch ist 1932 von einem Berliner Gericht festgestellt worden, daß alle deutschen Großbanken das in reichlichem Maße getan haben. Die Banken kaufen ihre eigenen Aktien an den Börsen auf, um durch die Aufrechterhaltung eines gewissen Kurses eine größere Solidität vorzutäuschen. Verfällt nämlich der Kurs ihrer Aktie, so können ihre Einleger scheu werden und mit der Abhebung ihrer Depots die Bank zur Zahlungseinstellung zwingen. Solche Kursmanipulationen werden in der Regel nur von Banken in Not vorgenommen und sind ein schlechtes Zeichen für sie und für die Börse. Die Großbanken in Österreich begannen seit 1928, die deutschen seit 1929, die in der Tschechoslowakei seit 1930 und einige französische Banken seit 1931 ihre eigenen Aktien an der Börse zu kaufen. Einige dieser Banken waren zu ihrem

Erstaunen bereits im Sommer 1931 nicht nur Großaktionäre, sondern sogar Majoritätsbesitzer ihrer eigenen Institute. Also Banken, die sich selbst gehörten. So besaßen schließlich in Berlin die Deutsche Bank und Disconto-Gesellschaft 27 Prozent, die Dresdner Bank 34, die Commerz- und Privatbank 50 und die Danatbank 60 Prozent ihrer eigenen Aktien. In der Tschechoslowakei steuerte man diesem Bankenspiel in eigenen Aktien im Jahre 1932 durch Einstellung der Notierung sämtlicher Bankaktien an der Börse. Nie haben die englischen Großbanken in den letzten Jahren in eigenen Aktien Börsenspiele getrieben. Ihre Shares gehörten trotz Pfundverfall und Krise mit zu den kursstabilsten Bankanteilen der Welt.

An das halbe oder ganze Muß-Spiel reiht sich, mit vielen Varianten, das von den Banken nur ungern zugegebene freiwillige Spiel an. Dieser Komplex ist kaum begrenzbar und wird von den Banken bei allen Gelegenheiten gepflegt. Für besonders vornehm und angeblich risikolos halten die Banken die Form des Spiels im Syndikat. Sie vereinigen sich mit anderen Banken oder Kapitalgruppen, um ein Papier in die Höhe zu treiben, damit es dann dem sogenannten Börsenpublikum, also anderen Käufern verbleibt. Einzelheiten solcher Syndikatsspiele, bei denen die letzten Käufer ausnahmslos Verluste erleiden, kommen selten an die Öffentlichkeit. Nur bei Prozessen, wie im Falle Schultheiß und Oustric, bei der Strafuntersuchung über Samuel Insull in Chicago, werden ihre eigenartigen Unterlagen aufgedeckt.

Die Banken spielen in allen Konjunkturen als Käufer an der Börse eine große Rolle und helfen, wie der große Spieler, am Aufbau der Hausse mit. Banken bevorzugen im allgemeinen Haussespiele. Auf Baissepartien lassen sie sich nur selten ein. Bei mittleren und kleineren Banken, gelegentlich aber auch bei großen findet man im Spielarsenal das Regenschirmspiel, wie es die Commis gern treiben. Auch da spielt man hinter den großen Aufträgen mancher Kunden her. Je kleiner die Bank und je größer der Kunde, desto eifriger folgt sie seiner Börsenspur. Schließlich aber gibt es mittlere und vor allem kleine Banken, deren Daseinszweck überhaupt das Börsenspiel ist.

Spiel auf Samt

Parallel zum Spiel der Banken läuft das Spiel der Bankdirektoren. Die großen Herren der Bankwelt sind als Börsenspekulanten höflich. Sie lassen ihren Instituten den Vortritt beim Eingehen von Engagements und beschränken sich selbst auf das Mitspielen. Im Grunde genommen sind auch sie eigentlich nur Mitläufer. In der Regel spielen Direktoren neben den Syndikatsspielen der Banken her. Sie kennen in solchen Operationen die Spielunterlagen genau und machen da, wie man in Frankreich bezeichnenderweise sagt, ein „jeu sur du velours“ — also ein Spiel auf Samtunterlage. Nicht immer, aber häufig lassen sie die Engagements über Konten bei anderen Banken oder bei Brokern gehen, und diese Konten müssen nicht unbedingt auf ihren richtigen Namen geführt werden.

Sehr oft spielen Bankdirektoren auch auf die von ihnen im eigenen Ressort gefaßten Beschlüsse, so auf die Vorkenntnis einer Dividende oder einer Fusion hin, auf Kapitalserhöhungen und Bezugsrechte. Ebenso wie ihre Banken und wie ihre kleinen Angestellten verachten auch die Direktoren das „Regenschirmspiel“ nicht, wenn sie aus den Börsenordres der Kundschaft ersehen, bei welchen Papieren sie nicht naß werden können. Besonders gut placiert auf diesem Gebiet sind die Börsenchefs der Großbanken. Sie erwerben sich in guten Börsenkonjunkturen bedeutende Vermögen, die oft ein Vielfaches ihrer offiziellen Bezüge und Gratifikationen ausmachen. Solche Börsenchefs werden beinahe wie die großen Spieler an ihren Börsen Marktautoritäten, nach denen sich ein Teil der Spekulation richtet und die aus ihrem Nimbus wiederum Spielnutzen ziehen. Nicht alle behalten bei absteigenden Konjunkturen ihr Vermögen, da ihnen bei ihrer Vorliebe für die Hausse die Fähigkeit, Baissemöglichkeiten ebenso auszunutzen, abzugehen scheint. Die meisten von ihnen sind, wie Charles Mitchell von der National City Bank in New York, Nur-Optimisten. Friedrich Ehrenfest von der Österreichischen Credit-Anstalt, Jakob Goldschmidt von der Danatbank, André Vincent von der Banque Nationale de Crédit, sie alle waren Optimisten und Haussiers, die in der Baisse versagten.

Der Kursschnitt

Einen Kurs schneiden nennt man die wenig Geisteskraft voraussetzende Börsenoperation, dem Käufer einen höher als bezahlten und dem Verkäufer einen niedriger als erzielten Kurs „offiziell“ abzurechnen. Diese Technik, die so alt ist wie die Börse selbst, findet sich in den Börsenbüros der ganzen Welt als ständige Praxis. Englisch nennt man den Kursschnitt „cutting“, in den Gebieten der französischen Sprache hat man ihn seit dem achtzehnten Jahrhundert merkwürdigerweise mit dem Namen „la carotte“ — die Mohrrübe — belegt, und in der Zeichensprache der Börsenangestellten wird der Begriff mit dem Zeigen einer Schere verdeutlicht. Dieser Kursschnitt, der natürlich in allen Bank- und Börsenvorschriften verboten ist und eigentlich eine strafbare Handlung darstellt, ist bisher unausrottbar gewesen und dürfte es aller Wahrscheinlichkeit nach auch bleiben. Denn er stellt die einzige stets gewinnreiche Operation an der Börse dar.

Die Beliebtheit des Kursschnittes bei den Banken rührt von der Risikolosigkeit her, die der Vorgang für sie hat. Wohl kann man dem Kunden, der bei der Auftragserteilung einen Kurs limitiert, nur wenig oder nichts davon abschneiden, aber bei allen Aufträgen, die „bestens“ gegeben werden oder die während der Börsenzeit einlaufen, ist die Schnittmöglichkeit meistens schon ansehnlich. Große Kunden oder an der Börse anwesende Spieler können, weil sie ja die Kursbildung genau überwachen, schwerer geschnitten werden als die mittlere oder die kleine Kundschaft. Auch da gilt der Grundsatz, daß mit zunehmender Börsenentfernung des Kunden seine Verlustmöglichkeiten steigen. Ganz besonders groß aber werden sie dann, wenn ein Kunde, es kann ausnahmsweise auch ein Börsenkundiger sein, einen Auftrag erteilt, eine größere Anzahl von Aktien „interessewahrend“ für ihn zu kaufen oder zu verkaufen. Da liefert er sich vollständig dem Vermittler aus.

Es kann aber auch vorkommen, daß der Händler durch eine fiktive Abrechnung sein Haus schneidet, das auf schon geschnittenem Kurs den Kunden noch einmal carottiert. Es gibt also auch Quadratschnitte. Die Kunden haben keinerlei Mittel, um sich gegen solche Vorgänge zu verteidigen. Können sie, was aber selten möglich ist, ihrer Bank beweisen, von ihr geschnitten worden zu sein, so wird die Bank in der Regel erklären, sich geirrt zu haben, und meist widerstrebend den Kurs rektifizieren. Ist sie jedoch zynischer, so begründet sie dem Kunden gegenüber den Schnitt mit dem Risiko, das die Auftragsvermittlung ihr auferlegt. Nicht selten aber sieht sie sich für Eventualreklamationen der Kundschaft insofern vor, als sie sich für alle Schnittgeschäfte Sonderbelege beschafft. Sie braucht sich dazu nur bei einem offiziellen Makler eine Gefälligkeitsabrechnung über einen gleichzeitigen Kauf und Verkauf zu dem abgerechneten Kurs ausstellen zu lassen. Diese in zwei gesonderten Belegen — und auch der ängstlichsten Bank kann nichts passieren.

Der Kursschnitt ist seinen Nuancen nach vielleicht die am feinsten durchgebildete Form des Börsengeschäfts. Welchem Lande darin die Palme gebührt, ist strittig. Zur Zeit hat wohl Belgien die Anwartschaft darauf. Aber auch in den zentraleuropäischen Ländern und an den südlichen und südöstlichen Börsenplätzen Europas hat man darin eine große Fertigkeit erlangt. In Frankreich, England und Holland und auch in den Vereinigten Staaten ist der Kursschnitt keine Seltenheit. Die Börsen von Ägypten und einigen jungkapitalistischen Ländern haben den Kursschnitt der Psychologie ihrer Kunden angepaßt und leisten auf diesem Gebiete auch schon Schönes.

Die Schnittergebnisse werden in den Banken jeden Abend auf einem besonderen Konto geerntet. Dieses Konto heißt in vielen Häusern charakteristisch „Irrtumskonto“ und stellt einen Rentabilitätszweig dar, auf den manche Chefs sehr stolz sind.

Der Broker

Westlich von Mitteleuropa hat sich allenthalben außerhalb der Banken ein eigener Vermittlerberuf für das Börsengeschäft herausgebildet: der Broker. Auf den ersten Blick entbehrt die Figur des Brokers besonderer Eigenart. Er lebt, theoretisch zumindest, von der Auftragsvermittlung, von der er sich wieder, wie schon sein Name besagt, am Kurse etwas „abbrechen" und behalten darf. Dieses Abgebrochene nennt man, je nach Land, Provision, Kommission, Brokerage, Courtage. Es ist das eine meist gesetzlich geregelte Gebühr für die Auftragsdurchführung der Börsenordres. Sie übersteigt selten ein halbes Prozent des Kurswertes der gehandelten Wertpapiere. Da aber der Broker auch Kundengelder zu verwalten hat, die ihm als Deckung für die Aufträge übergeben werden müssen, so wird er dadurch schon ein Halbbankier. Er kann aus einem Halbbankier jedoch ein ganzer werden, wenn er sich beispielsweise der Arbitrage oder der Placierung von Wertpapieren widmet. Solche Brokerfirmen sind in England, Holland, Frankreich und Italien zahlreich.

Echte Broker aber ziehen es vor, lediglich von ihren Vermittlungsgeschäften zu leben, Aufträge durchzuführen, Kunden zu irgendwelchen Börsengeschäften zusammenzubringen und dafür ihre Gebühren einzukassieren. Da auch die echten Broker niemals Verächter von Sondergewinnen sind, nur nicht viel und auf einmal riskieren wollen, spielen sie mit Vorliebe, wie Commis oder Banken, hinter großen Kunden her. Derartige Spiele werden ihnen insofern leicht gemacht, als sie für kurzfristige Verpflichtungen an den Terminmärkten keine Sicherstellung zu leisten haben. Daß jedoch das Brokerspiel nur selten ins Große geht, beweist die Tatsache, daß Brokerzusammenbrüche auf Grund eigener Spekulationen nur ganz sporadisch vorkommen.

Gute Broker können auf Grund ihrer Einnahmen aus Vermittlungsgebühren, die bei lebhaftem Geschäft außerordentlich hohe Beträge erreichen, auch Millionenvermögen verdienen und zu großem Börsenansehen kommen. Sie können auf diese Weise sogar zu besserem Standing gelangen als eine mittlere Bank. Dieser Umstand hindert sie allerdings nicht, von allen sich ihnen bietenden Schnittgelegenheiten am Kunden ebenfalls reichlichen Gebrauch zu machen. Geschickte und vermögende Broker werden mit Vorliebe von Banken oder Finanzgruppen zur Führung von Haussesyndikaten, zur Einführung neuer Werte oder auch zu

Stützungsoperationen hinzugezogen. Sie leiten derartige Operationen nicht initiativ, aber technisch, und vor allem so diskret wie nur möglich. Überhaupt bildet die Diskretion beim Broker eine Vorbedingung für das Vertrauen seiner Auftraggeber. Wenn man von der Verläßlichkeit eines Brokers spricht, so meint man damit in erster Linie seine Schweigsamkeit. So haben die Rothschilds, die Morgans, die Barings und fast alle Großbanken der Welt für ihre lichtempfindlichen Geschäfte an den Börsen stets ihre Spezialagenten gehabt, die meistens Broker waren. Es ist auch heute noch so, und alle Industriekapitäne bedienen sich, falls sie an der Börse einmal etwas geschickt abzuwickeln haben, eines Brokers und selten einer Bank. Denn die Bank ist gut für alle offiziellen Geschäfte, während der Broker für seinen Auftraggeber handelt und aushandelt, dafür verdient und schweigt.

Spielvereine für Unkundige

In manchen Ländern braucht der Fremdling, der den Weg zur Börse sucht, nicht über die Banken oder durch die Brokerbüros zu gehen. Er kann sich auch zu diesem Zweck an einer Spielorganisation beteiligen, die alles Technische für ihn erledigt und mit seinem Gelde spielt. Solche Organisationen sind die Investment Trusts.

Diese vor allem in Amerika beheimateten Gesellschaften haben mit den alten schottischen Investment Trusts, die wirklich und erfolgreich seit der Mitte des vorigen Jahrhunderts die Vermögensanlage für ihre Mitglieder durchführten, nur den Namen gemeinsam. Keinesfalls das System. Der „moderne" Investment Trust lockt mit feststehenden Satzungen und auch mit einem festen Spielprogramm, in welchem er mitteilt, worin er spielt, einen Teil des Sparkapitals an sich. Er hat die rechtliche Betriebsform der Aktiengesellschaft. Diese Aktiengesellschaft wieder kauft Wertpapiere, von denen sie annimmt, daß sie neben einer guten Verzinsung auch gleichzeitig Aussichten auf Kurssteigerungen bieten. Die Spielbeteiligung erfolgt dadurch, daß der Spekulant Aktien des Investment Trust erwirbt. Ihr Kaufpreis stellt den Spieleinsatz des Erwerbers dar, der ihn wohl selten völlig verliert, aber ebenso selten in voller Höhe wieder zurückerstattet bekommt.

Investment Trusts, die in der Nachkriegszeit von Banken, Industriegruppen oder auch von Börsenfirmen gegründet wurden, bezweckten häufig die Placierung von Wertpapieren an Spielunkundige. In der amerikanischen Prosperity waren sie ein Schwungrad für die Haussebewegung. Ihr Augenmerk war auf eine größtmögliche Anzahl von Aktionären gerichtet, die sie mit Animierprospekten zu fangen suchten. In diesen Prospekten wurde, neben der Treuhandidee der Gesellschaft, die Gewinnaussicht am Wertpapierbesitz des Unternehmens besonders sorgfältig stilisiert. Daß Effekten in der bösen Baisse auch einmal sinken könnten, wurde wohlweislich nicht erwähnt. Von Baisse wurde schon deshalb nicht gesprochen, weil Investment Trusts ganz einseitige Haussespekulanten sind. Ihre Satzungen verbieten ihnen Baissegeschäfte, und kommt einmal ein Marktsturz, so brauchen sie einen besonderen Beschluß ihrer Verwaltung, um auch nur Teile ihres Effektenbesitzes abstoßen zu können. Solche Beschlüsse kommen meistens erst nach dem Krach zustande. Die Unbeweglichkeit macht diese Spekulationsform noch gefährlicher als andere. Es ist ein konfektioniertes Börsenspiel, bei dem die Verluste in schlechten Konjunkturen kein Maß kennen.

Zu besonderer Beliebtheit gelangten die Investment Trusts in den Jahren 1926 bis 1929 in den Vereinigten Staaten. Es gab Investment Trusts für Erdölwerte, für Eisenbahnaktien, für Goldminen, für Gas-, Wasser- und Elektrowerte, aber auch Trusts, die mit den Namen von Multimillionären ihre Kunden anzuziehen versuchten. „Wir legen Ihr Geld nur in Rockefeller-Shares an“ — „Wir kaufen nur Samuel Insulls Public Utilities“ oder ähnliche Phrasen machten zu jener Zeit vielen Leuten Lust zu dem neuartigen Spiel. Innerhalb von drei Jahren steckten die amerikanischen Amateure mehr Geld in die Investment Trusts, als das Deutsche Reich in einem Jahre an Gesamteinnahmen aufweist. Das in Investment Trusts angelegte Kapital erreichte:

	Millionen Dollar
1926	71,10
1927	174,91
1928	789,67
1929	2223,37
1930	232,74
1931	4,58

Ein großer Teil der amerikanischen Investment Trusts ist durch die Baisse der letzten Jahre vernichtet worden. Die Mode, im Verein für Unkundige zu spielen, hat an Beliebtheit allerdings nur bis zur nächsten Hausse verloren.

In den großen europäischen Ländern konnten aus steuertechnischen Erwägungen Investment Trusts nicht recht gedeihen. Lediglich die Schweiz, Luxemburg und Liechtenstein haben ihnen ein Gastrecht gewährt, das aber nicht von kleinen Spekulanten, sondern von größeren Kapitalistengruppen aus Gründen der Steuerflucht in Anspruch genommen wurde. Diese Art von Trusts hat sich auch erhalten können. Denn manchen Spieler schreckt Baisse weniger als Steuer.

Der Branchenspekulant

Ganz verschieden von den bisher aufgezählten Figuranten der Börse ist die Erscheinung des Branchenspekulanten. Branchenspieler gibt es an allen Börsen der Welt. Es sind Spekulanten, die sich bei ihren Börsengeschäften auf einen einzigen Wirtschaftszweig konzentrieren. In der Regel sind oder waren sie selbst in dieser Branche tätig und glauben nun auch an der Börse als „Fachleute“ zu operieren. Die Branchenspieler bestehen aus zwei Kategorien: aus denen, die wirklich etwas wissen, was für die Kursbildung eines Wertes von Bedeutung ist, und aus der viel größeren Anzahl derer, die sich nur einbilden, etwas zu wissen.

Die erste Gruppe setzt sich aus Großindustriellen, leitenden Industriedirektoren und Aufsichtsräten zusammen, die auf ihre eigenen Entschlüsse und Kenntnisse spielen, nämlich auf Beschäftigungsgrad, auf Fusionen, auf Dividenden, auch auf Dividendenausfall, auf Kapitalserhöhungen und -reduktionen. Sie spekulieren fast nur in Aktien der eigenen Unternehmen und wehren sich dagegen, als Spekulanten angesehen zu werden. Aber auch ihre Börsengeschäfte haben typischen Spielcharakter. Meistens spielen sie à la hausse, doch kommen auch Verzweiflungsspiele à la baisse vor. Industrielle, die ihre Verluste schon klar übersehen, fixen dann eigene Aktien, um an der Börse herauszuholen, was sie als Unternehmer verloren. So wurde von einem staatlichen Untersuchungsausschuß in Washington festgestellt, daß die Warner Brothers sich in den Shares ihrer eigenen Filmgesellschaft auf den bevorstehenden Dividendenausfall hin à la baisse engagierten, was ihnen Dollarmillionen einbrachte. Das Branchenspiel im Großen, in dem sich die deutsche Schwerindustrie vor dem Kriege besonders hervorgetan hat, führt nicht unfehlbar zum Gewinn. Es bleibt eine Spekulation mit allen ihren Gefahren. Ein allgemeiner Tendenzwechsel an der Börse wirft auch die logischste Branchenspekulation um.

Die überwiegende Zahl der Branchenspekulanten ist aber gar nicht von wirklichen Sachkenntnissen beschwert. Sie haben nicht mehr Einblick in die Unternehmen und in den allgemeinen Produktionsprozeß als die anderen Spieler. Sie schlagen nur Brücken von ihrem Beruf zur Börse. So kauften beispielsweise in den letzten Konjunkturen Textilhändler Kunstseidenaktien auf dem Kontinent und Spinnerei-Shares in England. Autohändler spekulierten, wenn in ihrem Laden die Geschäfte gut gingen, in Autoaktien, und amerikanische Lebensmittelhändler wagten ein Spiel in den Shares der Nahrungsmittelindustrie, in American Can oder in General Food. Zu den ständigen Erscheinungen der Branchenspekulation gehört, daß Konditoren in Zucker spielen und größere Bäcker passionierte Spekulanten an den Weizen- und Roggenbörsen sind. Es gibt aber noch andere Vertreter des Branchenspiels: den Ölfabrikanten, der gern in Leinsaaten oder in Arachides (Erdnüsse, Groundnuts) spielt, den Kabelfabrikanten, der große Spiele an den Kupferterminmärkten unternimmt, und den Schokoladenfabrikanten, der mit seiner ganzen Verwandtschaft Kakao

„per Termin“ bearbeitet. An den Börsen des Orients spielen Drogisten in Schellack und Opiumhändler in Mohn (Poppyseeds). Handschuhfabrikanten, die auch Zwirnhandschuhe erzeugen, glauben Experten für Baumwollspekulationen zu sein.

Alle diese Branchenspieler meinen nämlich, mit ihrem oft löcherigen Fachwissen den anderen Spekulanten, ja den Börsen überhaupt, etwas vorauszuhaben. Man findet unter ihnen ehemalige Koloniale, die mit ihrer weit zurückliegenden Aktivität und Erfahrung zeigen wollen, daß sie an der Börse Erfolg haben müssen, wenn sie Rubber Shares aus der Gegend, in der sie einmal lebten, kaufen. Pensionierte Direktoren bleiben in der Regel in den Aktien der Unternehmen, in denen sie über ein Menschenalter wirkten, weiterhin engagiert. Auch die kleineren Branchenspieler sind überzeugt, daß sie überhaupt nicht spielen, sondern nur die Kenntnisse, die andere Leute nicht haben, in klingende Münze umsetzen. Sämtliche Branchenspekulanten sind ein von Brokern mit Vorliebe gepirschtes Wild. Sowie man ihnen nämlich branchenmäßig kommt, werden sie spielwillig und infolgedessen für den Vermittler interessant. Sie lassen sich durch keinen Fehlschlag der ihnen technisch und logisch erscheinenden Spielmethoden davon abschrecken, das nächste Mal wieder Geld ins Spiel zu führen und — zu verlieren.

Frauen als Spieler

Die Börse ist, obwohl den Frauen nicht mehr überall der Zutritt untersagt ist, eine Versammlung von Männern. Am Spiel jedoch nehmen auch Frauen regen Anteil. Nicht selten ist es bei vermögenden Frauen die Einsamkeit, die sie dazu veranlaßt, sich an der Börse erst einmal einen Zeitvertreib zu suchen, aus dem aber rasch ein mittleres und auch ganz großes Spiel entstehen kann. So hatte die Japanerin Vona Suzuki in der Nachkriegskonjunktur von 1919 bis 1923 aus anfangs kleinen, aber sich mehrenden Börsenerfolgen ein weltweites Handelshaus, die Suzuki Ltd. in Tokio, geschaffen. Ihre Börsenspiele waren groß, kühn und gewinnreich bis 1926. Sie spielte an Effekten- und Warenbörsen, bis sie im April 1927 mit rund 800 Millionen Mark ungedeckten Passiven einen vollständigen Zusammenbruch ihrer Spekulationen und ihres Hauses erlebte. Ihr Sturz riß Banken, Schiffahrtslinien, Mühlen und die Tendenz aller Börsen im fernen Osten mit sich.

Auch die seit 1926 in Paris berühmt und berüchtigt gewordene Madame Hanau kam aus Einsamkeit zum Börsenspiel, das ihr Dasein bald vollständig ausfüllte. Nach ersten Mißerfolgen und Gefängnisstrafen, die sie für Kundenfang mit dem Köder einer dreißigprozentigen Jahresverzinsung und für andere Betrügereien erhielt, begann sie ab 1930 wieder eine ganz große Rolle an der Pariser Börse zu spielen. Im Jahre 1931 beeinflußte sie mit Hilfe einer eigenen Börsenzeitung „Forces“ geradezu die Tendenz. Tausende Spieler folgten ihren Ratschlägen. Sie führte sogar richtige Börsenschlachten gegen bedeutende Unternehmen, kämpfte gegen alle Autoritäten und nicht zuletzt vielleicht gegen die Männlichkeit der Börse. Wegen ihrer Angriffe auf die Royal Dutch kam sie 1932 wieder ins Gefängnis.

Frauen können aber auch auf Grund von Erbschaften und Abfindungen zu größerer Bedeutung an den Börsen gelangen. In solchen Fällen wird man aber meist einen Mann, der sie berät und spekulativ für sie arbeitet, hinter ihren Transaktionen finden. Bei der Exgattin des französischen Parfümkönigs François Coty, der bei ihrer Scheidung vom Gericht eine Abfindung von über 300 Millionen Francs zugesprochen wurde, leitet der Rumäne Cotnareanu die Vermögensverwaltung. Die Transaktionen mit dem Geld der Madame Coty werden an der Pariser Börse sehr beachtet.

Alleinstehende Frauen mit etwas Vermögen werden häufig ohne jede innere Neigung zum Spielen verleitet. Witwen, die eine Lebensversicherung ausbezahlt erhielten und sie nun anlegen wollen, werden oft von Banken und Brokern in die Aktienspekulation hineingezogen. Sie können bei Inflationen aber auch nicht umhin, ihre festverzinslichen Werte, die täglich im Kurse fallen, in scheinbar steigende Aktien umzuwandeln. Nur in den Vereinigten

Staaten und in England gibt es für sie eigens eingerichtete „Trust Departements" bei verschiedenen Großbanken, die sie des Spielzwanges entheben und ihre Kapitalien in einwandfreier Weise verwalten, ohne viel zu spielen.

Auch ohne jede äußere Veranlassung widmen sich Frauen ebenso eifrig wie Männer und manchmal noch leidenschaftlicher dem Börsenspiel. In den amerikanischen Brokerbüros gehören sie zu den Stammkunden, und bis zum Krach von 1929 waren sie zu Hunderttausenden in Wall Street engagiert. Sogar amerikanische Wirtschaftsführer, wie John J. Raskob, der Vizepräsident der General Motors Corp., rechneten damals mit dem Frauenspiel als Wohlstandsfaktor. Raskob schrieb im Sommer 1929, also kurz vor dem Wall Street-Krach, in der weitverbreiteten amerikanischen Frauenzeitung „Ladies Home Journal" einen Artikel, der den Titel „Jedermann kann reich werden" trug und detaillierte Spielrezepte für Frauen an den Börsen aufzählte. Die Frauen reizt das Börsenspiel durch seine Launenhaftigkeit, und es kommt nicht selten vor, daß sie in irgendeiner Aktie spielen, weil ihnen der Name, wie der eines Modells in der Haute Couture oder der eines Rennpferdes, gefiel und glückbringend erschien. Wenn sie einmal im Börsenspiel sind, lesen viele von ihnen die Zahlen des täglichen Kurszettels mit einer eigenartigen und von Sexualität nicht weit entfernten Erregung.

Der Glaube, daß Börsenspiel erlernbar und sogar nach Systemen durchzuführen sein könnte, lebt in der Mentalität mancher Frau. Es ist in diesem Zusammenhang verständlich, daß in Amerika weibliche Hörer mit besonderer Aufmerksamkeit den Vorlesungen folgen, die eine Reihe von Universitäten dort ständig über die „Lehre von der Vermögensanlage" und über die Börse veranstaltet. In diesen sehr stark besuchten Kollegien sind Frauen sogar zahlreicher als Männer. Ob die amerikanische Scheinmethode des theoretisch begründeten „Investment" mehr Glück brachte als die rein empirische Spekulation an den übrigen Börsen der Welt, ist nicht feststellbar. Selbst nach dem letzten großen Krach der Weltbörsen hat sich die weibliche Kundschaft bei allen Banken und Brokers erhalten, denn wenn Frauen einmal am Börsenspiel Gefallen fanden, so treiben sie es mit der ihnen eigenen Zähigkeit auch bis zu ihrem vollständigen Ruin. Dabei bleiben sie bis zuletzt Optimisten und spekulieren fast ausschließlich à la hausse. Der Glaube, doch einmal groß gewinnen zu können, erhält sie, solange sie Geld haben und oft noch mit entliehenen Summen, als Börsenfiguranten.

Spielertemperamente

Der Mann ist als Spieler differenzierter als die Frau. Die Grundlagen alles Spekulierens, Glaube, Aberglaube und ein Quantum Hysterie, sind auch ihm eigen. Aber die Verschiedenartigkeit seines Temperaments und seine Neigung zum Systematisieren schaffen doch ausgeprägtere Charaktertypen der Spekulation.

Der häufigste und am klarsten umrissene Typus ist der „Tendenzspieler". Er hat sich ein für alle Mal festgelegt und aus seinem Spielertemperament eine Religion entwickelt. Die Tendenz ist sein Dogma, an das er glaubt, auch wenn er dafür leiden muß. Er ist entweder Optimist oder Pessimist, Haussier oder Baissier. Beides zugleich zu sein, hält er für Häresie. Er spielt daher mit Scheuklappen, sieht nicht oder nur unwillig die Kursentwicklung, wenn sie sich gegen ihn wendet, und erklärt sie für „falsch". Für den unentwegten Haussier sind sinkende Kurse, für den prinzipiellen Baissier Kurssteigerungen heller Wahnsinn. Liegt der Tendenzspieler aber richtig, so fühlt er sich als siegreicher Stratege, der alle Erfolge seiner besseren Einsicht verdankt. Er ist fest davon überzeugt, daß er nicht nur für sich allein, sondern auch für die Menschheit das Richtige tut. Er macht aus seiner Überzeugung kein Hehl und sucht andere Spieler zu seinem Glauben zu bekehren. Leute, die trotz wohlgemeinter Belehrung anderer Ansicht bleiben, sieht er allerdings als seine Erzfeinde und als Schädlinge der Wirtschaft an. Bei langanhaltender Konjunktur kann er es zu sehr großem Vermögen bringen, das er beim Konjunkturumschlag mit Sicherheit verliert.

Das genaue Gegenteil vom Tendenzspieler ist der „Springer“. Er ist der Sanguiniker der Börse, immer übererregt, leichtgläubig, auf die Meinungen anderer Spieler erpicht, stets auf der Jagd nach dem guten Tip. Er wechselt seine Meinungen täglich, spielt heute dies und morgen jenes und alles mit der gleichen Leidenschaft. Man sieht ihm seine Hast und Nervosität schon äußerlich, manchmal sogar in seiner Kleidung an. Seine Westentaschen sind voll mit Notizblättern, von denen er ab und zu eines verliert und dann verzweifelt sucht. Seine Spielerphantasie tobt sich auch zu Hause aus. Er ist ein Unruheelement für seine Familie, auch dann, wenn ihm einmal eine Partie gelingt. Er wird nie ein reicher Mann, weil ihn jeden Tag eine andere Chance lockt.

Neben diesen Dauerspekulanten, die stets im Spiel sind, gibt es noch eine große Zahl von Gelegenheitsspielern. Sie möchten einmal einen Gewinn mitnehmen, sie „naschen“, wie es in der Börsensprache heißt. Der Nascher handelt nach dem Rezept des Frankfurter Maier Karl Rothschild: „An der Börse muß man es so halten wie beim Baden im kalten Wasser: rasch hineinspringen und rasch wieder heraus.“ Er ist vorurteilsfrei, es ist ihm gleichgültig, worin er spielt, er sagt auch zu einer Baissepartie nicht nein, wenn sie ihm plausibel erscheint. Er realisiert bei kleinem Gewinn, läßt sich aber auch auf keine größeren Verluste ein. Er spielt stets mit der Tendenz, er nimmt die Börse nicht sehr ernst und fährt dabei nicht schlecht. Im Endergebnis ist er vielleicht der erfolgreichste aller Spielertypen.

Eine weniger glückliche Form des Gelegenheitsspielers ist der „Kleber“. Auch er möchte zunächst nur einmal naschen und mit einem kleinen Gewinn sich wieder davonmachen. Aber wenn das Spielglück gegen ihn entscheidet und seine Partie schief liegt, kann er sich von seinem Engagement nicht trennen. Er wartet so lange auf gutes Börsenwetter, bis er fast alles verloren hat. Spielt er auf Kredit, so hält er durch, bis er von den Banken oder Brokern die Aufforderung erhält, auf sein Depot einen Nachschuß zu leisten. Da er dazu häufig nicht mehr in der Lage ist, wird er das Opfer der sich immer wiederholenden Exekution.

Die Bank oder der Broker liquidiert zwangsweise sein Engagement und hält sich an seiner Deckung schadlos, während ihm selbst nicht mehr bleibt als eine trübe Erinnerung.

Wenn die ganze Börse à la hausse liegt, finden sich stets einige Spekulanten, die den Augenblick zu einem Baissegeschäft für gekommen sehen. Der parallele Vorgang vollzieht sich in der Baisse. Es gibt „Eigenbrötler", die grundsätzlich gegen den Strom schwimmen. Sie sind sehr stolz auf das, was sie tun, und halten sich für die klügsten Menschen der Börse. Auf Mitläufer sehen sie voll Verachtung herab. Sie gehen von dem theoretisch richtigen Satz aus, daß jeder Hausse wieder eine Baisse und jeder Baisse wieder eine Hausse folgt. Nur über Dauer und Schärfe dieser Bewegung machen sie sich gewöhnlich keine richtige Vorstellung. Sie spielen mit großen Beträgen und sehr großem Risiko und erleben den Tendenzumschlag, auf den sie warten, bisweilen als arme Leute.

Das harmloseste Lebewesen der Börse ist der „Para-Spekulant". Ebenso wie beim Kartenspiel gibt es auch beim Börsenspiel Kiebitze. Da ihnen das Geld dazu fehlt, spielen sie selbst entweder gar nicht oder gelegentlich mit ganz kleinen Beträgen. Aber um so eifriger nehmen sie an den Spielen der anderen teil. Sie wissen von allen Sensationen der Börse und sprechen von den Matadoren der Hochfinanz, als ob sie ihre Vettern wären. Sie flüstern bereitwilligst denen, die sie anerkennen, Tips zu, die manchmal sogar gut sein können. Sie renommieren auch mit dem Aktienbesitz, den sie nicht haben, und haben nur einen Ehrgeiz: wichtig zu erscheinen und ernst genommen zu werden. Sie sind, wenn sie altern, die unfreiwilligen Komiker der Börse.

Nationalität und Spiel

Die bisher aufgezählten Börsenfiguranten finden sich in allen Ländern der Welt. Doch färbt die Nationalität nicht unwesentlich auf die Spekulationsmethoden ab. Jede Nation spielt nach ihren eigenen Anschauungen und Gefühlsmomenten, in denen wieder geschichtliche, ethnographische und psychologische Faktoren sich in verschiedenster Dosierung zu einem Ganzen vereinigen. Am ältesten in Europa ist das Börsenspiel in Holland, Frankreich und England. In diesen drei Ländern blühte es schon zu Beginn des achtzehnten Jahrhunderts, wo es den Adel und die Bourgeoisie in seinen Bann zog, um dann bis in die sozial tieferen Schichten der Bevölkerung vorzudringen. Zu Beginn des neunzehnten Jahrhunderts setzt sich die Effektenspekulation in Österreich und Italien durch, und erst in der zweiten Hälfte des gleichen Jahrhunderts gewann sie in Deutschland und Rußland an Ausdehnung. In Amerika begann man schon zu Beginn des vorigen Jahrhunderts eifrig zu „gambeln", in Südamerika, Australien und in Afrika aber erst kurz vor Beginn des zwanzigsten Jahrhunderts. Die ältesten Börsen- oder börsenähnlichen Spiele wurden jedoch seit vielen Jahrhunderten, lange bevor die Europäer solche kannten, in China und im indischen Orient betrieben.

Die älteste Tradition im Spiel mit Aktien haben zweifellos die Holländer. Im Jahre 1613 wurde die Amsterdamer Effektenbörse dem Verkehr übergeben. Hundert Jahre vor Beginn der großen Spekulationskatastrophen in England und in Frankreich wurden dort bereits die Aktien der Ostindischen Kompanie gehandelt. Ein wildes Kursspiel, jedoch ohne Katastrophen, blühte seither in allen ansteigenden Wirtschaftsperioden in den Niederlanden. Die berüchtigte Spielkatastrophe des Jahres 1637, der „Tulpenschwindel", war eine über die Winkelbörsen von Holland, Frankreich und England verbreitete Sonderspekulation. Doch scheinen seit dieser Zeit die Holländer auch als Effektenspieler vorsichtig geworden zu sein. Obwohl sie stets und gern spielen, tun sie es im allgemeinen nicht über den Rahmen ihrer Vermögensgrundlagen hinaus. Lediglich die seit Jahrhunderten von Amsterdam angezogenen Finanzzuwanderer, die nicht einmal zur offiziellen Börse zugelassen werden und sich fälschlich als „holländisch" bezeichnen, sind die wilderen unter den dortigen Spielern. Der wirkliche Holländer geht wohl ein Risiko ein, ist kein Verächter von Spielgewinnen, aber er hat meist ein solides Portefeuille von guten Werten, Staats- und Kolonialanleihen, und macht im Verluste stets seiner Unterschrift Ehre. Der Kolonialbesitz des Landes veranlaßt ihn, so schwerfällig er sonst auch sein mag, zu Käufen von Rohstoffwerten und allen möglichen internationalen Shares. Bei langanhaltenden Haussen gehören holländische Finanzleute zu denen, die rechtzeitig „aussteigen".

Frankreich hat eine jüngere Spieltradition. An ihrem Anfang steht der Schatten John Laws. Seine Finanzexperimente von 1715 bis 1720 haben dem Franzosen, dessen bürgerliches Ideal stets ein Renteneinkommen bildete, das erstemal den Appetit am Aktienspiel geweckt, aber auch gleich wieder verdorben. Obwohl ihm in der Folge die verschiedenen Währungsverschlechterungen seit der Revolution von 1789 bis zur Franc-Stabilisierung von 1928 seinen Rentenbesitz immer wieder beschnitten, zieht der größte Teil der Sparer die Anlage in festverzinslichen Werten vor. Rund die Hälfte der Bevölkerung gehört zur Landwirtschaft, und der französische Bauer ist seit Generationen Besitzer von mündelsicheren Obligationen, also Renten. Auch die städtische Bevölkerung fast aller Schichten pflegt bei Wertpapieranlagen 60 bis 80 Prozent des Vermögens in festverzinslichen Effekten zu investieren, spielt aber mit etwa 20 Prozent des Vermögens recht eifrig und nicht immer unter Befolgung von Vorsichtsmaßregeln. Diese Spekulation ist jedoch hier kein Privileg wirklich besitzender Klassen, es wird seit Jahrhunderten auch von dem kleinen und kleinsten Bürgertum gespielt.

Der Engländer hat die Bekanntschaft mit dem Börsenspiel eine Generation früher als der Franzose gemacht. Aber die erste große Spekulationswelle geht auch da erst um das Jahr 1720 über das Land. Damals ergriff ein unheimliches Börsenfieber — The South Sea Bubble — alle Bevölkerungsklassen und endete mit einem jämmerlichen Finanzkrach. Seit dieser Zeit jedoch hat die Bevölkerung, der ein jahrhundertealter Sinn für Sport und Sportwetten eigen ist, stets wieder am Börsenspiel Gefallen gefunden. Im Vereinigten Königreich steht jedoch das Börsenspiel heute auf einer etwas höheren Stufe als in allen anderen Staaten der

Welt. Vielleicht ist die Erfahrung aus einer Unzahl von Finanzkrachs, die die City seit 1720 gesehen hat, die Ursache dafür. Der ruhige Engländer behält auch als großer Spieler seine Nerven. Man kann ihm eine gewisse Vornehmheit in Börsentransaktionen nicht absprechen, und bezeichnenderweise hat die Londoner Börse bis heute ihren völligen Club-Charakter bewahrt. Infolge der politischen Stellung Großbritanniens und infolge der frühzeitigen Entwicklung der englischen Bankvormacht in der Welt, die sich vor hundert Jahren schon durch die Notierung fast aller Staatsanleihen anderer Länder in London ausdrückte, ist der Engländer zu einem internationalen Investor geworden. Aus dem internationalen Investor aber wurde auch da im Zeichen der Patriotisierung des Geldes seit der Regierung der Queen Victoria ein Empire-Investor. Geldmacht und Börsenspiel haben sich in England stets vollster gesellschaftlicher Anerkennung erfreut, die nicht selten die Verleihung der Peerwürde an erfolgreiche Finanzleute mit sich brachte.

Der Deutsche kam bedeutend später als die anderen großen Völker zum Börsenspiel. Der Mittelstand nimmt erst seit den sechziger Jahren des vorigen Jahrhunderts in größerem Maße an der Spekulation teil. Doch auch in Deutschland erteilte der Gründerkrach von 1873 den unerfahrenen Spielern gleich eine bittere Lehre. Von da ab galt Börsenspiel als etwas Anrüchiges. Zwar widmeten sich der Adel und die Bougeoisie auch weiterhin eifrig der Spekulation, aber es geschah mit einer gewissen Heimlichkeit. Eine antispekulative Gesellschaftsordnung versagte der Börsenbetätigung die soziale Anerkennung. Für die Allgemeinheit galt die Börse als verwerflicher Tummelplatz zweifelhafter Gestalten und Leidenschaften. Erst die Nachkriegsinflation löste eine gewaltige Spekulation aus, die sich nun auf alle Bevölkerungsklassen des Landes erstreckte. Drückende Steuern in der Reparationsperiode, politische Unsicherheit und die sich daraus ergebende Kapitalflucht bestimmten in den folgenden Jahren das Ausmaß der Spekulation. Immerhin verdient Erwähnung, daß an den deutschen Börsen der Branchenspekulant, der sogar frühzeitig schon an den Auslandsbörsen zu spekulieren pflegte, relativ zahlreich war und es heute noch ist. Inwieweit das mit dem einstmals weltweiten Gesichtskreis der Hansastädte oder vielleicht auch mit der technischen Sonderveranlagung des Volkes in Zusammenhang steht, soll hier nicht näher untersucht werden. Ein wilder Spieler ist jedoch der Deutsche nie geworden. Er sucht gern eine wirtschaftliche Interpretierung seiner Börsenverpflichtungen und glaubt, mehr als andere Völker, mit wirtschaftlicher Logik an den Börsen zu operieren und nicht zu spielen. Spekulation bleibt ihm im Grunde unsympathisch. Wobei die Tatsache, daß im zweiten Reich Berufsspekulanten nicht hoffähig waren, sicherlich noch nachwirkt.

Das alte Österreich wurde 1771 mit einer Börse beschenkt. Schon wenige Jahrzehnte später lernte die Bevölkerung die Tücken dieser Institution kennen. Fallende Wechselkurse und zunehmende Inflation setzten sich an der Wiener Staatsbörse in einen scharfen Anleihesturz um, während man an den Winkelbörsen fleißig in Silbergulden spekulierte. Die ungeregelte Geldwirtschaft bis zum Staatsbankrott von 1811 trieb weite Kreise an die Börse, und die Spieler blieben ihr auch treu, als gemütlichere Jahre kamen. In Wien stand diesem Spiel zu allen Zeiten eine sympathisierende Gesellschaftsordnung gegenüber. Erfolgreiche Börsenleute erfreuten sich in Österreich seit jeher bedeutenden Ansehens. Der Österreicher liebte das Spiel, er war sich, ebenso wie die Angehörigen romanischer Völker, auch bewußt, zu spielen, und suchte nie nach wirtschaftlich-theoretischen Rechtfertigungen seiner Kursgewinne oder Verluste. Der Geld- oder Börsen-Adel gehörte nicht zu den Seltenheiten. Die Rothschilds, die Rosenbergs, Kornfelds, Hatvanys, Krausz sind heute noch lebende Beispiele dafür, daß große Spieler in Österreich-Ungarn zu höchsten irdischen Ehren kommen konnten.

Alt-Rußland hatte noch später als Deutschland spielen gelernt. Aber seit den achtziger Jahren des vorigen Jahrhunderts bis zum Zusammenbruch des Zarismus galten die Russen, die spielten, mit Recht als Spieler-Elite. Sie waren gute und langatmige Spieler mit besten Manieren und der an den Börsen seltenen „Nitschewo“-Geste von Grandseigneurs. Sie spielten mit ihrem ganzen Herzen und mit ihrem ganzen Vermögen, gleichgültig ob im Baccara oder in Aktien. Und sie machten sich nie den Kopf mit irgendwelchen wirtschaftlichen Argumenten für ihre Spekulationen schwer. Sie waren Alles-Spieler. Allerdings gab es in Alt-Rußland eine Sonderkategorie von Spielern. Das waren die, die von den Ufern des Schwarzen oder des Kaspischen Meeres kamen. Also vorzüglich Armenier und manchmal Kaukasier. Die spielten anders, nämlich auf die psychologischen Trugschlüsse ihrer Gegenspieler hin. Einer von ihnen kennzeichnete ihre Mentalität folgendermaßen: Wenn zwei mal zwei in London oder in Paris vier ist, so ist es in Baku oder in Batum entweder eins, drei, hundert oder nichts, niemals aber vier. Berühmte armenische Spieler waren die Mantascheffs und Calouste Sarkis Gulbenkian, über den an anderer Stelle noch gesprochen werden soll.

Amerika jagt nach Gewinn

Ganz anders als der europäische Spieler präsentiert sich der Amerikaner auf der Jagd nach Gewinn. Er ist seit Generationen schon an die Börse gewöhnt, die ihm seit 1791 zahlreiche und große Krachs nicht ersparte. Allein er scheint ohne sie nicht auskommen zu wollen, und das Denken des ganzen Volkes wird von Börsenerwägungen stark durchzogen. Die amerikanische Geschichte hat alle und auf allen Gebieten erzielte Spielgewinne mit einem Heiligenschein umgeben. Da die amerikanische Gesellschaftsauffassung davon ausgeht, wieviel jemand wert ist und über welche „earning capacity“ er, wie eine Aktie, verfügt, also wieviel Dollar er im Jahr „macht“, so erscheinen ihr Börsengewinne vollständig honorig. „He made a fortune in gambling this share“ kommt in den Vereinigten Staaten beinahe der europäischen Nobilitierung gleich.

Obwohl ein großer Teil der amerikanischen Börsenkundschaft glaubt, daß Börsenspiel logisch und erlernbar wäre, wird doch gleichzeitig nirgends so wahllos an der Börse herumgespielt wie in Amerika. Denn der Amerikaner ist im Grunde seines Wesens ein recht naiver und kindlicher Spieler. Nirgends ist die Reaktion auf Bluffs so groß wie im amerikanischen Börsenspiel, das unter dem Gesichtspunkte des „give me a chance“ beinahe jeden Tip ernst nimmt. Trotz alledem aber muß gesagt werden, daß der Amerikaner sich durchwegs bewußt ist, zu spielen. Er stürzt sich mit unglaublichem Optimismus in jede spekulative Verpflichtung, und wenn es schief geht, beruft er sich auf die Jugendlichkeit seiner Nation. Zum Unterschiede von allen europäischen Völkern, die sich über ihr Spielrisiko doch meistens klar sind, spielt der Amerikaner nicht allein mit seinem ganzen Vermögen, sondern sehr oft weit darüber hinaus. Deswegen sind Börsendepressionen in Amerika, wo man in Booms ein ganzes Volk im Spiel sieht, eine soziale Gefahr. Aber auch in den Staaten wird der Baissespekulant an den Effektenbörsen, selbst wenn er gewinnreich arbeitet, scheel angesehen. „He went short“ — er fixte — war im Amerika der Jahre 1930 bis 1932 ein gesellschaftlich schlecht klingendes Wort. Es war fast so schlimm wie die Bezeichnung Bolschewik.

Spiel im Orient

Eigenartig, heiß und wild, primitiv und hypermodern zugleich, ist das in Europa nur wenig bekannte Spiel im Orient. In den jungkapitalistischen Ländern, wie in Japan, den holländischen oder den amerikanischen Kolonien, nähert es sich, wohl von früheren Wettsystemen ausgehend, nunmehr schon europäischen Spekulationsmethoden. Man beginnt dort langsam die Anlage in Staatsanleihen zu schätzen und Aktienmärkte zu entwickeln. Auch China modernisiert sich und hat seit Anfang dieses Jahrhunderts den traditionellen Gold- und Silberhandel in Shanghai in westliche Börsenform gepreßt. In Indien aber bleibt das Spiel, für europäische Begriffe, eine andere Welt. Kaum irgendwo sonst ist die Spekulation so tief bis in die letzten Bevölkerungsklassen eingedrungen. Wild gespielt wird auf der Jutebörse von Calcutta, wo man Säcke auf ein Jahr im vorhinein per Termin handelt, und am Teemarkt von Darjiling, wo man Nilgiris-Tee auf längste Sichten erwerben und verkaufen kann. Bombay hat zwei große Börsen, die Cotton Exchange und den Catch Candy. Die Cotton Exchange als reine Warenbörse, an der aber auch Devisen gehandelt werden, stellt eigentlich einen europäisch arbeitenden Markt dar.

Der Catch Candy aber, dessen Namen schon bezeichnenderweise andeutet, daß an ihm „eine Süßigkeit erhaschbar" ist, hat seinen rein orientalischen Charakter bewahrt. Er ist eine Börse des Volkes, also der Eingeborenen, an der die Kaste der Marwaris, die sich aus reinen Spielern zusammensetzt, herrscht und an der einfach alles und von der kleinsten Menge bis zur größten im wahren Sinne des Wortes gehandelt werden kann. Am Catch Candy spielt man in Kautschuk und Tee, Jute und Ölsaaten, Wechseln und Wertpapieren, Zucker und Whisky. Man kann da Spiele auf jede Frist eingehen, Silber- und Goldbarren auf viele Monate im voraus handeln. Der Chauffeur oder der Straßenbahnschaffner kann sich in Bombay für die halbe Stunde, die seine Fahrt dauert, einen Ballen Baumwolle auf Termin kaufen und, wenn inzwischen die Baumwolle gestiegen ist, ein paar Rupien einstecken. Die großen Gewinner am Catch Candy halten es aber noch immer für das beste Investment, ihr Geld in purem Gold anzulegen und es keinem Banksafe anzuvertrauen. Als die Britische Regierung vor einigen Jahren diese Börse, die nur dem Differenzspiel dient, schließen wollte, kam es in Bombay zu revolutionären Unruhen. Denn das Volk läßt sich sein Spiel nicht nehmen.

Zweites Kapitel

DAS SPIELFELD

Nach guter alter Schulweisheit teilt man die Börsen in Effekten- und in Warenbörsen ein. Und wenn man genauer sein will, in Anleihe- und Aktienmärkte, in Geld- und Devisenmärkte und in Dutzende von Warenmärkten. Aber soviel man auch ein- und aufteilen mag, das Wesen der Börse bleibt überall das gleiche. Im Grunde handelt man weder Fabrikanteile noch Weizenladungen, sondern man spielt auf eine Preisdifferenz, die irgendein Wert zu zwei verschiedenen Zeitpunkten aufweist. Mit Recht spricht man an der Effektenbörse von Wertpapieren, denn vielmehr läßt sich über das, was dort hin- und hergehandelt wird, nicht aussagen. Es ist ein Stück bedrucktes Papier, das einen Wert darstellen soll. Dabei gibt es kaum ein Wertobjekt, das man nicht zum Handel an die Börse bringen kann, wenn man es in bestimmte Rechtsformen hüllt, die schon auf das Börsenspiel zugeschnitten sind, also vor allem in die Form der Aktiengesellschaft.

Ein großer Teil der Papiere, die an den Effektenbörsen gehandelt werden, stellt aber nicht einmal positive wirtschaftliche Werte dar, Fabriken, Bergwerke oder Eisenbahnen, sondern bezieht sich auf etwas höchst Negatives, nämlich auf Schulden. Alle die Wertpapiergattungen, die man in der Börsensprache als festverzinsliche Werte bezeichnet, Anleihen, Obligationen, Pfandbriefe, sind Schuldtitel, die einen Anspruch an den Staat, an Kommunen, Eisenbahnen, Industriegesellschaften oder Hypothekenbanken begründen. Ein „guter" Schuldner verpflichtet sich, das Geld, das er sich einmal geliehen hat, zu einem bestimmten Prozentsatz zu verzinsen. In den meisten Fällen — keineswegs immer — gibt er auch noch von vornherein an, wann und in welcher Weise er den Betrag zurückzahlen wird. Auf die Erfüllung solcher Versprechungen wird gespielt.

Es wäre naheliegend, anzunehmen, daß die Zusage eines sorgfältig ausgewählten Schuldners über Verzinsung und Rückzahlung genügen müßte, um der Schuldverschreibung zumindest für einen längeren Zeitraum einen gleichbleibenden Wert zu sichern. Warum sollte es beispielsweise bei Pfandbriefen, die doch erst auf der Grundlage von Hypotheken ausgegeben werden, anders sein als bei den Hypotheken selbst? Niemand denkt daran, eine Hypothek, die im Grundbuch an sicherer Stelle steht und deren Verzinsung auf Jahre hinaus festgesetzt ist, am Montag anders zu bewerten als am Dienstag derselben Woche. Bei den an der

Börse gehandelten Schuldverpflichtungen aber ist das der Fall. Denn das Börsengeschäft ist, seinem Wesen nach, zu jeder Stunde und in jedem Augenblick eine Spekulation, wobei man das Wort „Spekulation“ durchaus in seinem philosophischen Sinne verstehen kann.

Wer an der Börse ein Wertpapier kauft oder verkauft, sieht nicht nur darauf, welche Zahl auf dem Papier gedruckt steht, ob es eine Schuldverschreibung über 1000 Mark ist, die mit 5 oder mit 6 Prozent verzinst wird, sondern er spekuliert fortwährend: ist das auch der richtige Wert, welches ist der wahre Wert? Und um diesen Wert zu ergründen, setzt er die Verzinsung und die übrige Ausstattung des Papiers in Beziehung zu allen möglichen und manchmal auch unmöglichen, außerhalb liegenden Wirtschaftsvorgängen, er zieht den Gedankenkreis noch weiter ins Politische hinein, spintisiert über die Weltkonjunktur, läßt sich vielleicht durch irgendeinen psychologischen Faktor beeinflussen. Und schon steht die klare und bestimmte Schuldverschreibung einer soliden und zahlungskräftigen Industriegesellschaft inmitten einer unklaren und unbestimmten Atmosphäre unsolider Betrachtungen. Resultat: die Schuldverschreibung wird niedriger oder auch höher bewertet als am Tage vorher, obwohl sich objektiv an den Wertgrundlagen des Papiers nichts geändert hat.

Absolut kurssichere Wertpapiere gibt es daher nicht, und man kann wohl hinzufügen: wenn es sie geben würde, müßten die betreffenden Papiere von der Börse verschwinden, sie hätten keinen Reiz für den Börsenhandel. Es lohnte sich nicht, sie überhaupt im Kurszettel zu führen. Wenn in einzelnen Fällen Effekten lange Zeit denselben Börsenkurs aufweisen, so darf das nicht als ein Zeichen der Sicherheit angesehen werden. Es rechtfertigt vielmehr den Verdacht, daß bei den Papieren etwas nicht stimmt. Solche Dauerkurse gehen, wenigstens bei Papieren mit größeren Börsenumsätzen, regelmäßig auf Stützungsaktionen von interessierter Seite zurück und enden, wenn die Stützung einmal aufhört, gewöhnlich mit scharfen Kursrückgängen. So war es bei den deutschen Kriegsanleihen, die in der Nachkriegszeit jahrelang von der Reichsanleihe-A.-G. durch

Stützungskäufe und gelegentlich auch durch Verkäufe auf genau dem gleichen Kurs gehalten wurden. Ein anderes Beispiel bieten die unveränderten Kurse einiger deutscher Großbankaktien bis zu dem Bankenkrach vom 13. Juli 1931. Auch in anderen Ländern führten derartige Kursmanipulationen fast immer zu einem Zusammenbruch.

Rangordnung der Wertpapiere

Obwohl es eine vollkommene Kursstabilität an der Effektenbörse nicht gibt und nicht geben kann, weil man ohne Kursschwankungen nicht spielen kann, hat sich doch eine gewisse Rangordnung der Wertpapiere nach dem Grade ihrer scheinbaren Kurssicherheit herausgebildet. Festverzinsliche Werte gelten für sicherer als Aktien. Ein alter Börsenratschlag der Vorkriegszeit lautet: Wer gut essen will, kauft Aktien — wer gut schlafen will, kauft Obligationen. Diese Spielregel fand ihren Niederschlag sogar in gesetzlichen Vorschriften. Das deutsche Bürgerliche Gesetzbuch — und ähnliches gibt es in den Gesetzbüchern vieler anderer Staaten — enthält genaue Angaben, welche Gruppen von Wertpapieren zur Anlage von Mündelgeldern benutzt werden dürfen. Der Staat bestimmt also, in welchen Papieren Kauf kein Spiel ist. Er zählt dazu Reichs- und Staatsanleihen, Schuldverschreibungen anderer öffentlicher Körperschaften und Pfandbriefe. Die Kursbewegungen der Nachkriegszeit haben sich bedauerlicherweise nicht nach den Bestimmungen der Gesetzgeber gerichtet.

Da die festverzinslichen Anleihen der Staaten und öffentlichen Körperschaften in stärkerem Maße zur Vermögensanlage verwendet werden als Aktien und Schuldverschreibungen privater Unternehmungen, so hat man versucht, innerhalb der öffentlichen Anleihen nochmals eine Rangordnung nach ihrer Sicherheit vorzunehmen. Eine Klassifizierung dieser Art gibt — neben anderen, wie den „Standard Statistical Records“ — das bekannteste amerikanische Börsennachschlagewerk „Moody’s Manuel of Investments“. Der „Moody“ teilt die an den großen Weltbörsen gehandelten öffentlichen Anleihen in neun Gruppen ein:

Aaa Alle Staats- und Kommunalanleihen mit bester finanzieller Fundierung und promptestem Zinsendienst.

Aa Sehr gute Staats- und Kommunalanleihen, beste Obligationen öffentlicher Wirtschaftsunternehmungen.

A „Gute“ Anlagepapiere, viele Stadtanleihen, Staatsanleihen kleinerer europäischer Staaten.

Baa Finanziell sehr gut fundierte Anleihen von Staaten, Kommunen und öffentlichen Wirtschaftsunternehmungen, die aber bestimmten Risiken unterworfen sind.

Ba Weniger gut fundierte Werte der gleichen Art.

B Anleihen, die noch verzinst werden, aber bei denen die weitere Aufrechterhaltung des Zinsendienstes schon unsicher ist.

Caa Staats- und Kommunalanleihen finanziell schwacher Länder, zum Beispiel alle chinesischen Anleihen der Nachkriegszeit.

Ca Anleihen in Ländern mit großem Valutarisiko und Papiere, deren Zinsendienst schon seit langem eingestellt ist.

C Ausgesprochene Spielpapiere von rein spekulativem Charakter, zum Beispiel alte russische Anleihen.

So nützlich derartige Aufteilungen auch für die praktische Orientierung sein mögen — sie entsprechen etwa den Sternchen im Baedeker —, es kommt ihnen doch nur ein sehr relativer Wert zu.

Der Staat als Schuldner

Wenn Staatsanleihen in der allgemeinen Geltung einen besonderen Rang als Anlagepapiere einnehmen, so läßt sich das kaum durch Erfahrungstatsachen rechtfertigen. Schon in der Vorkriegszeit war es keineswegs selten, daß Staatsanleihen notleidend wurden und auch ohne offenen Staatsbankrott schwere Kurseinbußen erlitten. Aber der Staat tritt auf dem Anleihemarkt nicht nur als Wirtschaftsmacht auf, sondern zugleich als politische Instanz. Er ist, wenn er Geld braucht und deshalb eine Anleihe aufnimmt, nicht nur ein simpler Schuldner, sondern er ist zur selben Zeit Gesetzgeber und kann sich Privilegien zuerteilen.

Von dieser privilegierten Doppelstellung macht er überall reichlich Gebrauch. Selbstverständlich schreibt er von vornherein seinen Anleihen die größte Sicherheit zu, denn er ist ja Richter und Gerichteter in einer Person. Er kann auch in den Ländern, in denen die Börsen der Form nach reine Privatorganisationen sind, die sofortige Zulassung seiner Anleihen zum Börsenhandel erwirken. Um auf die Zeichner einen größeren Reiz auszuüben, stattet er seine Anleihen sehr häufig mit steuerlichen Vorteilen aus. Aber auch damit noch nicht genug.

Da der Staat der Idee nach ewig ist, so hat er dieses Ewigkeitsprinzip auch auf seine Anleihepolitik übertragen. Während alle anderen Schuldner, selbst Städte und sonstige öffentliche Körperschaften, gezwungen sind, ihre Obligationen zeitlich zu befristen und schon im Prospekt genau anzugeben, wann und in welcher Form sie das geliehene Geld zurückzahlen werden, kann der Staat „ewige" Renten ausgeben. Ewige Renten sind Anleihen, bei denen die Frage der Rückzahlung überhaupt nicht erwähnt wird. Der Staat sagt dem Anleihekäufer nur eine feste Verzinsung für unbegrenzte Zeit zu — der Rest ist Schweigen. In der Vorkriegszeit haben die größeren und finanzkräftigen Staaten, das Deutsche Reich, England, Frankreich, Italien, Holland und etliche andere, solche ewigen Rentenanleihen mit Erfolg ausgegeben. Das allgemeine Vertrauen in die Sicherheit des Staates und die Aussicht auf eine gleichbleibende prompte Verzinsung machten sie zu beliebten Anlagepapieren. Aber schon in der letzten Zeit vor dem Kriege begann sich das Publikum von diesem Anleihetypus abzuwenden. Staatsanleihen mit befristeter Rückzahlung und genauen Tilgungsmodalitäten standen überall im Kurse wesentlich höher als die ewigen Renten. Die patriotische Aufwallung während des Krieges machte es den Regierungen möglich, trotz der unsicheren politischen und finanziellen Lage Milliarden und aber Milliarden ewiger Anleihen ins Publikum zu bringen. Aber nach dem Kriege mußten fast alle Staaten darauf verzichten, neue Anleihen für die Ewigkeit auszugeben. Auch auf finanziellem Gebiet wollten die Menschen mit kürzeren oder doch mit festen Zeitspannen rechnen. Die ewigen Renten, die heute noch an den Weltbörsen gehandelt werden, stammen fast sämtlich aus der Vorkriegs- und Kriegszeit. Durch den Mangel eines festen Tilgungsplans sind sie zumeist größeren Schwankungen unterworfen und haben einen spekulativeren Charakter als die befristeten Staatsanleihen, wenn auch manche der ewigen Renten, zum Beispiel die dreiprozentige französische Staatsanleihe, in hervorragendem Maße gerade dem kleinen Sparkapital zur Anlage dienen.

Obwohl der Staat, die Provinzen und die Städte bei der Ausgabe von Anleihen stets das Sicherheitsmoment und die feste Verzinsung in den Vordergrund stellen, rechnen sie doch mit der Tatsache, daß auch der solideste, nur auf die Anlage seines Geldes bedachte Kapitalist gern noch einen kleinen Extragewinn mitnimmt. Infolgedessen hat es sich eingebürgert, daß selbst die bestfundierten Anleihen etwas unter ihrem Nennwert, und oft sogar recht erheblich unter Pari, emittiert werden. Für den Staat ist es natürlich ganz gleichgültig, ob er eine viereinhalbprozentige Anleihe zu 90 Prozent des Nennwertes ans Publikum bringt oder ob er sie zum vollen Nennwert auflegt und dafür fünf Prozent Zinsen bietet. Der Reinertrag und die Zinsenlast bleiben in beiden Fällen die gleichen. Aber im ersten Fall wird der Eindruck erweckt, als ob das Publikum besonders vorteilhaft kauft, wenn es einen so guten Wert unter Pari erwirbt. Es ist eine ähnliche Propagandamethode, wie sie die Warenhäuser anwenden, wenn sie ihre Reklameartikel möglichst nicht mit einer Mark, sondern mit fünfundneunzig Pfennigen auszeichnen.

Stärker an den Spielinstinkt appelliert eine andere Ausstattungsform der öffentlichen Anleihen, die schon von alters her gelegentlich zu Propagandazwecken angewandt wird: die Lotterieanleihe. Mit der Anleihe wird eine Auslosung verbunden, und die glücklichen Besitzer von Obligationen, die bei der Ziehung herauskommen, erhalten einen beträchtlichen Gewinn extra. Der Anreiz dieser Los-,

Lotterie- oder Prämienanleihen ist so groß, daß sie im Kurs gewöhnlich weit höher stehen, als es die errechenbaren Gewinnchancen rechtfertigen. Dazu gibt es vor der Ziehung bisweilen eine Hausse und nach der Ziehung dann meistens eine Baisse.

Spiel auf den Zinssatz

Ein kleiner Spielanreiz wird von oben her den Anleihen mit auf den Weg gegeben. Die großen spekulativen Faktoren entstehen erst später, ohne Zutun und stets gegen den Willen des Staats. Zum Spielobjekt kann alles werden, was zu einer Anleihe gehört: der Zinsfuß, die allgemeine Sicherheit des Schuldners, die speziellen Sicherheiten, so die Verpfändung bestimmter Einnahmen und hypothekarische Eintragung, und nicht zuletzt die Währung, in der die Anleihe ausgestellt ist.

Die normale Spekulation in Anleihen ist das Spiel auf den Zinssatz. Ihm entgeht niemand, der Anleihen besitzt. Anleihen werden in der Regel auf Jahrzehnte mit gleichbleibendem Zinssatz ausgegeben. Tatsächlich schwanken die Zinssätze für Anlagekapital in viel kürzeren Zeiträumen. Infolgedessen stimmt die Verzinsung älterer Anleihen selten mit der jeweils üblichen Zinshöhe überein. Werden die alten Anleihen höher verzinst, so steigt ihr Kurs, bringen sie weniger Zinsen, so sinkt er. Auf diese unvermeidlichen Zinsfußdifferenzen wird an allen Börsen der Welt in großem Umfang gespielt. Es gibt in New York besondere Brokerfirmen, die sich auf diese Spekulationsform spezialisiert haben.

Wenn Anleihen infolge ihrer guten Verzinsung erheblich im Kurse steigen, so macht freilich der Staat bald den Versuch, die Zinsen herunterzudrücken, und beschließt eine Anleihekonvertierung, das heißt eine Änderung der Zinssätze. Das Recht dazu hat er sich in einer Klausel des Anleihegesetzes vorbehalten, die die Zeichner nicht immer beachten. Anleihekonvertierungen sind regelmäßig mit großen spekulativen Bewegungen verbunden. Die von der Konvertierung unmittelbar bedrohten, über Pari stehenden

Anleihen nähern sich schnell dem Nennwert, zu dem der Staat sich erbietet, nötigenfalls die alte Anleihe in bar einzulösen. Die niedriger verzinslichen Anleihen, die von der Konversion nicht getroffen werden, schnellen ebenso geschwind in die Höhe, denn „relativ“ sind sie ja nun mehr wert. So war es bei den großen Anleihekonvertierungen in England und in Frankreich im Sommer 1932. Schon beim ersten Auftauchen der Konvertierungspläne setzte die Haussespekulation in den niedriger verzinslichen Staatsanleihen ein. Sie bewirkte in Frankreich, wo sich der Staat mit einer Herunterkonvertierung auf viereinhalb Prozent begnügte, daß die dreiprozentige Rente in wenigen Wochen von 74 auf 84 und die vierprozentige Anleihe von 90 auf 99$^3/_4$ stieg. In seltenen Fällen sieht der Staat sich auch veranlaßt, bei veränderter Lage des Kapitalmarktes eine Anleihe heraufzukonvertieren. In der einfachsten Form geschah das in Deutschland mit der sogenannten Reinhold-Anleihe, deren Zinssatz von dem Nachfolger des Reichsfinanzministers Reinhold im Jahre 1927 zum Zweck der Kursstützung von 5 auf 6 Prozent erhöht wurde. Auf solche Maßnahmen wird natürlich eifrig gespielt.

Spiel auf Verfall

Dieser letzte Vorgang gehört bereits zu der großen Gruppe von Anleihespekulationen, die sich weit unterhalb der Parigrenze abspielen. In der Hauptsache sind das aber die Fälle, in denen der „innere“ Wert der Anleihe angezweifelt wird, wo die Sicherheit der Rückzahlung, der Verzinsung und der Währung gefährdet erscheint oder tatsächlich bereits ins Schwanken geraten ist. Auf dem Aktienmarkt kann man um Nuancen der Prosperität oder des Niedergangs und auf ein halbes Prozent Dividende spekulieren. Auf dem Anleihemarkt geht es in der Regel gleich ums Ganze, um Zahlen oder Nichtzahlen, um Leben oder Tod eines Wertes. Wenn der Respekt vor der Solidität der Anleihe einmal geschwunden ist, gibt es von einem Tag zum anderen stärkste Kursstürze und Kurssteigerungen — ein ideales Spekulationsfeld für die Nur-Spieler. Sobald ein Anleiheschuldner den Zinsendienst einzustellen droht, sackt der Kurs ins Bodenlose ab, aber ebenso schnell springt er auch in die Höhe, wenn die Wiederaufnahme des Zinsendienstes sich ankündigt. In der Zwischenzeit kann die Börsenphantasie sich ausleben und ohne eine sinnvolle Begründung die Anleihe wie einen Spielball hin und her werfen. Dazu kommt, daß die Entscheidung, ob ein bankrotter Staat oder eine in Schwierigkeiten geratene Stadtverwaltung die Anleiheverzinsung wieder aufnimmt, ja zumeist nicht nur eine wirtschaftliche, sondern auch eine politische Frage ist, und die politische Urteilskraft gehört ganz und gar nicht zu den starken Seiten der Börse. Wann werden die Türken wieder zahlen? Ist auf dem Balkan etwas faul? Sind die Südamerikaner noch „gut"? Solche tiefgründigen Erwägungen bestimmen weitgehend die Kurssprünge ins Wanken geratener Anleihen.

Im Vergleich damit erscheint die Spekulation auf den Währungsverfall und auf Stabilisierungsmaßnahmen noch maßvoll und sachkundig. Da die Mehrzahl der börsenfähigen Anleihen reine Geldschulden sind, so entwerten sie sich automatisch mit der Währung, auf die sie ausgestellt sind. Aber gewöhnlich geht im Laufe der Inflation die Entwertung der Anleihen noch schneller vor sich als die Entwertung des Geldes. Denn das Publikum flüchtet, wenn es den inflatorischen Vorgang einmal erkannt hat, aus den Geldwerten in die Sachwerte, das heißt aus den Anleihen in die Aktien. So konnte es dahin kommen, daß auf dem Tiefpunkt der Franc-Inflation im Sommer 1926 der Kurs der französischen Anleihen auf unter 50 Prozent sank. Der Baisse pflegt nach der Stabilisierung der Währung aber rasch eine Anleihehausse zu folgen. In den Ländern mit völliger Geldentwertung, wie in Deutschland, in Österreich, in Polen, gründete sich die Hausse auf die Hoffnung einer gesetzlichen Aufwertung der alten Schulden. Da die Aufwertungsgesetzgebung auf sich warten ließ, so war der Anleihemarkt jahrelang ein Feld wildester Spekulationen, und er blieb es infolge unklarer Aufwertungsbestimmungen auch noch später. Die zur Ablösung der alten Anleihen geschaffenen Papiere, der Anleihe-Altbesitz und vor allem der unverzinsliche Anleihe-Neubesitz, gehören zu den spekulativsten Werten der deutschen Börse.

Um dem Anleihemarkt für die Zukunft überhaupt wieder eine feste Basis zu geben, war es notwendig, neue Wertgrundlagen zu schaffen. In der letzten Inflationszeit behalf man sich mit „Sachwertanleihen“. Öffentliche Finanzinstitute, aber auch einzelne deutsche Staaten gaben Anleihen heraus, die nicht auf Geld, sondern auf eine bestimmte Menge Roggen, Kohle, Kali oder sogar auf Holz lauteten. Da diese „wertbeständigen“ Anleihen in Wirklichkeit den Preisschwankungen der ihnen zugrundeliegenden Rohstoffe ausgesetzt waren, ging man bereits vor der Stabilisierung der Mark dazu über, die Anleihen auf Goldwert abzustellen. Um dem Mißtrauen der Bevölkerung gegen alle Währungen Rechnung zu tragen, hielt man auch noch nach der Stabilisierung der Mark lange Zeit an diesem Typus der Goldanleihen fest und gab Goldobligationen und Goldpfandbriefe aus. Diese Papiere lauten entweder auf eine bestimmte Menge Feingold oder sie enthalten eine Goldklausel, durch die der Schuldner sich verpflichtet, die Anleihe nach dem jeweiligen Wert des Goldes zurückzuzahlen. Auch in anderen Ländern, die eine Inflation durchgemacht haben oder deren Währung nicht als einwandfrei gilt, sind Goldklauseln in Übung. Gelegentlich werden sie später juristisch umstritten, und auf den Ausgang solcher Prozesse wie auf alle Aufwertungsstreitigkeiten wird an der Börse hoch gespielt. So haben die Prozesse um die Goldanleihen von Ägypten und Costarica, um die Goldklauseln der Stadtanleihen von Tokio und von Bahia an den westeuropäischen Börsen stürmische Spekulationsbewegungen ausgelöst.

Börsenzwitter

Was hier über die Entwicklung der öffentlichen Anleihen gesagt wurde, gilt nur bis zu einem gewissen Grade für die Obligationen privater Unternehmungen. Der Idee nach ist die Aktie ein Eigentumsanteil an der Gesellschaft. Die Obligation dagegen ist eine Schuld, für die die Gesellschaft mit ihrem gesamten Eigentum, häufig noch unter Verpfändung bestimmter Vermögenswerte einstehen muß. Die Obligation rangiert beim Zusammenbruch der Gesellschaft rechtlich vor der Aktie. Vom Standpunkt der Sicherheit aus müßte daher logisch der Aktienkurs einer Gesellschaft erst auf Null sinken, bevor die Obligationen desselben Unternehmens ins Wanken geraten können. Der tatsächliche Lauf der Dinge ist ein ganz anderer. Da der Börsenwert der Obligation ja in erster Linie von ihrer Verzinsung abhängt, beginnt sie schon im Kurs zu sinken, wenn es dem Unternehmen schlecht geht und der Zinsendienst in Zukunft nicht mehr gesichert erscheint. Die Aktie kann zu diesem Zeitpunkt noch einen stattlichen Kurs haben. Alle Rechtssicherheiten bilden für den Börsenkurs der Obligation also nur einen geringen Schutz.

Aber auch im Prinzip haben sich die Unterschiede zwischen Obligation und Aktie namentlich in der Nachkriegszeit stark verwischt. Nur in wenigen Ländern bestehen gesetzliche Vorschriften oder feste kaufmännische Usancen darüber, in welchem zahlenmäßigen Verhältnis die Obligationenschuld zum Aktienkapital stehen muß, das heißt, wieviel Schuldverschreibungen eine Gesellschaft von bestimmtem Kapital ausgeben darf. Die Praxis geht mehr und mehr dahin, daß eine Gesellschaft bei Kapitalbedarf diejenige Emissionsform wählt, die nach der Marktlage für sie gerade am günstigsten ist. In Prosperitätsperioden, die von einer Aktienhausse begleitet sind, wird sie lieber Aktien ausgeben. Das Publikum reißt ihr, in der Erwartung rascher Kurssteigerungen, neue Aktien aus der Hand, auch wenn es aus der Dividende nur eine effektive Verzinsung von zwei oder drei Prozent erhält, während es zu gleicher Zeit auf dem Anleihemarkt den doppelten Zinssatz erzielen könnte. Die Emission von Aktien stellt sich dann für die Gesellschaft wesentlich billiger als die Ausgabe von Obligationen. In Zeiten der Krise und des allgemeinen Mißtrauens, wo das Sicherheitsmoment den Ausschlag gibt, werden die Gesellschaften aber wieder zur Ausgabe festverzinslicher Obligationen übergehen müssen, um überhaupt Geldgeber zu finden.

Um dem Publikum quasi die Vorteile beider Emissionsarten zukommen zu lassen, hat man auch noch Mischformen von Aktien und Obligationen erfunden, Wertpapiere, die gewissermaßen Sicherheit und Gewinnchancen in einem bieten. Die bekannteste Form dieser Börsenzwitter sind die amerikanischen Convertible Bonds, festverzinsliche Schuldverschreibungen, die man innerhalb einer bestimmten Frist gegen Aktien eintauschen kann. Auch einige große deutsche Gesellschaften, wie Siemens und die I. G. Farben, haben diese Form der Convertible Bonds (Wandelbonds) übernommen. In England hat sich eine andere Mischform, die Participating Debentures, festverzinsliche Schuldverschreibungen mit variabler Gewinnbeteiligung an dem Unternehmen, herausgebildet. Auch Ivar Kreuger bevorzugte diese Finanzierungsform. Mit der Vermengung des Aktien- und des Obligationenbegriffs seitens der Gesellschaften hat sich auch im Publikum das Unterscheidungsvermögen für diese beiden Grundformen abgeschwächt. Die private Obligation wird mehr und mehr als ein Teil des Unternehmens angesehen und in schlechten Zeiten als riskant betrachtet. Daraus erklärt sich, daß mit der Verschärfung der Krise auch die Obligationen der größten und bestfundierten Unternehmungen der Welt, deren Zinsendienst keineswegs gefährdet war, erhebliche Kurseinbußen erlitten. So sank von 1930 bis 1932 die vierprozentige Dollaranleihe der Royal Dutch um 20 Prozent im Kurse.

Der Aktienmarkt

Das eigentliche Spielfeld ist an allen Effektenbörsen der Aktienmarkt geblieben. Die Aktie ist ihrem Wesen nach spekulativ, denn nichts an ihr ist bestimmt. Das Aktienrecht umschreibt zwar möglichst genau die Rechte und Pflichten des Aktionärs innerhalb der Gesellschaft, aber über den nervus rerum: was ist die Aktie wert?, besagt es nichts. Keine Andeutung darüber, wie sich das in die Gesellschaft eingebrachte Kapital verzinsen wird. Keinerlei Garantie dafür, daß man das Kapital selbst jemals wiedersehen wird. Durch den Erwerb einer Aktie wird man Miteigentümer eines Unternehmens, das gut oder schlecht gehen kann, ohne daß der einzelne Aktionär darauf einen Einfluß hat. Alles schwebt in der Luft.

Anders mag der Fall da liegen, wo der Aktionär zugleich maßgebend in dem Unternehmen tätig ist oder wo er die Aktien in der Absicht erwirbt, die Kontrolle der Gesellschaft zu erlangen. Hier kann an die Stelle des Spielinteresses das wirtschaftliche Machtinteresse treten, was aber nicht hindert, daß gerade Aktienerwerbungen dieser Art an der Börse stärkste spekulative Bewegungen auslösen. Außerhalb der spekulativen Sphäre bleibt im allgemeinen nur der alte Familienbesitz, die typische Fabrikantenaktie, die meistens noch von der Umgründung reiner Privatunternehmungen in Aktiengesellschaften herrührt. Doch können auch davon bei Erbteilungen oder sonstigen Besitzverschiebungen ruckartige Spekulationsbewegungen ausgehen. So war es 1932 nach dem Tode des Diamantenmagnaten S. B. Joël und nach dem Tode des großen englischen Reeders Lord Inchcape.

Gewiß dient die Aktie auch Kapitalisten, die nicht persönlich mit dem Unternehmen verbunden sind und keine Ambitionen haben, in der Gesellschaft mitzuregieren, in weitem Umfang zur Kapitalanlage. Denn ein großer Teil des Volksvermögens ist in allen hochkapitalistischen Ländern in die Form von Aktiengesellschaften gegossen. Es handelt sich dabei vielfach um langfristiges Anlagekapital, das sicher nicht häufiger seinen Besitz wechselt, als das auf dem Anleihemarkt geschieht. Daher ist es auch irreführend, wenn in manchen Börsenstatistiken das gesamte zum Börsenhandel zugelassene Aktienkapital addiert und dann stolz verkündet wird, daß soundsoviel Milliarden Mark oder Dollar „Nominale“ an der Berliner Effektenbörse oder in Wall Street umgehen. Was an den Börsen umgeht, das heißt innerhalb kurzer Zeiträume den Besitzer wechselt, ist immer nur ein kleiner Teil des gesamten Aktienkapitals. Für die Bewertung der Aktien ist es ziemlich gleichgültig, ob das an der Börse wirklich zirkulierende, „flottante“ Aktienmaterial einen kleineren oder größeren Teil des Gesellschaftskapitals bildet. Entscheidend ist allein der zirkulierende, an der Börse aktive Teil der Aktien. Das ruhende Aktienkapital spielt zwar auch, aber es spielt eine passive Rolle. Seine Besitzer erfahren erst aus dem Kurszettel, was das spekulative Kapital über sie beschlossen hat, wieviel ihre Aktien heute wert sind.

Da die Gesellschaften nicht immer das gleiche Interesse daran haben, die Aktien der Schwungkraft, aber auch den Gefahren der Spekulation auszusetzen, und da sie in der Regel sehr darauf bedacht sind, nicht im Wege des freien Börsenhandels einen Zuwachs an unliebsamen Großaktionären zu bekommen, suchen sie sich häufig schon bei der Ausgabe von Aktien gegen Überraschungen der Börse zu schützen. Die Börse ist ja für sie nur Mittel zum Zweck, sich Kapital zu verschaffen. Haben sie Kapitalbedarf, so bedienen sie sich bei der Aktienemission und manchmal auch schon vorher spekulativer Anreizmittel, um einen möglichst weiten Kreis zu interessieren. Fühlen sie sich durch Außenseiter, durch Konkurrenten, die in ihr Unternehmen eindringen wollen, oder durch das Ausland bedroht, so sind sie bemüht, sich abzukapseln und die Machtpositionen der bisherigen Hauptaktionäre zu verstärken.

Aus diesen verschiedenartigen Interessen haben sich auch verschiedene Aktienarten herausgebildet, die zum Teil spekulationsfördernd, zum Teil spekulationshemmend wirken. Neben den gewöhnlichen Stammaktien (Common Shares) werden häufig Vorzugsaktien (Preferred Shares) ausgegeben, mit denen bestimmte Sonderrechte, meistens für die Dividende, verbunden sind. In Amerika bilden diese Vorzugsaktien bisweilen den größeren Teil des Aktienkapitals und werden auch an der Börse emsig hin und her gehandelt. Die Aufteilung in verschiedene börsenfähige Aktiengattungen gehört gewissermaßen zum Dienst am Kunden. Die Gesellschaft bietet dem Publikum gleich mehrere Sorten zum Aussuchen an und belebt damit den Absatz und das Spiel. Denselben Effekt wie die „Bevorzugung" übt die „Benachteiligung" bestimmter Aktiengattungen aus. Hierher gehören insbesondere die jungen Aktien, die erst zu einem späteren Zeitpunkt dividendenberechtigt werden. Der Handel in „Jungen" war schon zur Zeit John Laws in Paris populär. Damals nannte man sie „filles" und „petites-filles" — Töchter und Enkelinnen. Der Name hat im Laufe der

Jahrhunderte gewechselt, das Spiel selbst hat sich an allen Börsen erhalten.

Einen ausgesprochen spekulativen Anreiz bieten die Gratisaktien, die in guten Zeiten besonders in Amerika von den Gesellschaften an die Aktionäre ausgeteilt wurden. Eine höhere Dividende muß man in bar auszahlen. Gratisaktien braucht man nur drucken zu lassen. Der Spekulation bleibt es dann überlassen, diese aus dem Nichts geschaffenen Papiere zu bewerten. In dem Haussetaumel der Prosperity-Jahre freuten sich die Aktionäre über solche fiktiven Geschenke der Gesellschaften weit mehr als über eine echte Dividendenzahlung. Wall Street nahm diesen zweifelhaften Zuwachs willig auf, ohne daß der Kurs der alten Aktien zunächst dadurch beeinträchtigt wurde.

Im strikten Gegensatz zu diesen spekulationsfördernden Aktienemissionen stehen die zusätzlichen Aktienschöpfungen, die zum Schutz der Gesellschaft gegen „Eindringlinge" dienen sollen. Sie führen dem Unternehmen kaum neues Geld zu, aber der Verwaltung neue Macht. Sie bleiben gewöhnlich in den Händen von Vertrauensleuten, sind nicht übertragbar, also auch nicht börsenfähig. Nur indirekt können sie auf die Börse wirken, und zwar spekulationshemmend. Denn Großkapitalisten, die in dem Unternehmen auch ein Wort mitreden wollen, werden sich in Gesellschaften, bei denen ihnen von vornherein der Weg zur Macht versperrt ist, gar nicht erst durch Börsenkäufe engagieren.

Schutz vor Kleinspekulation

Im Prinzip ist die Börse und insbesondere der Aktienmarkt ein Spielfeld für jedermann. Man kann wohl, wie es an den meisten Börsen geschieht, die Börsensäle selbst absperren und nur einen kleinen Kreis von Professionells hereinlassen. Aber man kann niemanden daran hindern, sich Aktien zu kaufen und damit an der Börse zu spielen. Der Zutritt zum Börsenspiel ist sogar freier als der Zutritt zur Spielbank in Monte Carlo, wo man sich immerhin schon am Eingang legitimieren und seinen wahren Namen angeben muß. Die einzige Bedingung für die Zulassung zum Börsenspiel ist der Besitz einigen Geldes. Dies ist daher auch der Punkt, wo der Staat eingreifen kann, um den Kreis der Börsenspieler zu begrenzen und ganz Unkundige von der Spekulation fernzuhalten. Aber auf der anderen Seite drängt die Wirtschaft mit ihrem Kapitalbedarf, den sie auf dem Wege über die Börse und mit Hilfe des spekulativen Anreizes befriedigen will.

In der Praxis stellt sich die Frage so: wie groß soll man den Nennwert der einzelnen Aktie bemessen, damit die Wirtschaft Geld bekommt und die „kleinen Leute“ möglichst nicht mitspielen? Historisch gesehen geht die Entwicklung zur immer kleineren Stückelung der Aktie. Aus dem Bestreben, möglichst viel Kapital zu placieren, sind die Märkte immer größer und die Spieleinheiten immer kleiner geworden. In ihren Anfängen ist die Aktiengesellschaft ja eine Art Genossenschaft mit beschränkter Haftung. Eine Anzahl kapitalkräftiger Leute legt Geld zum Betrieb eines Unternehmens zusammen und erhält dafür Gesellschaftsanteile. Auch als es schon üblicher wird, die Gesellschaftsanteile an Außenstehende weiterzuverkaufen, und als daraus ein börsenmäßiger Aktienhandel entsteht, sind die einzelnen Aktien noch verhältnismäßig hohe Wertobjekte. Bei der ersten und berühmtesten Emission von Inhaberaktien, bei der Banque Générale des Gründungskünstlers John Law, hieß es in dem königlichen Erlaß zwar, daß es „Unsere Absicht ist, an den Geschäften der Compagnie und an den Vorteilen, die Wir ihr zugestehen, die größtmögliche Zahl unserer Untertanen teilnehmen zu lassen, und damit jedermann daran teilnehmen könne, wollen Wir, daß das Aktienkapital in Aktien zu 500 livres geteilt sei“. Aber 500 livres bedeuteten, trotz der damals schon in Frankreich bestehenden Geldentwertung, der Kaufkraft nach etwa 1500 Goldfrancs. Reste der Großstückelung haben sich bis heute bei manchen Bergwerksunternehmungen erhalten. Ihr Kapital ist nicht in Aktien von einem bestimmten Nennwert aufgeteilt, sondern in Kuxe, das heißt in 1000 gleich große Anteile, die börsenmäßig bewertet und gehandelt werden.

In England, das im achtzehnten und im neunzehnten Jahrhundert der größte Kapitalmarkt der Welt war, hat sich, unbehindert von gesetzlichen Schranken, am schnellsten die Kleinaktie durchgesetzt. Auch dort begann man mit wenigen, aber sehr teuren Aktien. Noch zu Anfang des neunzehnten Jahrhunderts war die 100-Pfund-Aktie die Standardgröße. In den folgenden Jahrzehnten ging man zur 10-Pfund-Aktie über, die heute noch nobleren Unternehmungen als Aushängeschild dient. Während des Booms in Goldminen-Shares in den achtziger Jahren bürgerte sich die Pfund-Aktie ein, die es dem englischen Arbeiter ermöglichte, Aktionär zu werden und an der Börsenspekulation teilzunehmen. Man hat diese Entwicklung gefördert in der irrigen Annahme, daß der Arbeiter dadurch von antikapitalistischen Ideen ferngehalten würde. Um auch die kleinsten Beträge mobil zu machen, ist man in England in der Aktienstückelung sogar noch weiter gegangen. Während der Gummihausse im Jahre 1910 begannen die Gummigesellschaften 2-Schilling-Aktien auszugeben. „Twopenny Bazar" nannte man sie spöttisch. Das Geschäft in diesen Aktien ging glänzend, bis der Boom umschlug und die kleinen Leute ihre Sparpfennige verloren.

In Amerika hat man zwar im allgemeinen an der 100-Dollar-Aktie festgehalten, aber durch den Hausiervertrieb konnte in den Prosperity-Jahren, als die meisten Aktien ein Mehrfaches ihres Nennwertes kosteten, das Publikum auch Teile von Aktien erwerben und schon mit ein paar Dollar des Glückes teilhaftig werden, in Wall Street mitzuspielen. Nötigenfalls erwarben mehrere Bekannte zusammen eine Aktie, so wie man sich in anderen Ländern gemeinsam ein Lotterielos kauft. Die großen amerikanischen Gesellschaften sind besonders stolz darauf, Hunderttausende von Kleinaktionären zu haben. Auch den amerikanischen Nationalökonomen gilt das als ein Beweis für die glückliche „demokratische" Verteilung des Volksvermögens.

Auf dem europäischen Kontinent denkt man über die Beteiligung des kleinen Sparerpublikums am Aktienmarkt anders. Der Staat sucht die kleinen Leute von Aktienspekulationen fernzuhalten. Zu diesem Zweck wurde früher in Deutschland der Nennwert der Aktien auf dem hohen Betrag von 1000 Mark gehalten. Erst nachdem in der Inflationszeit viele Menschen, die vorher nie eine Aktie angerührt hatten, nach der Entwertung aller übrigen Kapitalanlagen in den Aktienmarkt geflüchtet waren, hat auch hier die Kleinspekulation zugenommen. Die Gesetzgebung hat dem Rechnung getragen, indem sie nach der Stabilisierung der Mark die Stückelungsgrenze der Aktien auf 100 Mark herabsetzte. Ein starkes Hemmnis für die kleinen Spekulanten besteht darin, daß für den Terminhandel an der Berliner Börse der kleinste Auftrag auf Aktien im Nennwert von 6000 Mark — früher sogar von 15000 Mark — lauten muß.

Schwere und leichte Papiere

Diese wohlmeinenden Schutzmaßnahmen für das Kleinkapital haben indes nur einen begrenzten Wert. Die Kursgestaltung bewirkt, daß gerade das kleine Sparkapital nicht an diejenigen Aktien herankommt, die eine gewisse Kursstabilität aufweisen. Vielmehr werden die Kleinkapitalisten, wenn sie sich überhaupt an die Börse wagen, auf die billigen, aber dafür auch höchst spekulativen Werte abgedrängt.

In der Börsensprache pflegt man zwischen „schweren" und „leichten" Papieren zu unterscheiden. Zu den schweren Papieren rechnete man früher in Deutschland die Aktien von Brauereien, von Versicherungsgesellschaften, von Bergwerksunternehmungen, die sich durch eine ziemlich gleichmäßige Dividende auszeichneten und daher gern zur Anlage mittlerer und großer Vermögen benutzt wurden. In anderen Ländern nahmen die Aktien der Notenbanken und einiger großer Verkehrs- und Industriegesellschaften diesen Rang ein; so in Frankreich die Banque de France, die Suezkanal-Gesellschaft; in England die European Gas und die Großbanken; in Holland die Royal Dutch; in den Vereinigten Staaten die American Telephone & Telegraph. Im Gegensatz dazu galten als leichte Papiere Aktien von Unternehmungen, die sehr stark von Sonderkonjunkturen abhängig waren und deshalb großen Kursschwankungen unterlagen, so Gummi-Aktien, Goldminen- und Diamanten-Shares, Kolonialpapiere. In der Krise hat sich die Unterscheidung zwischen schweren und leichten Papieren als ziemlich gegenstandslos erwiesen. Die deutschen Montanunternehmungen beispielsweise, die früher als besonders gute Anlagepapiere angesehen wurden, waren mit als erste von dem wirtschaftlichen Niedergang betroffen und erlitten schwerste Kurseinbußen.

Leading Shares

Da es auch den besten Kennern des Börsengeschäfts nicht möglich ist, in jedem Augenblick den gesamten Effektenmarkt zu übersehen und sich ein Bild davon zu machen, was bei den Tausenden von Börsenpapieren gerade vor sich geht, haben sich gewisse führende Börsenwerte (Leading Shares) herausgebildet, deren Kursbewegung als charakteristisch für die gesamte Tendenz des Marktes betrachtet wird. Es sind das entweder die Aktien ganz großer Industriegesellschaften, die in sich schon einen Milliardenwert repräsentieren, oder Aktien von Finanzierungsbanken, die eine Reihe von Industrieunternehmungen kontrollieren und dadurch gewissermaßen ein Spiegelbild der Industrie selbst geben. Solche Leading Shares waren in der Nachkriegszeit:

Börsen	Aktien
New York	Steels — Anaconda
London	Nickels — Imperial Chemical
Paris	Banque de Paris
Berlin.	Farben — Danatbank
Amsterdam	Royal Dutch — Philips
Brüssel	Sofina
Prag	Skoda
Wien	Alpine Montan
Mailand.	Montecatini

Der Ehrentitel eines Leading Shares ist nicht für die Ewigkeit gültig. Ein Papier, das gestern noch als allgemeines Tendenzbarometer galt und wie ein Fanal über der Börse leuchtete, kann heute schon vom Kurszettel verschwunden sein, wie es mit der Danatbank der Fall war. In Hausseperioden tauchen auch kurzlebige neue Leading Shares auf, wenn bei irgendwelchen Sonderkonjunkturen bestimmte

Aktiengruppen die allgemeine Aufmerksamkeit auf sich ziehen. So war in der Zeit des internationalen Kunstseiden-Booms an der Berliner Börse die erste Frage: „Wie steht Glanzstoff?", in Paris: „Wie steht Tubize?", in London: „Wie steht Courtaulds?" Die Börsenkometen dieser Art verlöschen aber meistens sehr schnell unter Hinterlassung eines penetranten Geruches. Auch umsatzmäßig übertreffen solche Saisonfavoriten häufig das Geschäft in den dauerhafteren Leading Shares. In Wall Street wurden monatelang die weitaus höchsten Börsenumsätze in den Shares der verhältnismäßig kleinen United Aircraft erzielt, wie denn das Ausmaß der Börsenspekulation durchaus unabhängig von der Größe der Gesellschaften ist.

In vielen Fällen läßt sich kein sinnvoller Grund dafür angeben, weshalb die eine oder andere Aktie zum Börsenfavoriten aufrückt. Auch die Börsenspekulation hat ihre Moden, so wie es Moden in der Damenkleidung oder in der Medizin gibt. Durch geschickte Propaganda gelingt es bisweilen, aus geringfügigem äußeren Anlaß ein Papier zu lancieren und es eine Zeitlang als Spielfeld erster Ordnung in der Mode zu erhalten, bis das Publikumsinteresse daran erlahmt und aus ebenso geringem Anlaß ein anderes Papier in den Brennpunkt der Spekulation tritt.

Phantasiepapiere

Es liegt im Wesen der Spekulation, daß sie keine festen Wertmaßstäbe kennt. Wo die letzten Anhaltspunkte für eine wirtschaftliche Bewertung fehlen, setzt die pure Phantasie ein und schafft sich ihr eigenes Spekulationsfeld. An allen Börsen gibt es einen Handel in solchen Phantasiewerten, der zeitweilig schwungvolle Formen annimmt. Meistens geht es um Aktien von Unternehmungen, die auch geographisch in weiter Ferne liegen, um Kolonialgründungen, um Konzessionen irgendwo in den Tropen, deren ernsthaften Wert niemand nachprüfen kann, von denen man manchmal noch nicht weiß, ob sie wirklich vorhanden sind. Die Geschichte der Aktienspekulation ist, seit ihren frühesten Anfängen, voll von Beispielen dieser Art. In der Nachkriegszeit haben die Islas de Guadalquivir, die Corocoro-Copper Mines, die Mexico el oro, die Mount Elliot und etliche andere die Liste verlängert. Die Börsenphantasie braucht aber gar nicht immer in die Ferne zu schweifen, um völlig fiktive Werte zu suchen und — zu schaffen. Auch in der nächsten Umgebung der Börsen steigen bisweilen Seifenblasen auf, deren Luftigkeit niemand sieht, bis sie zum Platzen kommen. Ein Schulbeispiel dafür bildeten die an der Berliner Börse amtlich notierten Aktien der Brandenburgischen Holz A.-G., deren Kurs im Jahre 1927 von 3 auf 243 Prozent in die Höhe getrieben wurde, um dann auf 1 Prozent herabzusinken. In diese Kategorie fallen auch die Kreuger-Werte, die nach dem Selbstmord Ivar Kreugers auf den zehnten und hundertsten Teil ihres Kurses zusammenbrachen. Die Zulassung eines Papiers zum Börsenhandel gibt also noch keine absolute Garantie dafür, daß es sich um einen wirklichen Wert und nicht nur um ein Phantasiegespinst handelt.

Immerhin kann man dagegen einwenden, daß es sich in diesen Fällen um vereinzelte Unachtsamkeiten der Börsenorganisation oder, wie bei Kreuger, um großzügige Schwindelmanöver handelt, die auch die wirtschaftskundigsten Leute nicht durchschaut haben. Doch ganz so ist es nicht. Die Zulassung eines Papiers zur Börse ist überall mehr oder minder eine Vereinsangelegenheit. Wenn das Papier den Vereinssatzungen entspricht, wird ihm Eintritt gewährt, ist es aber erst zur Börse zugelassen, so kümmert sich außer den Spielern niemand mehr viel darum. Die Ausschließung eines einmal eingeführten Papiers vom Börsenhandel ist immer eine größere Aktion, die ebensoviel Umstände macht wie der Ausschluß eines nicht mehr honorigen Vereinsmitgliedes. Daraus erklärt es sich, daß in den Kurszetteln aller großen Börsen Aktien und auch Obligationen geführt werden, die jeder realen Wertgrundlage entbehren: tote Minen, die seit Jahren nicht mehr produzieren, Konzessionen, die nie ausgenutzt wurden und schon wieder erloschen sind, und besonders Papiere, die aus politischen Gründen ihren Wert eingebüßt haben. So führen an allen großen europäischen Börsen die alten Russenwerte ein Gespensterdasein. Obwohl seit dem Dezember 1917 sämtliche Aktienunternehmungen im Bereich der Sowjetunion als Staatseigentum und sämtliche alten Anleihen für null und nichtig erklärt worden sind, wurden die Aktien noch fünfzehn Jahre lang an der Pariser Börse notiert, und die Zarenanleihen rangieren noch immer auf dem bevorzugten Platz der zum Terminhandel zugelassenen Wertpapiere.

Die Spekulation nimmt sich mit besonderer Vorliebe solcher Gespensterwerte an. Spekulieren bedeutet zwar: in die Zukunft denken, aber der wahre Spekulant ist auch immer mit Erinnerungen an die Vergangenheit beladen und glaubt nicht daran, daß ein Papier, das früher einmal etwas wert war, völlig wertlos werden könnte. Er gibt wohl zu, daß 99 Prozent und auch 99,9 Prozent verloren sind, aber an das letzte Zehntel klammert er sich und baut darauf sein Spielfeld auf. Bei den offenkundigsten Non-Valeurs nimmt er noch die knifflichsten Unterscheidungen vor und bemißt den Kurs danach, ob vor zwanzig Jahren das Papier vier oder fünf Prozent Zinsen trug. Er betreibt dieses Geschäft mit feierlichem Ernst. Und nur der Galgenhumor der schlimmsten Krisenzeit brachte es zuwege, daß man im Frühjahr 1932 an der New-Yorker Börse 25 verschiedene entwertete Aktien in Bausch und Bogen als „Glückspakete“ für 25 Dollar das Paket ausbot.

Der Kurs des Geldes

An allen großen Effektenbörsen gibt es einen besonderen Geschäftszweig, der sich mit dem kurzfristigen Ausleihen von Geld befaßt. Auch auf diesem „Geldmarkt“, wie man ihn kurz und bündig zu nennen pflegt, werden täglich Kurse gemacht. Man stellt da nämlich die Zinssätze fest, zu denen die Banken und die Börsenfirmen untereinander Geld für vierundzwanzig Stunden (tägliches Geld = call money) oder für einen Monat (Monatsgeld) ausleihen, zu denen sie Privatdiskonten, das heißt die Wechsel erster Banken, aufkaufen, Wertpapiere beleihen (lombardieren) und dergleichen.

Historisch ist der Geldmarkt die Urzelle der Börse. Schon Jahrhunderte, bevor sich ein Handel in Aktien und Anleihen herausbildete, bestanden in den italienischen Städten, dann in Brügge und Antwerpen, in Augsburg und Nürnberg, in Paris und Lyon Wechselbörsen, deren Geschäftskreis dem heutigen Geldmarkt ähnelte. Der Geldmarkt ist, wie noch an späterer Stelle im einzelnen gezeigt werden wird, auch für den modernen Effektenverkehr von großer Bedeutung. Die Kreditoperationen, die an der Börse abgeschlossen werden, dienen zum überwiegenden Teil unmittelbar zur Finanzierung des Effektenhandels. Trotzdem kann man sie selbst nicht als typische Börsengeschäfte ansehen. Es fehlt bei ihnen im allgemeinen die spekulative Absicht, sie sind weder räumlich noch zeitlich auf das Börsengebäude und die Börsenstunden konzentriert, vielmehr werden die gleichen Geschäfte auch vor und nach der Börsenzeit „von Büro zu Büro“ durchgeführt. Vor allem ist es ein reines Geschäft von Professionells, an dem das Publikum nicht teilnimmt.

Anders ist es mit dem Devisenmarkt, dem Handel in ausländischen Geldsorten, in fremden Banknoten, Schecks, Wechseln und Auszahlungen in ausländischer Währung. Hierin hat sich in der Nachkriegszeit eine schwunghafte Publikumsspekulation entwickelt, die in den Jahren der Hochinflation alle anderen Spekulationszweige übertraf. Freilich gehen die Devisengeschäfte, ebenso wie die Transaktionen des einheimischen Geldmarktes, nur zum Teil über die Börse, zumal man sie dort am leichtesten beaufsichtigen und reglementieren kann. Daher entstehen auch, sobald der Staat in den Devisenhandel eingreift, sofort neben den offiziellen Börsen illegale „schwarze Börsen“ mit eigener Valutenbewertung.

Der Devisenmarkt ist der einzige wirklich internationale Zweig der Spekulation. Zumeist wird die Internationalität der Börse weit überschätzt. Die größte Börse der Welt, Wall Street, ist eine ausgesprochen nationale Börse. Die wenigen ausländischen Werte, die dort gehandelt werden, spielen im Vergleich zu den Gesamtumsätzen eine minimale Rolle. Ebenso ist Berlin fast ausschließlich ein Platz für deutsche Wertpapiere. London ist von altersher ein bedeutender Markt für Auslandsanleihen, die aber überwiegend auf englische Pfund lauten. Die einzigen Börsenplätze mit einem großen Handel in ausländischen Aktien sind Paris und Amsterdam. Dazu sind die in mehreren Ländern notierten Werte meistens noch in Serien für jedes einzelne Land aufgeteilt, so daß auch dafür ein internationaler Markt eigentlich nicht besteht. Die Effekten und insbesondere die Aktien haben also eine Landesgrenze, die man nicht so leicht überspringen kann.

Infolgedessen bieten in Zeiten des Währungsverfalls die Effektenbörsen des eigenen Landes nur geringe Zufluchtsmöglichkeiten. Wer sich nicht mit der Flucht in die Sachwerte begnügen will, muß schon an die Auslandsbörsen gehen, und da dieser Weg dem großen Publikum ungewohnt und häufig auch durch gesetzliche Vorschriften eingeschränkt ist, so erscheint die Flucht an den Devisenmarkt immer noch als der bequemste Ausweg. Als Kapitalanlage sind zwar Devisen die schlechteste Form, denn sie bringen überhaupt keine oder nur geringe Zinsen. Aber in Notzeiten entscheidet die Sicherheit, und zur Wertsicherung gesellt sich bald ein spekulatives Moment: die Hoffnung darauf, daß man mit dem stabilen Auslandsgeld im Inland mehr Substanzwerte kaufen kann. Das Vorbild des großen Inflationskünstlers Hugo Stinnes findet noch immer bei jeder neuen Gelegenheit Nacheiferer.

Gleichzeitig mit der Flucht aus der eigenen Landeswährung setzt die Spekulation des Auslandes ein, und nun ergibt sich fast stets dieselbe Konstellation. Das Inland ist Käufer von Devisen, spielt also, freiwillig oder unfreiwillig, à la baisse der eigenen Währung. Der Staat, dessen Währung bedroht ist, sucht sie durch Stützungsaktionen und gesetzgeberische Maßnahmen zu stärken, wirkt also als Haussier. Im Ausland pflegen die Meinungen geteilt zu sein: manche Länder spielen à la hausse, andere à la baisse der bedrohten Währung. In der Zeit der Mark-Inflation überwog in Holland, in Dänemark, in Spanien die Haussespekulation, auch die Deutschböhmen, die Deutschamerikaner, die Londoner Akzepthäuser engagierten sich in großem Umfang zugunsten der Mark, während Frankreich, Belgien und überwiegend auch Wall Street auf ein weiteres Sinken der Mark spielten. In der Franc-Inflation operierten die Morgan-Gruppe und der damals noch mächtige Ivar Kreuger zugunsten des Franc, während in England und, infolge irriger Analogien mit den eben selbst durchlebten Inflationen, in Deutschland, in Österreich und in Ungarn à la baisse des Franc gespielt wurde.

Abweichend von allen früheren Währungsspekulationen war die bisherige Entwicklung beim englischen Pfund. Hier ging die Abwertung bewußt vom Staat aus, und auch in der Folgezeit übernahm der Staat geradezu die Rolle des Baissiers. Die Notenbank oder das Schatzamt kaufte bei steigenden Pfundkursen fremde Devisen auf, um die eigene Währung nicht zu hoch kommen zu lassen. Die englische Bevölkerung dagegen enthielt sich in mustergültiger Weise jeder Baissespekulation. Sie flüchtete nicht einmal in die Sachwerte und verhinderte dadurch eine Anpassung der Warenpreise und der Aktienkurse an den niedrigeren Auslandskurs des Pfundes. Diese vielbewunderte Selbstdisziplin beruhte wohl nicht so sehr darauf, daß die Engländer so viel bessere Wirtschaftspatrioten sind als die Staatsangehörigen anderer Länder, sondern einfach darauf, daß sie seit Jahrhunderten gewohnt sind, im Pfund die Weltwährung zu sehen und nur in ihrer Währung zu denken und zu handeln. Selbst sprachlich konnten sie sich dem neuen Zustand nicht anpassen. In den Tagen des schärfsten Pfundsturzes äußerten weltkundige Londoner Bankiers: „Das Gold ist jetzt so teuer“, womit sie meinten, das Pfund steht jetzt so niedrig. Das Ausland ließ sich freilich durch diese selbstbewußte Haltung der Engländer nicht beeinflussen und spielte, wie in allen regelrechten Inflationen, à la hausse und à la baisse des Pfundes.

So groß bei rasch sinkender Währung die Gewinnmöglichkeiten sind, so groß ist auch die Gefahr jeder Valutaspekulation. Denn im Gegensatz zur Effektenspekulation ist das Spiel in Devisen zeitlich begrenzt. Über dem Valutaspekulanten steht das Fallbeil der Stabilisierung, eines Tages geht es doch nieder und macht allen Zukunftsträumen und allen schwarzen Börsen ein plötzliches Ende. Unmittelbar nach der Stabilisierung lassen sich gewöhnlich noch große

Gewinne erzielen, nämlich auf dem Gebiet des Geldmarktes. Bis das Vertrauen in die stabilisierte Währung sich durchgesetzt hat, werden für kurzfristige Leihgelder riesenhafte Zinsen gezahlt. In Deutschland betrugen sie im Herbst 1923 bis zu 300 Prozent, im Spätsommer 1926 wurden für Francdarlehen im Ausland bis zu 60 Prozent gezahlt. In vereinzelten Fällen — am bekanntesten ist der Fall Jacob Michael in Deutschland — sind durch solche Stabilisierungsspekulationen Millionenvermögen entstanden. Aber gerade die gewiegtesten Inflationstechniker verstehen es in der Regel nicht, sich von einem Tag auf den anderen umzustellen und die neue Situation zu erfassen. Sie verlieren meistens in der Deflation, was sie sich in der Inflation erspielt haben.

Warenspekulation

Das zweite große Börsenfeld neben der Effektenspekulation ist die Warenspekulation. Die Warenbörsen sind eine Welt für sich, auch räumlich nur an wenigen Orten, so in Berlin und in Hamburg, mit der Effektenbörse verbunden. Sie haben ihren eigenen Interessentenkreis, in den europäischen Ländern werden sie zumeist als Fachbörsen angesehen, um die sich das große Publikum nicht allzuviel kümmert, während sie in den überseeischen Rohstoffgebieten die Effektenbörsen an allgemeinem Interesse übertreffen. Wirtschaftlich jedoch kommt ihnen überall die größere Bedeutung zu, denn was auf den Warenbörsen vor sich geht, wirkt unmittelbar zurück auf die Lebenshaltung jedes Einzelnen. Auf den Warenbörsen werden täglich die Preise der wichtigsten Rohstoffe festgestellt. Was wir essen, womit wir uns kleiden, wird dort erst einmal abtaxiert.

Trotzdem darf man die Warenbörse nicht als einen wahren Markt ansehen. Sie hat noch viel weniger einen wirklichen Marktcharakter als die Effektenbörse, denn sie dient nicht einmal als Anlagemarkt. Die Kauf- und Verkaufsgeschäfte, die dort abgeschlossen werden, sind zum ganz überwiegenden Teil kein Glied in der Kette, die vom Produzenten zum Konsumenten führt. So groß auch ihre Rückwirkungen sind, sie stehen außerhalb des realen Wirtschaftsprozesses. Wenn ein hochtrabender Vergleich gestattet ist: die Warenbörse ist gewissermaßen der Richtertisch, vor dem sich jeden Tag die Produktion einzufinden hat, um sich ihr Urteil abzuholen.

Um diesen Richterspruch fällen zu können, bedarf es nicht nur sehr umfassender Wirtschaftskenntnisse, die die ständigen Besucher der Warenbörsen zu besitzen glauben, sondern es gehört dazu auch ein komplizierter Mechanismus, der von dem der Effektenbörse grundverschieden ist. Er ist seinem Wesen nach noch künstlicher, noch abstrakter, noch spekulativer. Hinter der Aktie steht ein ganz bestimmter Wert, zumeist ein bestimmtes Unternehmen, das man, eben in Form von Aktien, in soundsoviel Stücke aufteilt, um sich leichter Kapital zu beschaffen und diese Teile dann bequem weiterverkaufen zu können. An den Warenbörsen ist der Weg genau umgekehrt. Die realen Werte, Getreide, Kupfer, Baumwolle, sind in verschiedener Menge und Güte vorhanden. Die Börse nun faßt diese realen Waren zu theoretischen Einheiten zusammen. Sie schafft erst bestimmte Standardmaße und bestimmte Standardqualitäten. Zum Teil schafft sie Einheiten, die es in der Natur auch nicht annäherungsweise gibt und die sich daher im effektiven Warenhandel auch gar nicht aufrechterhalten lassen. Die Getreidebörse beispielsweise handelt „Weizen-Chicago“ mit einem theoretischen Hektolitergewicht des „hard winter“-Weizens. Sie rechnet mit einem Mehlstandard, den es nur an der Börse gibt. Denn nur durch Standardisierung kann sie zu einheitlichen Preisbildungen gelangen.

Aber sie errichtet nicht nur Preismaßstäbe für wirklich schon vorhandene Werte, sondern sie schaut auch prophetisch in die Zukunft und setzt Preise für Getreide fest, das erst noch reifen soll, für Kupfer, das noch gar nicht gefördert ist, für Kautschuk, der noch in der Rinde der Gummibäume sitzt. An der Börse werden nicht nur die Preise für sofort lieferbare Waren (prompte Ware, Loco-Handel) festgesetzt, sondern auch für Güter, die erst zu viel späteren Terminen, nach drei oder vier Monaten, nach einem halben Jahr oder selbst nach einem Jahr, geliefert werden können.

Was ist börsenfähig?

Dieser Terminmarkt bildet heute den weitaus wichtigsten Teil der Warenbörsen. Er ist erst vor einem halben Jahrhundert entstanden: für Baumwolle in England 1876, für Getreide in Amerika 1877, für Kaffee in Frankreich 1881, in Deutschland im Laufe der achtziger Jahre. Dann aber hat er sich rapide entwickelt, immer mehr Warengattungen in sein Bereich gezogen und die ganze Welt erobert. Dieser Siegeszug erklärt sich gewiß nicht nur aus den Bequemlichkeiten, die der Warenterminhandel der Wirtschaft gebracht hat, sondern aus den spekulativen Möglichkeiten, die diese Geschäftsform bietet. Der Warenterminmarkt ist ein Spielfeld geworden, auf dem sich heute Hunderttausende, wenn nicht Millionen Menschen auf der Welt betätigen. Vorauszuschätzen, wie die nächste Ernte ausfallen wird, wieviel im Herbst das Getreide wert sein mag, das jetzt erst knapp aus der Erde lugt, wieviel Zinn und Blei nach etlichen Monaten vorhanden sein wird — das gibt der Phantasie den Spielraum, der zur Spekulation notwendig ist. Auf der Warenbörse gibt es keine Dividende und keine festen Zinssätze als Bewertungsgrundlage. Hier kann einem kein Aufsichtsratsmitglied verraten, wie es mit dem Unternehmen bestellt ist. Man ist auf vage Statistiken, auf Wettervoraussagen, auf völlig unkontrollierbare Mutmaßungen in fernen Erdteilen angewiesen. Man spielt mit der Natur jeden Tag von neuem.

Die Warenbörsen bilden nur begrifflich eine Einheit. In der Preisbewegung — und das ist ja das Wichtigste für die Börse — gibt es an den Warenbörsen keine einheitlichen Tendenzen nach oben und nach unten, wie an den Effektenbörsen. Ganz große wirtschaftliche oder politische Ereignisse, allgemeine Absatzstockungen, Kriege mit enormem Materialverbrauch wirken sich natürlich auf sämtliche Warenbörsen in derselben Richtung aus. Aber im ganzen ist doch die Preisbildung auf den einzelnen Märkten unabhängig voneinander. Es kann sehr wohl längere Zeit hindurch eine Hausse der Getreidepreise geben, während die Baumwollpreise tief sinken, je nachdem die Ernte in den einzelnen Produkten ausfällt. Dagegen sind die Warenbörsen, auf denen die gleichen Produkte gehandelt werden, also die Getreidebörsen, die Zuckerbörsen, die Kupferbörsen, in den verschiedenen Ländern viel stärker voneinander abhängig als die Effektenbörsen. Eine Weizenbaisse in Chicago wirkt unmittelbar auf die Getreidebörsen in Europa, Argentinien und Australien zurück, es sei denn, daß einzelne Länder sich durch Einfuhrsperren vom Weltmarkt „abgehängt" haben, wodurch ihre Börsen auf eine lokale Bedeutung zusammenschrumpfen.

Ein börsenmäßiger Handel hat sich allmählich für alle Waren herausgebildet, in denen eine spekulative Bewertung möglich ist. Die Börse braucht stabile Objekte und unstabile Preise. Sie braucht einigermaßen gleichartige Werte, sie braucht Güter, die nicht zu rasch verderben, da sie ja selbst auf Zeit spekuliert. Und schließlich braucht sie Objekte, in denen Preisschwankungen möglich sind, wo nicht übermächtige Produzenten die Preise diktieren. Innerhalb dieser Grenzen liegt das Spielfeld der Warenbörsen. Fast alle Rohstoffe und einige streng normierte Halbfabrikate, wie Garne, gewisse Gewebe, Weißbleche, fallen darunter. Nicht börsenfähig sind Vieh und Fleisch, weil sie zu große Qualitätsunterschiede aufweisen, Milch und Butter, weil sie zu rasch verderben, während Schweinefett namentlich an den amerikanischen Börsen ein großes Spekulationsobjekt ist. Einfache Hölzer hat man versucht in den Börsenhandel mit einzubeziehen, während Edelhölzer nicht standardisierbar und daher auch nicht börsenfähig sind.

Von der Börse ferngehalten hat sich das große Gebiet der Eisenproduktion, da hier die großen Stahltrusts den Markt beherrschen und Kartelle und Syndikate gebieterisch auf Monate und Jahre hinaus die Preise festsetzen. So ist es der United States Steel Corporation, dem größten Stahltrust der Welt, gelungen, über alle Konjunkturen hinweg während eines Jahrzehnts, von 1922 bis 1932, die Preise für einen so standardisierten Artikel wie Eisenbahnschienen unverändert aufrechtzuerhalten. In Schienen kann daher die Börse nicht spekulieren. Ähnlich liegt es beim Erdöl. Die sogenannten Petroleumbörsen in New York, in London, in Bremen sind in Wirklichkeit nur Plätze, auf denen die großen Ölkonzerne ihre jeweiligen Preise mitteilen, ohne daß ein wirklich börsenmäßiger Handel vor sich geht. Anders ist es auf den Metallbörsen, auf denen Kupfer, Zink, Zinn, Nickel gehandelt werden, und auf den Edelmetallbörsen, wo täglich die Preisnotierungen für Gold, Silber und Platin unter starker Mitwirkung der Spekulation zustandekommen. Das Hauptfeld der Warenspekulation bilden aber doch die landwirtschaftlichen Rohstoffe: Weizen, Roggen, Gerste, Mais, Zucker, Kautschuk, Baumwolle, Kaffee, Kakao.

Die Spekulationsgrundlage sind zwar überall Verbrauchsgüter, aber die Börse hat darüber ein fiktives Gebäude errichtet, und am Ende ist es mit den Konsumwerten der Warenbörse ebenso wie mit den Vermögenswerten der Effektenbörse: hier und dort Papier — Papier. Die grundlegenden Unterschiede, die jedoch zwischen der Warenbörse und der Effektenbörse vorhanden sind, seien in der folgenden Tabelle gegenübergestellt:

Effekten	Waren
Aufteilung realer Werte in spekulative Einheiten (Aktien)	Zusammenfassung realer Werte in spekulative Einheiten (Standard-Maß und -Qualität)
Spezielle Zulassung zum Börsenhandel erforderlich	Keine spezielle Zulassung
Anlage möglich — Portefeuille-Werte	Kurzfristiges Engagement — Portefeuille ausgeschlosssen
Verzinsung (Dividende) wichtig	Keine Verzinsung
Kassa- und Termingeschäft	Überwiegend Termingeschäft
Groß- und Kleinspekulation	Großspekulation vorherrschend
Insgesamt Haussespekulation vorwiegend	Hausse- und Baisse-Engagements fast gleich
Häufig effektive Bezahlung und Lieferung	Effektivabwicklung sehr selten. Reines Differenzgeschäft
Meistens einheitliche Markttendenz	Jede Ware hat eigene Tendenz
Ohne Kontrakt. Effekt selbst bildet die Ware	Kontrakt — schriftliche Festlegung als Ersatz für fiktive Ware
PAPIER	PAPIER

Übersee-Spiel

Die Internationalität des Warengeschäfts hat eine gewisse Rangordnung unter den Börsen der verschiedenen Länder geschaffen. An bestimmten Plätzen wird die Preistendenz gemacht. Die anderen Börsen sind nur mehr oder minder der Abglanz dieser Zentralsonnen, an denen über Hausse und Baisse entschieden wird. Ganz grob und mit wichtigen Ausnahmen (Kautschuk!) kann man sagen: für die Agrarprodukte sind die amerikanischen Börsen entscheidend, für Metalle London. Eine feste Regel für den Standort der Hauptbörsen läßt sich nicht aufstellen. Für manche Produkte haben die lokalen Börsen in den wichtigsten Produktionsgebieten die Führung an sich gerissen und sich zu Weltbörsen entwickelt, so für Getreide Chicago und Winnipeg (Kanada), für Baumwolle New Orleans. Bei anderen Produkten haben die großen Hafen- und Stapelplätze sich auch als Börsenzentren durchgesetzt, so für Kaffee New York und Hamburg, für Zucker New York und London, für Baumwolle New York, Liverpool und Bremen.

Wenn man früher noch schärfer zwischen den Börsen für effektiven Warenhandel (Baumwolle in Liverpool, Rübenzucker in Magdeburg) und vorwiegend spekulativen Märkten unterscheiden konnte, so hat sich in der Nachkriegszeit dieser Unterschied immer mehr verwischt. Auch in den primitiveren überseeischen Produktionsländern hat sich an Ort und Stelle eine sehr lebhafte börsenmäßige Spekulation entwickelt. Die Eingeborenen in Niederländisch-Indien spielen ebenso eifrig in Zucker wie die Brasilianer in Kaffee, und sie gehen dazu nicht erst an die internationalen Börsenplätze, sondern engagieren sich an der Zuckerbörse in Batavia oder an den Kaffeebörsen von Rio und Santos. In den englischen und holländischen Kolonien entstehen immer neue Terminmärkte, nur die französischen Kolonien stehen in diesem Punkte noch etwas zurück. Das Native gambling, das Börsenspiel der Eingeborenen, rangiert als koloniale Kulturerrungenschaft gleich hinter dem Gebrauch des Grammophons und des Automobils. Man kann schon beinah von einem „Home Rule“ der Warenspekulation sprechen. In seinem Lande ebenso spielen zu dürfen wie die Kolonialherren, auf die gleiche Art Geld zu gewinnen und zu verlieren, bedeutet schon halbe Freiheit.

Während in den nordamerikanischen Getreidegebieten, in Südamerika und in Asien das Warenspiel in allen Schichten der Bevölkerung dominiert, hat es in Europa und in New York doch mehr den Charakter der Branchenspekulation behalten. Die Verlader und Shipper, die Exporteure und Importeure, die Banken, die im Wege der Verpfändung häufig unfreiwillig in den Besitz sehr großer Warenläger gelangen, sehen sich gelegentlich gezwungen, zur Minderung von Risiken an den Warenbörsen zu operieren, aber auch ohne solchen Zwang nehmen sie, wenn die Konjunktur ihnen gerade günstig erscheint, gern einen Spekulationsgewinn an der Warenbörse mit. Nicht selten sucht gerade in Verfallszeiten auch der reguläre Großhandel in der Warenspekulation seine letzte Zuflucht. So wurde die bedeutendste deutsche Textilgroßhandlung, Gebrüder Simon in Berlin, im Jahre 1930 durch verfehlte Baumwollspekulationen dem völligen Zusammenbruch zugeführt.

Um die Großspekulanten und um die Berufsspekulation, die ebenso à la hausse wie à la baisse spielen, gruppiert sich auch an der Warenbörse ein Heer von Kleinspekulanten, die sich fast stets auf das Spiel à la hausse beschränken. Meistens sind es Gewerbetreibende, kleine Fabrikanten, Kaufleute, Angestellte, vor allem aber auch Landwirte, die beruflich gezwungen sind, sich für die Preisgestaltung auf den Rohstoffmärkten zu interessieren, und ihre vermeintlichen Kenntnisse nun beim Spiel an der Warenbörse ausnutzen wollen. Die Gelegenheit dazu wird ihnen dadurch erleichtert, daß sie sich auch schon mit geringen Beträgen am Warenterminmarkt betätigen können. Spezielle Bankgeschäfte und, in Amerika und England, Klein-Broker übernehmen dabei die Rolle des Gruppierers, das heißt, sie fassen ein Dutzend Kleinaufträge zu einem „Schluß“ zusammen und leiten sie an die Börse weiter.

Für die Tendenzbildung ist jedoch die Kleinspekulation ziemlich bedeutungslos. Die Warenbörsen werden in viel stärkerem Maße als die Effektenbörsen von der Großspekulation beherrscht. Das Spielfeld steht zwar auch hier jedermann offen. Aber da die Warenbörse keine Anlagemöglichkeit bietet und die Werte, die dort gehandelt werden, keine Zinsen bringen, so empfindet doch in Europa der Außenseiter eine gewisse Scheu davor, da sein Glück zu versuchen. Hat er sich Aktien gekauft und sich dabei verspekuliert, so ist er immerhin ein honoriger Aktionär und kann getrost auf bessere Zeiten warten. Aber auf zehn Säcken Kaffee oder etlichen Doppelzentnern Weizen sitzenzubleiben — das ist eine peinliche Vorstellung.

Drittes Kapitel

DIE SPIELPARTIE

Wer Kunden haben will, macht Reklame, und Reklame kostet Geld. Die Börse, die ohne Kunden nicht bestehen könnte, macht als Institution selbst keine Reklame. Man macht vielmehr für sie Gratisreklame, weil eben die Börse mit all ihren Vorgängen als ein wichtiger Teil des öffentlichen Lebens aufgefaßt wird. Für alle, die Geld haben, ist es anscheinend unumgänglich notwendig, etwas über die Börse zu erfahren.

Die größte Börsenreklame macht laufend die Presse, die es seit der Entstehung der Börsen für selbstverständlich hält, genau so wie über Politik, über Morde oder große Erbschaften regelmäßig über die Wertpapierkurse zu berichten. Allein schon die tägliche Veröffentlichung des Kurszettels ist eine gewaltige Gratisreklame für das Börsengeschäft. Dazu kommen in allen Tageszeitungen der Welt Börsenberichte, die Spalten und ganze Seiten der Blätter füllen. Auch der Rundfunk hat sehr bald nach seiner Ausbreitung die Börsenberichterstattung aufgenommen, ohne dafür besonders bezahlt zu werden.

Presse und Radio liefern der Börse eine Reklame, wie man sie früher Herrschern und ihren Häusern machte. Obwohl sich die Börsen nicht wie königliche Dynastien eines Schutzgesetzes erfreuen, wird über sie in der Regel nur

Optimistisches gedruckt oder gesendet. Man macht für sie in den meisten Tageszeitungen bewußt oder unbewußt Hausse-propaganda. Es wird in den Redaktionen ebenso wie bei den Sendestellen vermieden, Baissen vorauszusagen. Kommt wirklich ein Krach am Effektenmarkt, so wird er in seinen Anfängen meist mit schonenden Worten abgedämpft, etwa wie ein gesellschaftlicher Fehltritt eines Mitglieds der regierenden Familie. Denn das Publikum soll die Börse wie einen Krieg, den man führt, als Gewinnangelegenheit betrachten. Weil nämlich, wenn die Börse gut geht, alles gut geht.

Der Ticker

Noch viel eingehender als die Presse und das Radio macht aber die nur in Amerika weitverbreitete mechanische und textlose Börsenberichterstattung Spielreklame. Es handelt sich da um den Ticker, eine technisch sehr vollendete Telegraphenapparatur, die in den Vereinigten Staaten bereits seit 1867 existiert.

Der Ticker macht zur Börsenzeit ganz Amerika zu einem großen Spielsaal. Innerhalb des Börsenraumes von Wall Street stehen sechs große Apparate, die jeden Börsenabschluß nach Stückzahl und Kurs verzeichnen und mit einer Fernschreibeeinrichtung an die Mitglieder der New-Yorker Börse augenblicklich weitergeben. Außerdem ist aber noch die größte Telegraphengesellschaft des Landes, die Western Union, an die Börsenticker von Wall Street angeschlossen. Sie verbreitet unverzüglich sämtliche vom New-Yorker Originalticker verzeichneten Zahlen in alle Städte Amerikas, in denen die Banken, Broker, Hotels, ja auch Restaurants ihre abonnierten Ticker aufgestellt haben, sie verbreitet sie auch durch Kabel in die übrige Welt. Der Herzschlag der Börse, der nur zu oft mit dem Amerikas identisch ist, wird noch warm weitergegeben. In wenigen Sekunden erfährt man da, was in Wall Street vor sich geht. Wachsen aber die Umsätze an der Börse über eine gewisse Höhe hinaus, so kommt der Ticker, eben weil er Kurse und Umsätze verzeichnet, nicht mehr nach. An Rekordtagen hinkt er sogar ein bis zwei Stunden hinter den Transaktionen her.

In allen Brokerbüros steht der Ticker in einem größeren Raum für die Kunden, dem „Customer's Room". Brokerfilialen sind über fast alle Städte der Union verstreut, und dort kann man zur Mittagszeit im Kundenzimmer, den an die Wand projizierten Tickerstreifen vor Augen, beinahe so gut spielen wie an der Börse oder am Roulettetisch. Die Methode nämlich, Aufträge auf Tausende Kilometer Entfernung angesichts des letzten Kurses erteilen zu können, ist die allerbeste Spielreklame, die man bisher ausgedacht hat. Die Geschwindigkeit der Tickerinformation bietet in sich einen Spekulationsanreiz. Auch Europa kann sich an diesem Schnellspiel beteiligen, alle großen Hauptstädte sind durch Kabel an das Tickernetz angeschlossen. So nimmt in Paris eine Auftragsabwicklung an der New-Yorker Börse mitsamt der Durchführungsbestätigung weniger Zeit in Anspruch als eine Auftragsdurchführung an der Bourse des Valeurs, die doch in der gleichen Stadt liegt. Der Ticker in den Vereinigten Staaten benutzt für jeden gehandelten Wert eine feststehende Abkürzung in Buchstabenform. X 200 · $31^1/_8$ heißt beispielsweise, daß 200 Aktien der United States Steel soeben zu $31^1/_8$ Dollar die Aktie verkauft worden sind.

In anderen Ländern ist die technische Vollendung des Tickers und daher auch seine Reklamewirkung bedeutend geringer. In England funktioniert ein Ticker in der Londoner Stock Exchange. Von ihm übernimmt der Exchange Telegraph die Kurse, um sie durch eigene Fernschreiber zu verbreiten. Der Vertreter dieser Telegraphengesellschaft ist der einzige Journalist, der in London zur Börse zugelassen ist, und eigentlich die einzige amtliche Verbindung des Marktes mit der Außenwelt. In Paris ist der Ticker der Nachrichtenagentur Havas recht verbreitet. Die Kurse und die kurzen Tendenzmeldungen, die er verzeichnet, werden dann von Banken und Vermittlern in die Provinz hinaus telephoniert. Da der Pariser Ticker aber stets eine halbe bis eine Stunde den Transaktionen nachhinkt, erscheint seine Marktwirkung beschränkt. In Berlin hat man vor einigen Jahren eine Tickergesellschaft gegründet. Einstweilen können nur Banken und Bankiers darauf abonnieren, so daß der Ticker noch keine richtige Spielpropaganda machen kann.

Wie macht man Tips?

Neben Zeitungen, Radio und Ticker machen aber noch die Banken, Bankiers und Broker eine Sonderreklame für die Börse. Sie wird umsonst allen Kunden, die an die Schalter kommen, verabreicht. Diese Schalterreklame hat verschiedene Gründe. Einmal hält sich der Schalterbeamte aus Courtoisie für verpflichtet, dem Manne, der in seiner Bank Geld hat, von der Börse sprechen zu müssen und ihm natürlich Gewinne in Aussicht zu stellen. Vor allem aber wird der Effektenkauf dem Kunden schmackhaft gemacht, weil die Bank an den Kommissionen verdient. Aus diesem Grunde sorgen die Banken bereits an der Tür für Plakatierung der Emissionen von Aktien und Obligationen, die sie an ihren Schaltern dann mit Aussichten auf Kursgewinne verschönern.

Auf diesem Wege zur Börse schreitet der Kunde schon von weither zwischen Reklameflächen, die ihm die Betätigung am Aktienmarkt aufs beste anpreisen. Da er nur mit Gewinnabsichten zum Spiel geht, befindet sich sein Gemüt meist in einem gewissen Erregungszustand. Er ist also, wie alle Kranken oder Unentschlossenen, auf der Suche nach einem guten Rezept oder einem richtigen Fingerzeig, nach einer Anweisung, wie man gewinnen kann. Er lauscht begierig. Was für ein Papier werden ihm die Leute nennen, die in seiner Vorstellung mehr davon wissen als er? Er horcht herum, endlich wird auch ihm das Glück zuteil: der Tip.

Fast alle, die mit der Börse irgendwie zu tun haben, glauben es sich schuldig zu sein, einen oder mehrere Tips ständig auf Lager zu haben. Der Tip verdankt seine Entstehung aber oft auch den unmöglichsten Gedankenfolgen von Leuten, die mit der Börse gar nichts zu tun haben. Er entsteht aus Wichtigtuerei ebenso wie aus Leichtsinn und auch aus Böswilligkeit. In allen Großbanken, aber auch in den kleinen, gehört seine laufende Fabrikation zum Dienst am Kunden. Bei den Banken verfertigen ihn die sogenannten Studienbüros oder die volkswirtschaftlichen Abteilungen, in denen besondere Angestellte darüber nachzudenken haben, in welchen Werten es die besten Spielmöglichkeiten gibt.

Sie verarbeiten dazu alle möglichen Daten und Konjunkturelemente zu ganzen Abhandlungen, die man Exposés nennt, für die intelligentere Kundschaft und auch oft für die Banken selbst. Die Direktion der Bank siebt aber diese Tips, bevor sie an den Kundenschalter gehen, noch nach ihren eigenen Interessen. Sie läßt auch Tiplisten anfertigen — alle Großbanken haben solche —, auf denen sie vor allem Werte empfiehlt, von deren Unterbringung die Bank selbst nur Vorteile hat. Gelegentlich, wenn auch recht selten, gibt es uninteressierte Tips. Man wird daher füglich die Tips in zweierlei Arten zu scheiden haben: in den spielabhängigen und in den spielunabhängigen Tip.

Der spielabhängige Tip resultiert meist aus Engagements, die der Tipgeber, der „Tipper", vom kleinen Spieler bis zum Bankensyndikat an der Börse unterhält. Derartige Empfehlungen sollen die Kurssteigerung eines Wertes beschleunigen. Der Neuling, der auf solche Tips hin spielt, verdient nur selten daran. Der Tipper hängt sich bei der Tiperteilung gewöhnlich ein altruistisches Mäntelchen um. Oft sogar glaubt er selbst an den gegebenen Tip. Nach Befolgung seines Ratschlags kümmert er sich nicht weiter um den „Betippten" und antwortet, wenn das Spiel schlecht ausging, auf Vorwürfe stets mit bedauerndem Achselzucken und selten mit vernünftigen Worten. Seine Verlegenheit kommt höchstens darin zum Ausdruck, daß er das Opfer seines Tips meidet, manchmal aber auch haßt. Der spielabhängige Tip ist in der Regel auf Hausse eingestellt und nichts anderes als die Variante eines beliebigen Glücksspiels. Er ist durch die Formalitäten der Börsentransaktion jedoch komplizierter als das Baccara und wird ihm zu Unrecht vorgezogen.

Der spielunabhängige Tip hat schon reellere Grundlagen. Er ist vor allem rechnerisch bedingt, hat mit „Gefühlen" oder, wie man sie in den anglo-amerikanischen Marktberichten nennt, mit „feelings" nichts zu tun. Seine Grundlage bildet gewöhnlich die vorherige Kenntnis von Veränderungen bei einer Gesellschaft, die sich im Kurse ihrer Aktien stets auswirken. Solche Veränderungen sind Fusionen mit einem bestimmten Austauschverhältnis der Aktien, Kapitalserhöhungen und ihr Bezugsrecht, aber auch Kapitalszusammenlegungen oder sogar bevorstehende Zusammenbrüche. Es kann sich dabei auch um Aufwertungen und Abwertungen von Anleihen handeln und um die Einstellung ihres Zinsendienstes. In all diesen Fällen ist das Risiko des Betippten sehr gering, während seine Gewinnaussichten oft bedeutend sind. Weil es sich hier um einen wirklich wertvollen Tip handelt, geben ihn die Banken, falls sie ihn selbst bekamen, nicht gern weiter. Zudem gehören Wirtschaftsvorgänge dieser Art nicht zu alltäglichen Erscheinungen an der Börse. Deshalb überwiegt dort stets der spielabhängige Tip. Auf Grund seiner Zufallserfolge findet er immer wieder Glauben. Er spielt bei der Tendenzbildung eine gewichtige Rolle.

Die Fortpflanzung des Tips

Am meisten Vertrauen erweckt der geflüsterte Tip. Da glaubt der Betippte eine eigens für ihn gemachte Spielanweisung zu bekommen und schon an den Toren des Reichtums zu stehen. Flüstern aber ist eine zeitraubende Beschäftigung und paßt in das moderne Börsentempo nicht mehr recht hinein. Wie man heute selten mit der Hand schreibt, sondern sich der Maschine oder der Vervielfältigungsapparate bedient, so ist auch der „Tip nach Maß“ rar geworden. Der ordinäre Tip ist, weil er die größtmögliche Anzahl von Spielwilligen erreichen soll, ein Objekt der Serienfabrikation. Er kann als Seriengut wohl auch in Bankbüros durch die Hand, die den Mund des ihn aussprechenden Angestellten überschattet, noch veredelt oder psychologisch zurechtgestutzt werden.

Die Serienverbreitung des Tips geschieht auf verschiedene Arten, die im Grunde genommen alle der Technik des schlauen Anglers gleichen, der an seinem ständigen Angelplatz harmloses Fischfutter ausstreut. Die Fische kommen nach einiger Zeit dorthin zur Nahrung. Und während er noch weiter Fischnahrung ins Wasser wirft, trägt ein Angelhaken schon den Köder, der die Beute bringen soll. Das höchste Ziel des Tipfabrikanten ist, seine Erzeugnisse in die Presse zu bringen, denn dort werden sie von Hunderttausenden gelesen. Im Text versteckte oder geschickt maskierte

Tips, die ihrem Entdecker sogar die Illusion lassen, sie selbst entdeckt zu haben, üben auf den Spieler die sicherste Wirkung aus. Dabei können die Zeitungen selbst durchaus in gutem Glauben die Veröffentlichung vornehmen.

In vielen Ländern geht jedoch die Tipfortpflanzung auch unüberprüft und entgeltlich in der Presse vor sich. Es kommt dort nur darauf an, was der Tipper sich die Sache kosten läßt. Kleine und plumpe Tips können schon für ein paar hundert Mark untergebracht werden. Je mehr man jedoch die Tips tarnt, desto teurer kommen sie dem, der sie verbreiten will. Tips mit eingehender Bilanzanalyse stellen schon eine vornehme Kampagne dar und kosten noch mehr. Die Spesenfrage hat in einigen Ländern Banken und Finanzgruppen bewogen, Tageszeitungen zu erwerben oder aber einen bestimmten Teil der Zeitung für ihre Zwecke zu pachten. Diese Pachtsysteme haben wohl immer einen gewissen Publikumserfolg, können aber auch zu den übelsten Erpressungen an Gesellschaften ausgenützt werden. Berüchtigt dafür war eine im Jahre 1926 in Paris gegründete und bezeichnenderweise „La Rumeur" — das Gerücht — benannte Tageszeitung, die ihren Handelsteil an Madame Marthe Hanau verpachtet hatte. Der Zeitungsbesitzer Anquetil und Madame Hanau wanderten bald ins Gefängnis, und das „Finanzblatt" ging ein.

Neben dieser Tipverbreitung in der Presse gibt es noch eine individuellere Art der Börsenbelehrung. Es handelt sich da um kritische Berichte über Ereignisse der Börse und der Wirtschaft, in die man sehr wirksam Tips hineinstreuen kann, wie Rosinen in einen Kuchenteig. An erster Stelle unter diesen Veröffentlichungen rangieren die Großbankberichte, die für die allgemeine Börsentendenz oft von Bedeutung sind. Sie enthalten sich meist direkter Tips, und ihr Inhalt ist nach den Gesichtspunkten der Direktion zensuriert. Die eigenen Aktien des Unternehmens werden in den Großbankberichten aber auch diskret vergoldet. Die besten Bankberichte in Europa stellen die Veröffentlichungen des Schweizer Bankvereins dar. Beachtlich sind aber auch die guten Berichte der englischen Großbanken, denen man die der Rotterdamsche Bankvereeniging und die Halbjahrsberichte der Reichs-Kreditgesellschaft in Berlin anreihen kann. Die französischen Großbanken geben keinerlei Berichte von ähnlichem Rang heraus, doch ist ihr direkter Einfluß auf Zeitungen größer.

Ebenfalls gratis, aber schon rein auf das Spiel zugeschnitten und tendenziös sind die zahllosen Berichte, die die Broker sowie kleine und mittlere Bankiers allwöchentlich an die Kundschaft versenden. Wobei hier unter dem Namen Kundschaft die Gesamtheit derer zu verstehen ist, die einmal einen Börsenauftrag gaben oder geben können. In solchen Berichten verliert der Tip seine ursprüngliche Form der Diskretion. Da tritt vielmehr die Spielanweisung, die höchstens noch mit dem Feigenblatt einer technischen Floskel verziert wird, ganz unbekleidet zutage. Es handelt sich bei Berichten und Zirkularen dieser Gattung um nichts anderes als um die Anpreisung von Effekten mit den Methoden der Warenreklame. Wie Leute Seife kaufen, deren Namen ihnen von Plakaten und aus Zeitungen stets wieder in die Augen springt, so kaufen sie eben auch, wenn sie es immer wieder gedruckt sehen, daß Anaconda der beste Share in dieser Welt ist, Anaconda Copper Mines.

In der Nachkriegszeit hat sich die Tipverbreitung im Wege des wöchentlichen Zirkulars sehr ausgedehnt. Daneben begann der Tagesbericht mit Börsenaussichten und Spielempfehlungen für den nächsten Tag modern zu werden. Er ist es bis heute bei einigen englischen Kleinbankiers, bei einer holländischen Finanzgruppe und namentlich bei allen amerikanischen Brokern mit europäischen Filialen geblieben. Diese Tips tragen häufig den sichtlichen Stempel der Verlegenheit an sich und stimmen nur in seltenen Fällen. In der Regel enthalten die Berichte nur zwei Arten von Spielanweisungen: eine, die die Tendenz der vorhergehenden Börse auch für den folgenden Tag ankündigt, oder eine, die „aus markttechnischen Gründen" das Gegenteil voraussieht. Schließlich aber gibt es noch das sogenannte unabhängige Tendenzzirkular. Dazu gehören recht gute Veröffentlichungen, die sich kritisch mit Wirtschaft und Börse beschäftigen, wie The Kiplinger Washington Letter oder wie Buchwalds Börsenberichte in Berlin. Die ernsten

Publikationen solcher Art sind jedoch sehr selten. Die meisten angeblich unabhängigen Tendenzzirkulare sind nichts anderes als ein auf dem Tip aufgebautes Verlagsgeschäft.

Neben dem bewußten Tip führt aber auch der anonyme Tip, besonders in allen Haussezeiten, Unkundige ins Spiel. Er ist ein Teil der öffentlichen Meinung. Man kann nie genau sagen, woher er kommt und wohin er geht. Der Generaldirektor und der Liftboy, die Modistin und der Barbier, alle haben ihre Börsenratschläge auf Lager und servieren sie aus Wichtigtuerei und mit sportlichem Eifer. Ganz im Stil dieser Vox populi hat auch die schon mehrfach erwähnte Madame Hanau ihre Tipfabrikation aufgezogen. Unter dem Namen „Secret des Dieux" verkaufte sie täglich Börsentips an das große Publikum. Durch diese Tips vereinigte sie Tausende von Abonnenten zu einer Spielerorganisation und gelangte dadurch zeitweise zu einer eigenartigen Börsenmacht.

Börsenreisende

Wie wichtig für die Effektenbörsen die Betätigung kleiner und kleinster Kunden ist, erweist die Bedeutung, die man in den Kreisen der Großspekulation dem Vorhandensein kleiner Kundenordres beimißt. Denn wenn es das Kundenspiel nicht gäbe, könnten die großen Spielpartien, die der Börse so viel Mystisches in den Augen des profanen Betrachters verleihen, nicht vor sich gehen, wie man ja auch moderne Kriege nicht ohne Massenheere führen kann. Die Banken und Broker haben daher seit Bestehen der Börsen viel Sinn und Mühe darauf verwendet, die Schar der Spieler zu vermehren. Sie sehen in jedem Geldbesitzer einen Börsenaspiranten. Findet der Aspirant nicht von selbst den Weg zur Börse, dann sucht man ihm auf andere Weise beizukommen. Man entsendet zu ihm, wie man es früher zur Vergrößerung der Söldnerheere tat, einen Werber. Das ist der Remisier.

Der Remisier ist meist ein Herr in den besten Jahren von gutbürgerlichem Aussehen, der wie ein Reisender die Kundschaft seines Hauses besucht und dessen Mission, ganz wie im Warenhandel, in der Einholung von Aufträgen besteht. Diese Auftragsübermittlung, französisch „remise“, hat ihm Stand und Namen geschaffen. Er hat aber nicht nur die alte Kundschaft durch Verabreichung von Spielanreizmitteln für die Börse zu „bearbeiten“, also zur Auftragserteilung zu bewegen, er muß auch ständig auf Akquisition neuer Kunden bedacht sein. Seine Entlohnung besteht in einer Beteiligung an den Courtagen und Kommissionen, die der Kunde dem Hause für die Auftragsdurchführung zu bezahlen hat. Der Remisier bekommt in der Regel zwischen 10 und 50 Prozent dieser Gebühren. Als Reisender in Bereicherungsmöglichkeiten kann er keinen Musterkoffer mit sich führen, dafür hat er in der Brieftasche eine Kollektion von Tips.

Den größten Teil dieser Tips gibt ihm sein Haus mit auf seinen nicht immer leichten Weg, der besonders schwierig wird, wenn er einen Kunden, der auf seinen Tips schon einmal Geld verlor, zu neuer Betätigung an der Börse überreden will. Obwohl Remisiers immer einige Tips auf Lager haben, sind sie selten imstande, über die von ihnen angepriesenen Papiere auch nur die elementarsten sachlichen Auskünfte zu geben. Remisiers, die bei größeren Spielern und selbst bei Bankiers antichambrieren, nennen sich meist Bankvertreter. Ihr Beruf ist insofern angenehmer, als sie es nur noch mit Spielkundigen und Spielwilligen zu tun haben, die auf ihre Tips wenig Wert legen und allein zu wissen glauben, worin sie zu spielen haben. Oft sind Remisiers auch selbst Spieler. Sie empfehlen dann, was leicht erklärlich ist, dem Kunden diejenigen Werte, in denen sie persönlich engagiert sind. An der börsenmäßigen Durchführung der Aufträge hat der Remisier nicht mitzuwirken. Er versucht aber meist den Anschein zu erwecken, als ob er es könnte, indem er dem Kunden eine besonders sorgfältige Durchführung des Geschäfts verspricht. Seine Funktion erschöpft sich jedoch bei der Ausfüllung des Ordrezettels.

In allen Börsenländern gibt es, obwohl illegal, aber meist geduldet, „Demarcheure“. Sie sind eigentlich Hausierer in Effekten. Sie verkaufen in der Regel effektive Stücke von Aktien oder Obligationen an den kleinen Mann und spielen in den sogenannten Placementsgeschäften bei der Unterbringung von Wertpapieren im Publikum eine erhebliche Rolle. Die Wertpapiere, die sie vertreiben, zeichnen sich meist durch schönen Druck in der Art von Banknoten aus. Es können auch Non-Valeurs sein. Die Kundschaft der Demarcheure bildet das ganz börsenferne Publikum, dem sie solche Papiere mit besten Gewinnaussichten und nur gegen Barzahlung anhängen. Es sind Dienstboten, Kleingewerbetreibende, Bauern, Pfarrer, Landärzte, die derselbe Demarcheur gewöhnlich nur einmal zu besuchen wagt. In Amerika blühte die Demarcheurkunst von 1926 bis 1929. Die damals auf dem Hausierweg vertriebenen Effekten trugen sehr oft ähnlich klingende Namen wie amtlich notierte und bekannte Werte.

Der Demarcheur kennt selten die Qualität der von ihm vertriebenen Ware. Er braucht auch nicht immer zu wissen, daß er das Werkzeug eines richtigen Schwindels ist. Er leitet seine Aufträge nicht an die Börse weiter, weil er das Papier dem Käufer sofort nach der Bezahlung aushändigt. Er kann aber unter Umständen dazu beitragen, den Markt eines zweifelhaften Wertpapiers auszudehnen. So sandte beispielsweise im Jahre 1928 eine französische Bankengruppe ganze Demarcheurtrupps in die Provinz, um vor der Einführung auf dem Pariser Terminmarkt die Aktien der Corocoro Copper Mines, eines in der Folge berüchtigt gewordenen Kulissenwertes, ins Publikum zu bringen. Diese Operation ist der Bankengruppe damals vollständig gelungen. Das Demarcheurgewerbe hat sich trotz der Krise fast überall erhalten und wird ob seines Risikos gut entlohnt.

Der Dienst am Börsenkunden

Die börsenmäßige Wertschätzung des einzelnen Kunden richtet sich nach seinem Geldbesitz. Wer viel Geld hat, kann viel spielen und große Aufträge erteilen. Wer wenig Geld hat, kann nur kleine Aufträge geben. Da alle Vermittler aber an größeren Aufträgen mehr verdienen als an den kleinen, so staffeln sie die Art ihrer Kundenbehandlung ganz nach Courtage- oder Kommissionsaussichten ab. In Europa wird sorgsam zwischen dem kleinen, dem mittleren und dem großen Kunden unterschieden.

Der Kleinkunde, der ein paarmal im Jahr ein Spiel an der Börse wagt, ist in den meisten Börsenhäusern und in den Börsenabteilungen der Banken nicht besonders beliebt. Er fragt zu oft, ob das empfohlene Papier auch wirklich steigen kann, er kommt häufig nur, um sich zu erkundigen, wie seine kleine Börsenverpflichtung eben jetzt beurteilt wird, kurz, er hält das Personal zu sehr auf. Man fertigt ihn an den Schaltern ab und sucht mit ihm schnell fertig zu werden. Die Angestellten legen meist keinen Wert auf seinen Besuch, die Abteilungsleiter kennen ihn selten, die Chefs fast nie. Er muß, falls er in einem Börsenorte wohnt, den Auftrag spätestens eine Stunde vor Börsenbeginn erteilen, und in der Provinz sogar einen Tag vorher. Der französische Börsenjargon hat für ihn den wegwerfenden Namen eines „margoulin" — eines Kleinkrämers — adoptiert.

Der mittlere Kunde erfährt schon mehr Wertschätzung. Er läßt nämlich, um als solcher zu gelten, durch sein Spiel jährlich ein paar hundert Mark an Spesen und Gebühren bei der Bank oder dem Vermittler. Aus diesem Grunde besuchen ihn bereits Remisiers oder Bankbeamte, um ihn zu akquirieren. Kommt er aber in die Bank oder zum Broker, so genießt er da schon eine bevorzugte Behandlung und wird in das Büro des Chefs oder des stellvertretenden Filialdirektors vorgelassen. Von denen wieder erhält er gelegentlich auch Sondertips und stets die „sorgfältigste Überwachung seiner Aufträge" zugesagt. An Börsenplätzen werden seine Ordres während der Börse entgegengenommen. Er ist daher in der Lage, innerhalb einer Börse ein Engagement bei Tendenzwechsel zu lösen, also sich „zu drehen", wie man dafür sagt. Ist er in der Provinz ansässig, so werden seine Aufträge noch am gleichen Börsentage entgegengenommen, er kann sich aber ohne Schwierigkeiten und zusätzliche Spesen nicht mehr drehen.

Der Großkunde ist für Banken und Broker ein Halbgott des Spiels. Er antichambriert weder vor den Schaltern noch in den Warteräumen der Direktoren. Ihm sind alle Türen weit geöffnet, denn an ihm wird viel verdient. In die Banken kommt er selten; meist nur, wenn seine Abrechnungen nicht stimmen. Dafür wird er täglich von Remisiers und häufig auch von Bankiers besucht, damit er ihrem Hause die Aufträge reserviert. In der Regel aber erteilt der Großkunde seine Aufträge telephonisch. Lebt er in einem Börsenort, so telephoniert man ihm Kurse und Tendenz von der Börse in sein Büro oder auch in seine Wohnung. Er kann daher beinahe so operieren, als ob er selbst an der Börse wäre. Auch in der Provinz, im Badeort und sogar im Sanatorium ist der Großkunde mit der Börse in ständigem Kontakt und kann sich drehen, wenn die Situation es erfordert.

All das ist in Amerika infolge des Tickers und des Telegraphensystems anders. Die Kurse selbst kann auch der kleinste Kunde allenthalben am Ticker gratis ablesen. Die Auftragsvermittlung geht in den Vereinigten Staaten nicht telephonisch, sondern überwiegend telegraphisch vor sich. Denn der Telegrammstreifen bildet zugleich eine schriftliche Fixierung des Geschäftes. Zudem ist die telegraphische Auftragsvermittlung schneller als das Telephon, Telegramme über den ganzen Kontinent nehmen nur wenige Minuten in Anspruch. Infolgedessen ist die Vorzugsbehandlung nach Kundenkategorien in Amerika nicht so ausgeprägt. Die Auftraggeber sind vor dem Ticker und dem Morse-Streifen beinahe gleich. Durch die technische Vollendung der Auftragsübermittlung können praktisch alle Spieler sich in Wall Street drehen, wann sie wollen. Amerika hat das Börsenspiel demokratisiert. Alle dürfen gewinnen — und alle verlieren.

Die Spielmöglichkeiten

An den Wertpapiermärkten sind die Spielmöglichkeiten zahllos. Sie werden lediglich durch den Geldbesitz oder den Kredit des Spielers begrenzt. Obwohl man im allgemeinen annimmt, daß man nur auf zwei Tendenzen, à la hausse oder à la baisse, spielen kann, stimmt das in Wirklichkeit nicht ganz. Der Spieler kann beispielsweise, wie es in England zur Zeit der ersten Kunstseidenkonjunktur vorkam, in Spinnereiaktien à la baisse und in Kunstseiden-Shares gleichzeitig à la hausse liegen. Er kann, wie es in Frankreich geschah, in Aktien eines Wasserkraftwerks à la hausse spielen, während er Montanaktien gefixt hat. Denn die einzelnen Aktiengruppen weisen nicht immer die gleiche Tendenz auf. Häufig jedoch dienen derartige Kombinationen auch nur zur Sicherung gegen allzugroße Verluste bei unbestimmter Tendenz. Ein Haussier geht also gleichzeitig ein Baisseengagement ein, um sich selbst ein Gegengewicht zu schaffen. Aber solche Spiele auf zwei Tendenzen werden gewöhnlich nur von großen Spielern und Banken durchgeführt. Der Amateur betrachtet die Börse unter dem Gesichtspunkte der Hausse. Er betätigt sich daher in Europa selten außerhalb des Kassamarktes, und für ihn sind die Spielmöglichkeiten meist in dem System des „sich etwas kaufen" erschöpft. In solch einseitigem Spiel kann man sich aber bei einer Baisse nicht verteidigen.

Frühzeitig hat man versucht, für größere Börsenspiele Verteidigungsmöglichkeiten gegen Tendenzwechsel zu schaffen. Man begann Spiele zu konstruieren, bei denen man gerade am Sinken der Kurse verdiente. Man wettete auf einen bevorstehenden Kurssturz. Fielen die Preise bis zu einem bestimmten Termin wirklich, so bekam der „Pessimist" vom „Optimisten", der glaubte, daß die Preise nicht sinken würden, die Differenz zwischen dem Tagespreis beim Wettabschluß und dem Preis am Verfallstermin ausbezahlt. Von nun an hatte man, wenn man auf Termin spielte, zwei gleichwertige Spielmöglichkeiten: man konnte sich à la hausse und à la baisse engagieren und in jeder Richtung sein Glück versuchen.

Zuerst bürgerten sich solche Terminengagements — Zeitwetten — im Warengeschäft ein. In Holland, Frankreich und England standen sie schon im sechzehnten und siebzehnten Jahrhundert in Übung. Von den Warenmärkten gingen sie auf die Effektenspekulation über. Beim Handel in Staatsanleihen, damals den größten Spekulationsobjekten, verfeinerte sich ihre Technik. Ihre richtige Ausnützung zu großen Baissespekulationen fanden sie aber erst im achtzehnten Jahrhundert. Während der Terminhandel zur überwiegenden Geschäftsform der Londoner Börse wurde, übernahmen ihn die übrigen Börsenplätze der alten Welt nur für Papiere, in denen sich ein größerer Markt entwickelt hatte. Die amerikanischen Effektenbörsen haben ihn offiziell nicht eingeführt. Allein man kann in Wall Street ohne Umgehung der Börsenvorschriften unter sehr leichten Modalitäten dem Terminspiel in jedem Ausmaße nachgehen.

Termingeschäft ohne Termin

In der modernen Spekulation bildet der Terminmarkt das Aktivitätszentrum. An ihm spielen sich neun Zehntel, wenn nicht noch mehr, aller Spielpartien ab, denn er bietet umsatzmäßig und auch in bezug auf seine Kursschwankungen die größten Spielmöglichkeiten. Von seltenen Fällen abgesehen, werden an ihm nur reine Spekulationsgeschäfte abgeschlossen, deren Zweck lediglich die Erzielung einer Kursdifferenz ist. Das Termingeschäft, das ursprünglich den seinem Namen entsprechenden Sinn hatte, ist heute kaum mehr als eine leergewordene Form, deren man sich aus technischen Gründen noch bedient. Der historische Sinn des Termingeschäftes, der Wettabschluß auf eine Entscheidung, die an einem bestimmten Termin zu fallen hatte, hat sich vollständig verwischt. In Holland wettete man beispielsweise im sechzehnten und siebzehnten Jahrhundert auf die Anzahl der Wale, die ein Walfischfänger von seiner langen Seefahrt in den Heimathafen zurückbrachte. In französischen Hafenplätzen schloß man noch zu Anfang des neunzehnten Jahrhunderts Wetten darauf ab, ob auslaufende Handelsschiffe von Korsaren gekapert würden. Das waren echte Termingeschäfte. Heute kommen auf den Börsen an solchen echten Terminengagements lediglich noch die politischen Wahlwetten vor. Das aber, was man als Termingeschäft bezeichnet, sind Spielpartien, die jeden Tag beendet werden können und bei denen nur die Abrechnung nach dem Kalender erfolgt.

Die moderne Börse ist durch die Kontinuität der Geschäfte ein fließender Markt. Flüsse, die ein zu starkes Gefälle haben, werden durch Schleusen reguliert, die man in ein feststehendes Strombett an gefährlichen Stellen einbaut. Die Stromrichtung der Börsengeschäfte aber ist stets schwankend. Um bei diesen Schwankungen eine gewisse

Übersichtlichkeit aufrechtzuerhalten, hat man in ihren Ablauf Zäsuren eingelegt, an die sich das Spiel abrechnungsmäßig anlehnt. Der Spielzweck wird davon nicht tangiert. Die Zäsuren, die an einigen Börsen in der Mitte jedes Monats (Medioliquidation), an anderen wieder am Monatsende liegen (Ultimoliquidation) oder auch an beiden Daten regelmäßig vor sich gehen können, sind für das Spiel zusätzlich, aber nicht grundlegend.

Das Wesentliche am modernen Termingeschäft ist, daß hier auf Kredit gespielt wird. Wer mit 100 Aktien am Terminmarkt spielt, hat bei Spielbeginn nur 33 davon zu bezahlen. Es wird ihm also für scheinbar wenig Geld viel Gewinnmöglichkeit, tatsächlich aber viel Risiko geboten, während bei allen nicht börsenmäßigen Spielen stets die ganze Summe, um die es geht, auf den Tisch gelegt werden muß. Die Spielteilzahlung begünstigt nicht nur das Terminspiel in Effekten, sie verbreitet es auch auf die gleiche Weise, in der das Teilzahlungsgeschäft in guten Konjunkturen den Absatz teurer Fabrikate ausdehnte. Wie man ein Auto auf Teilzahlungen rascher kauft, so „stottert“ man auch leichter einen „Schluß“ von „7000 Siemens“, auf die man nur ein Drittel anzahlt und schon so spielt, wie man im Auto nach Erlegung der ersten Rate auch schon fahren kann.

Das Terminspiel in Effekten bietet noch einen anderen Anreiz durch die scheinbar unbegrenzte Spieldauer. Obwohl sie sich abrechnungsmäßig über feststehende Perioden erstreckt, so setzen diese Daten dem Spiel kein Ende. Die Abrechnung enthält bereits die Spielverlängerung (Prolongation), der Spieltermin ist also eine bloße Formalität. Theoretisch muß derjenige, der zu Beginn einer Liquidationsperiode Aktien zu einem Kurs von 100 kauft, sie an ihrem Ende zu diesem Kurs abnehmen. Praktisch kann er sie aber auch vor dem Stichtage wieder verkaufen und bei unterdes gestiegenen Kursen seinen Gewinn auf diese Weise sicherstellen. Fallen die gekauften Aktien aber bis zum Stichtage beispielsweise auf 90, so kann er die Abnahme hinausschieben, prolongieren. Er bezahlt dafür, nachdem er die Kursdifferenz von 100 auf 90 beglichen hat, eine geringe Gebühr, den Prolongationssatz oder Report. Seine

Verpflichtung läuft dann, ohne aufgehört zu haben, weiter bis zum nächsten Prolongationstage. Daß der Spieler der Form nach die Aktien, die er bei 100 gekauft hatte, bei 90 verkaufte und bei 90 wieder zum Bezug am nächsten Stichtage zurückerwarb, ist ihm vielfach unbekannt. Es interessiert ihn auch gar nicht weiter.

Bullen und Bären

Trotz all diesen Vorzügen hätte der Terminmarkt nicht seine überragende Stellung an den Börsen erlangt, wenn er nicht neben dem Haussespiel auch das Spiel à la baisse in gleicher Art ermöglichen würde. Man kann nämlich an den Terminmärkten auch Effekten verkaufen, die man gar nicht hat. Glaubt jemand, daß der Kurs einer Aktie, die 100 steht, innerhalb kurzer Zeit auf 90 sinken wird, so verkauft er einfach, weil er hofft, dieses Papier zu einem unter 100 liegenden Kurse wieder zurückkaufen zu können, wodurch sein Engagement mit Gewinn glattgestellt wäre. Geht nun seine Spekulation schief und hat das Papier am Liquidationstage einen Kurs von 105 erreicht, so kann er, genau so wie der Haussier, seine Verpflichtungen verlängern. In diesem Falle kauft er bei 105 seine Aktien zurück, zahlt fünf Punkte der Differenz auf seinen Verkaufskurs und verkauft neuerlich bei 105 auf den nächsten Stichtag zur Lieferung. Man ersieht an diesen Vorgängen deutlich den reinen Spekulationscharakter: Termingeschäfte sind Spiele auf Kursdifferenzen, die ihre Herkunft von den Wetten mittelalterlicher Epochen nicht verleugnen können.

An den Terminmärkten begegnen sich zwei Religionen des Spiels, die der Haussiers und die der Baissiers. Die Haussiers heißen auch Mineure oder Bulls. Die Bezeichnung Mineur geht auf die Silber- und Goldgräber zurück und auf die Börsenspekulationen in Silber- und Goldminen-Shares im Laufe des neunzehnten Jahrhunderts. Die Bezeichnung Bull oder Stier an den angelsächsischen Börsen überträgt die Stierkraft auf die Kraft der Haussebewegungen. Die Baissiers nennt man Kontermineure oder Bears. Sie sind die Börsenketzer. Kontermineure graben bildlich

Sprengsappen, um die Mineure aus ihren Stollen zu sprengen, und sind Hausseanarchisten. Bears aber, Bären, schreiten schwer und vernichten mit ihren wuchtigen Schritten das, was sich ihrem Wege entgegenstellt, also die Kurse.

An den amerikanischen Börsen gibt es im Effektenverkehr einen nach europäischen Methoden funktionierenden Terminmarkt nicht. Diesem Umstand aber wird schon seit Jahrzehnten durch das System des „Buying“ oder des „Selling on Margin“ abgeholfen. Es handelt sich auch da um einen Kauf oder einen Verkauf auf Teildeckung. In Einheiten von 100 Shares aufwärts kann der Spieler dort mit einem Einsatz von meist 20, oft aber auch nur 10 Prozent ihres Kurswertes die Papiere durch seinen Broker erwerben lassen. Dieser Broker borgt ihm dann zu einem bestimmten Zinssatz für tägliches Geld (call money) die Summen zum Halten der Effekten. Der Kunde aber muß sich verpflichten, ungünstige Kursdifferenzen täglich zu begleichen. Andererseits kann er über günstige Kursdifferenzen auch täglich verfügen, ohne daß er seine Spielpartie deshalb zu beenden braucht. Bei Baissegeschäften borgt der Broker dem Kunden, ebenfalls von 100 Shares aufwärts, die Effekten gegen eine Sondergebühr. Auch da sind die Kursdifferenzen im günstigen oder im ungünstigen Sinne täglich abzurechnen. Der Unterschied zwischen den amerikanischen Märkten und den europäischen Terminspielen liegt also nur in den Liquidations- oder Abrechnungsdaten.

Die Terminverpflichtung wird schon von mittleren Spielern der Betätigung am Kassamarkt vorgezogen. Aber auch da scheuen die mittleren Spieler, die Hausseengagements laufend eingehen, vor Baisseoperationen zurück. Sie sind nämlich über die psychologische Hemmung, etwas zu verkaufen, was sie nicht haben, nur schwer hinwegzuführen, obwohl sie stets etwas kaufen, was sie ja auch nicht behalten wollen. Doch die Baissegeschäfte, die man in Deutschland „fixen“ nennt — etwas an einem fixen Termin liefern —, erscheinen ihnen verwegen. Der große Spieler, für den die Teilzahlungsmöglichkeit eine der Hauptattraktionen darstellt, spielt nur an den Terminmärkten. Obwohl auch er lieber à la hausse liegt als à la baisse, ist er Baissegeschäften nicht abgeneigt. Er pflegt sie eifrig, wenn er glaubt, auf solche Art gewinnen zu können.

Sonderspiele für Professionells

Neben den Hausse- und Baissepartien spielen große Spekulanten und Professionells, also Banken, Bankiers, börsenerfahrene Großkapitalisten und oft auch Broker, noch eine Reihe von Sonderspielen auf lange Sicht. Solche Sonderspiele sind Prämiengeschäfte, Stellagen, Nochgeschäfte (Calls of More).

Von diesen ist das Prämiengeschäft am meisten verbreitet. Sein Wesen liegt darin, daß der Spieler von seiner Kauf- oder Verkaufsverpflichtung gegen Zahlung einer im voraus festgesetzten Prämie, die auf das mittelalterliche Reugeld zurückgeht, zurücktreten kann.

Die Stellage ist eine kompliziertere Spielform. Sie sieht nämlich ein Terminengagement mit Tendenzsicherung vor. Dem Kontrahenten wird da das doppelte Recht eingeräumt, an einem gewöhnlich weit entfernten Liquidationstage entweder zu einem vereinbarten und höheren Kurse Aktien zu beziehen oder sie zu einem ebenfalls vereinbarten tieferen Kurse zu liefern. Der Schutzpatron dieser Spielart ist Janus.

Das Nochgeschäft oder Call of More — der Ruf nach mehr — gibt dem Käufer gegen ein Aufgeld das Recht, zu dem gleichen Kurse an einem späteren, festgelegten Termin die doppelte oder, falls im voraus vereinbart, die drei- oder vierfache Aktienanzahl vom Verkäufer zu verlangen.

Diese Sonderformen des Terminspiels haben für große Spekulanten einen gewissen Verteidigungswert. Sie können dadurch das Risiko, das ihnen bei großen Hausse- oder Baissepositionen erwächst, teilweise vermindern. Doch sind die Spiele so kompliziert, daß sie mit Vorteil nur Professionells betreiben können, und auch diese brauchen zu ihrer Abwicklung einen Spezialisten. Der Anteil solcher Sonderspiele an der Gesamtspekulation der Börsen ist gering. Sie werden eher in ruhigen als in bewegten Börsenzeiten gepflegt. Denn sie erfordern viel Überlegung und genaue

Berechnungen, und dazu hat man bei großen Kursschwankungen an den Börsen weder Ruhe noch Zeit. Zudem sind diese Terminfinessen für die Kundschaft kaum kontrollierbar. Der Kunde ist dabei der Bank oder dem Broker gegenüber stark im Nachteil, weil an den meisten Börsen — mit Ausnahme von Paris — Prämiengeschäfte und Prämiensätze gar nicht oder nur ohne Gewähr notiert werden. Daher ist der Phantasiemöglichkeit bei der Abrechnung keine Schranke gesetzt. Eine besondere Kursschnittechnik bei Prämiengeschäften hat sich in der Nachkriegszeit in Wien, Budapest und namentlich in Prag herausgebildet. In Amerika, wo man gut oder schlecht, aber dafür rasch spekuliert, hat sich keines der europäischen Sonderspiele in Effekten recht einbürgern können. Die wenigen amerikanischen Spezialisten, die sich dafür interessieren, können sie in einigen amerikanischen Werten, die in London, Amsterdam und in Paris gehandelt werden, spielen.

Die klassische Spielpartie

Die laufende Börsenbewegung ist das Ergebnis ungezählter Transaktionen von Leuten, die auf verschiedenen Wegen gewinnen wollen. Die Gewinnabsichten können zunächst klein sein. Nur wenige Spieler halten daran fest. Steht ihre Partie günstig, so steigen mit den Kursen auch ihre Ambitionen. Sie wollen „groß" gewinnen. Haben sie sich aber gleich verspekuliert, und sind sie schon im Verlust, so bleiben sie erst recht im Spiel und schießen oft noch Gelder nach, um nicht nur ihren Verlust hereinzubringen, sondern darüber hinaus noch zu gewinnen. Das ist an der Börse ebenso wie in den Spielsälen. Nur wer alles verloren hat, ist aus dem Spiel heraus. In der amerikanischen Börsensprache gibt es dafür die treffende Bezeichnung „he is out". Wer aber noch Geld hat, dem bleibt die Hoffnung auf „seinen großen Coup" im Baccara, beim Rennen und an der Börse. Und wer viel Geld hat, verliert nie die Hoffnung, die Börse, der er bisher unterlegen ist, auch einmal zu meistern. Wie der Mann, der nach ganz großen Verlusten am Spieltisch eben doch einmal „Banko“ machen will und es nicht nur um des Gewinnes willen tut, sondern auch um seinen Spielmut zu beweisen, so bleibt auch bei allen Börsenspielern von bedeutendem Vermögen der Wille zu einer ganz großen Operation in ständiger Latenz.

Tatsächlich hat es auch in allen Börsenepochen Großspiele gegeben, die mit hohem Kapitaleinsatz, Glück und technischer Börsenfertigkeit hohen Gewinn einbrachten. Von ihnen wird in allen Börsengeschichten durch die Jahrhunderte mit besonderer Bewunderung gesprochen. Daß es aber mindestens ebensoviele, wenn nicht noch mehr schlecht ausgegangene Börsenspiele gegeben hat, wollen die meisten Börsenleute nicht wissen. Und wenn sie sich darüber klar werden, so vergessen sie es im Spielbetrieb. Die erfolgreichen Spielpartien aber locken die Großspekulation immer wieder. Eine solche Partie, die in Europa etwa bei einer Million Goldfrancs beginnt, in Amerika aber bedeutend höher gespielt wird, kann nur in sehr seltenen Fällen von Einzelspekulanten durchgeführt werden. Um sie aufzuziehen, vereinigen sich Großspieler, Banken, Finanzgruppen, gründen zu diesem Zwecke Syndikate und geben manchmal auch an die Industrie oder „bevorzugte“ Personen Beteiligungen ab.

Die Syndikate arbeiten mit ganz bestimmtem Operationsziel und oft auch mit begrenzter Spielzeit. Die Spielleitung ist gewöhnlich in einer Hand konzentriert, beim Syndikatsführer. Zur Durchführung, die beinahe schon eine richtige Börsenschlacht ist mit Offensiven, Defensiven, strategischen Rückzügen und Einbrüchen in eine Kurslinie, wird in der Regel ein eigener Feldzugsplan ausgearbeitet. Improvisiert wird selten. Die Handhabung von Diskretion und gewollter Indiskretion, Ausgabe von Tips und Gegentips, Spionage in Börsenpositionen, all das gehört zu den Kampfmitteln der Syndikatsleitung. Wie alle großen Operationen machen solche Sonderspiele an den Börsen bald von sich sprechen, sie können ganze Börsenepochen charakterisieren. Sie gehen seit Generationen in scheinbar ganz verschiedenen Formen mit immer verschiedenen Zielen vor sich. Betrachtet man sie aber näher, so lassen sie sich stets wieder in eine der folgenden sechs Spielkategorien einreihen:

1. das Haussesyndikat,
2. das Baissesyndikat,
3. das Einführungssyndikat,
4. das Stützungssyndikat,
5. der Majoritätskampf,
6. der Haifischkampf.

Das Haussesyndikat

Das Haussesyndikat ist eine Vereinigung von mehreren größeren Spielern oder Spielergruppen (Banken) zur Erzielung von Gewinnen an den Kurssteigerungen eines Wertes. Die Spielmethode ist da ungefähr folgende: Es werden beispielsweise, nach einem im voraus festgelegten Plane, so unbemerkt wie möglich 10000 Aktien eines bestimmten Papiers zu einem Kurse von 100 bis 120 aufgekauft. Diese Aktien will das Syndikat bei einem Kurse von 160 bis 170 veräußern. Sind die Aktien aufgekauft, so beginnt eine von der Finanzkraft des Syndikats abhängige „Marktbearbeitung" mit allen Mitteln. Man gibt Tips aus, die die allgemeine Spekulation auf dieses Papier lenken sollen. Besonders in Frankreich und in den Vereinigten Staaten werden für die Propagierung des Wertes in den Zeitungen Pressesubventionen verteilt. Es wird aber auch vom Broker, der das Syndikat technisch leitet, noch speziell an der Börse für das Syndikatspapier „gesorgt". Er fordert bei kleiner Nachfrage nach dem Werte durch laut durchgeführte Ordres die Kurssteigerungen, wo er kann, um zuerst einmal die Nachläufer auf das Papier zu hetzen und „den Ofen zu heizen". Ist der dann heiß genug geworden, und sind die Kurse dem Verkaufsziel nahegekommen, so wird vom Syndikat nach den verschiedensten Methoden eines strategischen Börsenrückzuges „abgestoßen". Die Spielpartie wird nur noch so lange aufrecht erhalten, bis der überwiegende Aktienbestand des Syndikats liquidiert ist. Die Nachläufer können dann zusehen, wie sie aus solchen nicht mehr „gepflegten" Märkten herauskommen.

Die letzten beißen die Hunde. Die Abrechnung an die Syndikatsmitglieder geht nach den Grundsätzen der Liquidierung einer Aktiengesellschaft vor sich.

Das Haussesyndikat ist die häufigste Form des Börsenspieles im Großen. In günstigen Konjunkturen ist es eine alltägliche Erscheinung und spielt in den Kursauftrieben der meisten Werte eine bedeutende Rolle. Gäbe es keine Haussesyndikate mit ihrer Propagandatechnik, so könnten alle die Pseudowerte, die an den Börsen vegetieren und deren Substanz hauptsächlich aus Phantasie und Tips besteht, nicht steigen. Doch auch für Aktien großer und gesunder Unternehmen bilden sich Spielsyndikate in allen Börsenzeiten, in den schlechten ebenso wie in guten Konjunkturen.

Eines der bedeutendsten, zumindest seiner Spielsumme nach, war das Vierersyndikat vom März 1928 in Wall Street. Damals schlossen sich, in einer bereits recht kräftig ansteigenden Tendenz, vier Spielergruppen zu einem Haussesyndikat zusammen. Es waren das W. C. Durant und John J. Raskob von der General Motors-Gruppe, die Fischer Brothers, bekannte Spekulanten, die in den General Motors bedeutende Interessen hatten, und Arthur Cutten, ein in der Weizenspekulation zu großem Vermögen gelangter Spieler. Sie erwarben mit einer gemeinsamen Spielsumme von rund 20 Millionen Dollar zwischen dem 1. und 3. März, mit dem üblichen Kredit, für 150 Millionen Dollar zweierlei Aktiensorten: General Motors Shares bei etwa 139 und Shares der Radio Corporation bei 94. Die General Motors zahlte damals Dividende, die Radio aber nicht. Sie hatte also noch mehr „Phantasie in sich". Die vier Spieler, die zu den tonangebenden Leuten von Wall Street gehörten, ließen nicht nur ihre großen Käufe an der Börse herumsprechen, sie erreichten die Fortpflanzung ihres Tips durch die Presse und andere Elemente der Öffentlichkeit. Und auch die Berufsspekulation lief ihnen nach. Die General Motors stiegen innerhalb kurzer Zeit auf 150, auf 162 und erreichten am 27. März, also vierundzwanzig Tage später, den Kurs von 185. Bei diesem Kurse aber hatte das Syndikat keine General Motors mehr im Spiel und pro Aktie einen Durchschnittsgewinn von fast 40 Dollar erzielt.

Noch besser ging die Spekulation in Radio aus. Sofort, nachdem das Syndikat die Radio-Shares zusammengekauft hatte, konnte man nicht nur in den Brokerbüros hören, sondern auch in allen Zeitungen lesen, daß die Radio Corporation eine ganz große Dividende zahlen wird, man munkelte von 8 bis 10 Dollar. Zwar zahlte man später bedeutend weniger, inzwischen aber glaubten alle Leute an die 10 Dollar, und viele kauften auf den Spuren des Syndikats. Am 3. März, dem Syndikatsbeginn, standen Radio 94, neun Tage später schon 138, und am 13. März waren Radio-Shares kaum noch in Wall Street zu bekommen. Die Kurse stiegen von Minute zu Minute, jeder Radio-Käufer glaubte vor einer Goldquelle zu stehen, die Telegramme aus dem Lande und aus der übrigen Welt brachten innerhalb der Börsenstunden noch weitere Aufträge. Eiligst deckten sich die Baissiers in Radio-Shares ein, keiner wollte verkaufen, die Kurse stiegen noch weiter, bis gegen Schluß der Börse plötzlich Verkäufer am Markt auftraten. Das Syndikat liquidierte bei einem Kurse von 160, mit einem Gewinn von 60 Dollar pro Aktie. Jeder der vier Beteiligten verdiente 10 Millionen Dollar, also ein Mehrfaches dessen, was sie in dieser Partie eingesetzt hatten. Die planmäßige Überhöhung der Nachfrage in Radio-Shares hatte an der New-Yorker Börse vom 13. März 1928 zu einer Lage geführt, die man „Corner" oder „Schwänze" nennt und die seit jeher der Wunschtraum aller Haussiers ist.

Haussesyndikate in bedeutend kleinerem Umfange wurden um die gleiche Zeit von der National City Bank of New York in Anaconda Shares erfolgreich gebildet, aber sehr schlecht liquidiert. In dasselbe Jahr 1928 fällt auch das große Syndikatsspiel des belgischen Spekulanten Löwenstein in Kunstseidenaktien für die Soie Artificielle de Tubize an den Börsen von Brüssel und Paris, das Kurssteigerungen von 1000 Prozent in drei Monaten brachte. Es gab zur Zeit Castiglionis und Bosels in Wien Haussesyndikate in allen möglichen Werten, mit Erfolgen und Mißerfolgen, je nachdem, ob sich genug Nachläufer fanden. Auch an der Aufwertungshausse in Frankreich 1927 bis 1928 halfen Haussesyndikate mit, und namentlich die Aktien der französischen Schwerindustrie wurden durch internationale Spekulantengruppen in die Höhe getrieben.

Nicht alle Haussesyndikate lösen sich zum vorgesehenen Termin in eitel Wohlgefallen auf. Häufig bleibt ein stattlicher Rest der Papiere übrig, der sich ohne Verlust nicht mehr abstoßen läßt. Können die Syndikatsmitglieder es sich leisten, so bereiten sie den unverkäuflichen Aktienpaketen ein ehrenvolles Begräbnis, indem sie sie in einer Holding-Gesellschaft einsargen und auf die Wiederauferstehung der Kurse hoffen. Manch große Holding entstand so aus verunglückten Haussesyndikaten.

Die Würgepartie

In die Kategorie der Haussesyndikate gehört auch der beabsichtigte Corner, die Würgepartie. Das beste Beispiel dieser Art lieferte in der letzten großen Spielperiode der Pariser Spekulant Oustric. Albert Oustric wurde im Frühjahr 1930 von einigen Spielern, die seinen Sturz kommen sahen, durch Baisseangriffe in seinen Spekulationen behindert. Die Attacken konnten durch das Eingreifen des damaligen Finanzministers Chéron abgeschlagen werden. Oustric kontrollierte unter anderem eine, wie sich nachher herausstellte, durchaus schwindelhafte Holding-Gesellschaft, die Extension pour l'Industrie Française. Die Gesellschaft hatte 100000 Aktien, von denen sich aber nur etwa 20000 im Publikum befanden. Die übrigen 80000 besaß Oustric selbst oder hatte sie zum Teil auf seine Börsenverpflichtungen als Deckung verpfändet, wodurch sie unverkäuflich und unbewegbar geworden waren.

Die Spekulation, die andere Oustric-Werte vergeblich angegriffen hatte, fing nun an, Extension zu fixen. Oustric sah diesem Spiele mit Ruhe zu. Es begann bei einem Kurse von etwa 500 Franken. Als er feststellen konnte, daß seine Gegner bei Kursen zwischen 500 und 600 mit 20000 Aktien à la baisse lagen, ließ er 5000 Aktien kaufen, wodurch die Kurse infolge mangelnden Angebotes auf 1200 stiegen. Die wenigen Haussiers wollten nichts von ihrem Aktienbesitz abgeben, und für die Baissiers, die liefern mußten, wurde es fast unmöglich, ihren Verpflichtungen nachzukommen. Trotzdem fanden sich noch immer neue Fixer, die auf Oustrics Ende spielten, und im September erwies es sich, daß 30000 Aktien gefixt waren, während es nur 20000 zirkulierende Aktien gab. Die Fixer konnten nicht liefern und waren Oustric ausgeliefert. Der Kurs der Aktie war unterdes auf 2600 gestiegen, es war nur noch Nachfrage und kein Angebot da.

Die Regierung intervenierte, Oustric als einziger Käufer und Haussier ließ einige große Spieler, die ihn angegriffen hatten, Reusummen von mehreren Millionen für ihre Engagements bezahlen. Die Abwürgung seiner Gegner gelang ihm aber nur scheinbar. Vier Wochen später erfolgte sein Sturz, der die Besitzer seiner Werte über 2 Milliarden Francs kostete. Die Extension erwies sich als völlige Non-Valeur.

Das Baissesyndikat

Das Baissesyndikat ist, wie überhaupt das Baissespiel, seltener als das Haussesyndikat. Nur in lang anhaltenden Baisseperioden kann in der Syndikatsform gespielt werden. Sie stellt große Anforderungen an die Nerven der Beteiligten und erfordert mehr Spielermut als das Haussespiel mit seinen sämtlichen Varianten.

Obwohl man in allen Baisseperioden davon spricht, daß Baissesyndikate am Werke seien, stimmt das nicht immer. Man betrachtet da in der Regel die Verkäufe derer, die infolge ihrer Verluste nicht mehr weiterkönnen, als planmäßige Operationen. Dazu kommt, daß gerade die großen Effektenbesitzer ihren Wertpapierbestand bei Tendenzwechsel nicht immer über Bord werfen können und dann zur Verminderung ihres Verlustrisikos in anderen Effekten Baisseengagements eingehen. Zahlenmäßige Unterlagen über die spekulativen Positionen liefert heute nur die Pariser Börse. Die darin vorbildliche Pariser Spielstatistik verzeichnet folgende Verpflichtungen an den Terminmärkten:

	Hausseengagements	Baisseengagements
	in Millionen Francs	
Mai 1928	5 200	500
Oktober 1929	3 250	480
Januar 1931	1 200	500
Januar 1932	660	333
Januar 1933	1 089	462

Da ein großer Teil der Baisseverpflichtung als Engagement der Effektenarbitrage betrachtet werden muß, ersieht man, daß der Spielraum der Baissesyndikate recht beschränkt ist und über gelegentliche Einzelpartien nicht weit hinausgeht.

Man darf schließlich auch nicht vergessen, daß die Leute, die in Haussesyndikaten spielen, an die Börse glauben, während die, die Baissesyndikate mitmachen, das eben nicht tun. Um nicht an die Börse zu glauben, muß man schon spielerfahrener und kaltblütiger als der Durchschnitt der Spekulanten sein. Selten sieht man einen erfolgreichen Führer von Haussesyndikaten ein Baissesyndikat führen, soweit es sich um Effektenmärkte handelt. An den Warenmärkten ist das, wie ein folgendes Kapitel darstellt, ganz anders. All die großen Wall Street-Matadore der Prosperity-Jahre haben Baissespiele im Syndikat nicht gewagt.

Nur in Europa haben einige bedeutende Spekulanten als Ausnutzer von Baissemöglichkeiten in der letzten Krise von sich reden gemacht. Einer ihrer erfolgreichsten dürfte der Amsterdamer Partner der Bankfirma Mendelssohn, Fritz Mannheimer, gewesen sein, der seit dem Herbst 1929 bis in den Sommer 1932 mit seinen Freunden große Baissegewinne im Syndikatsspiel erzielte. Die Gruppe der Rhodius Königs Handel Mj. in Amsterdam ist ebenfalls wiederholt durch erfolgreiche Baisseoperationen aller Art an den internationalen Märkten in den Nachkriegsjahren bekanntgeworden. Besonders kühn waren die auch von Amsterdam aus geleiteten zahlreichen Baissesyndikate der Bankfirma Lisser und Rosenkranz. In Paris fand die Gruppe Goulain durch ihre Baissesyndikate im Jahre 1931 Beachtung. All diese Baissepartien waren im Vergleich zu den früheren Haussesyndikaten in Prosperitätszeiten nach ihrem Umfang und Gewinn viel geringer. Denn die Börsenautoritäten, die gegen Haussespiele nie etwas einzuwenden haben, verfolgten alle Baissespiele im Großen und zögerten nicht, gegen sie mit Untersuchungen und sogar mit Strafverfolgungen scharf einzuschreiten. Das stellte an die ohnehin schon große Spielkenntnis der Syndikatsführer noch höhere Anforderungen, nicht nur an ihre Intelligenz, sondern auch an ihre Kunst, die Spiele geheimzuhalten. Um ein großes Baissesyndikat in allen Einzelheiten nachweisen zu können, muß man schon weit in die Geschichte der Spekulation zurückgehen.

Eines der markantesten Baissespiele im Syndikat war die wilde Partie, die der New-Yorker Spekulant Daniel Drew im Jahre 1868 in Wall Street durchführte. Daniel Drew, James Fisk und Jay Gould faßten den kühnen Plan, in einer Hochkonjunktur den Effektenmarkt zu stürzen. Sie wählten dazu den Weg über eine künstliche Verknappung des Geldmarktes. Sie zahlten zunächst 14 Millionen Dollar in verschiedene Banken ein, und als infolge der Erntefinanzierung das bare Geld in New York besonders knapp wurde, forderten sie plötzlich ihre ganzen Bankeinlagen zurück und bestanden auf Auszahlung innerhalb von fünfzehn Minuten, nachdem sie vorher große Mengen Erie Railroad Shares und andere Eisenbahnaktien gefixt hatten.

Die Banken gerieten in helle Verzweiflung, denn nach dem damaligen Bankgesetz mußten sie stets 25 Prozent ihrer Depositen in der Kasse haben. Die Entziehung von 14 Millionen Dollar nötigte sie, ein Mehrfaches dieser Summe von ihren Schuldnern einzutreiben. Das aber waren in der Hauptsache Effektenspekulanten, die selbst mit Hilfe von Bankkrediten in Wall Street spielten. Keiner von ihnen konnte seine Spekulationskredite sofort abtragen. Der Zins für Spielgelder stieg auf 61 Prozent, aber auch dafür fand man kein Bargeld. Den Effektenbesitzern blieb also nichts anderes übrig, als ihre Papiere zu jedem Preis zu verkaufen. Die Folge war ein plötzlicher Kurssturz um 30 Prozent. Das Baissesyndikat von Drew, Gould und Fisk konnte seine Fixengagements mit Millionengewinnen glattstellen.

Die Empörung der Bevölkerung über dieses Manöver war maßlos. Der Inspirator der Partie fürchtete für sein Leben. In Wall Street ging das Wort um: „Dan Drew würde ein

Haus anstecken, um sich ein paar Eier zu backen." Drews Spielerlaufbahn endete einige Jahre später in einer anderen Baissepartie, in der er unterlag.

Das Einführungssyndikat

Das Einführungssyndikat ist in guten Börsenzeiten eine fast allwöchentliche Erscheinung. Es spielt bei der Finanzierung von Aktiengesellschaften ebenso wie bei der Emission öffentlicher Anleihen eine bedeutende Rolle und gehört zu den offiziellen Geschäften der Großbanken.

Das Einführungssyndikat ist eine Abart des Haussesyndikates, denn es baut sich stets auf den Grundlagen einer Haussepartie auf. Das Syndikat übernimmt zu einem feststehenden Kurs, der für Anleihen meist etwas unter dem Nennwert, für Aktien jedoch beim Nennwert oder höher liegt, eine größere Menge von Effekten, die man bei Anleihen eine Tranche, bei Aktien ein Paket nennt. Die Bezahlung der Werte durch das Syndikat erfolgt größtenteils in bar. Dann wird versucht, mit allen Mitteln der Reklame die Nachfrage nach den einzuführenden Wertpapieren zu beleben. Dafür hat sich im Laufe der Jahrhunderte eine besondere Technik der Publizität entwickelt, die mit einer Prospektveröffentlichung beginnt und mit dem am Bankschalter der Syndikatsmitglieder gegebenen Tip endet. Diese Technik wird noch erfolgreich auf dem Wege von der Annonce bis zur unschuldig aussehenden, aber deswegen nicht minder bezahlten Notiz in abhängigen Presseorganen vervollständigt und durch Börsenkniffe vielfacher Art abgerundet.

Das Einführungssyndikat ist heute derart in den Börsenmechanismus eingedrungen, daß eine Einführung eines bisher nicht notierten Wertes, gleichgültig ob es sich um eine Staatsanleihe oder eine Industrieaktie handelt, ohne Syndikatsüberwachung der ersten Kurse kaum noch denkbar erscheint. Einführungssyndikate sind immer optimistisch, was sie nicht daran hindert, oft auch Werte nicht gerade einwandfreier Art ins Spiel zu bringen. Im allgemeinen kann man sagen, daß die Syndikate an den Einführungen guter Werte geringere Gewinne erzielen als an den Einführungen von

Werten minderer Qualität. Bei der Einführung guter Industrieaktien können Syndikatsgewinne von 10 Prozent über dem Einstandspreis als regulär betrachtet werden. Doch ist es keineswegs eine Seltenheit, daß der erste Kurs einer neuen Emission 30 und 40 Prozent höher liegt als der Übernahmepreis, den das Syndikat zahlte. So betrug 1927 bei der Einführung der Kreugerschen Zündholzaktien (Svenska Tændsticks Aktiebolaget) an der Berliner Börse der Zeichnungspreis 260, während sich der erste offizielle Kurs auf 330 stellte. Die Banken verdienten an ihren Syndikatsbeständen also sofort gegen 30 Prozent. Bei Schuldverschreibungen ist der Emissionsgewinn beschränkt. Bei den großen Anleihen ergeben sich aber auch da stattliche Gewinne. Wieviel dabei im einzelnen verdient wird, wird nur gelegentlich bekannt. So wurde im Winter 1931/32 von der Untersuchungskommission des amerikanischen Senats festgestellt, daß einige Großbanken und Bankiers an der Emission von Auslandsanleihen 1—3 Prozent verdienten. Andere amerikanische Banken erklärten vor der gleichen Untersuchungskommission, sich an die Höhe ihrer Emissionsgewinne nicht mehr erinnern zu können.

In normalen Börsenkonjunkturen ist das Risiko der Einführungssyndikate sehr gering. Es wird nur groß, falls die Tendenz während der Vorbereitung der Einführung auf längere Zeit umbricht. Dann kann der Kurs sogar unter den Übernahmepreis sinken und dem Syndikat ein effektiver Verlust entstehen. In schlechten Börsenkonjunkturen gehören Einführungssyndikate zu den seltenen Spekulationsformen.

Das Stützungssyndikat

Das Einführungssyndikat überwacht nur die ersten Börsenschritte eines Papiers. Wenn es einmal „gehen“ gelernt hat, ist die Aufgabe des Syndikats beendet. Um später einzelne Werte oder sogar ganze Marktgruppen vor dem Kursverfall zu schützen, müssen neue Syndikate gegründet werden. Die Tätigkeit solcher Stützungssyndikate besteht zunächst einmal im Ankauf der gefährdeten Papiere. Gewinnabsichten treten bei dieser Operation in den Hintergrund. Es wird hier vielmehr versucht, Verlustmöglichkeiten zu begrenzen. Nur bei Einsatz ganz großer Mittel werden derartige Aktionen manchmal von Erfolg gekrönt. Meistens aber werden sie zu Verlustquellen für die Beteiligten. Als hauptsächlichste Formen von Stützungssyndikaten in den letzten Jahrzehnten der internationalen Börsengeschichte sind zu unterscheiden: das finanzpolitische Syndikat mit Inlandswirkung — das kreditpolitische Syndikat mit Auslandswirkung — Marktstützungen nach Börsenkrachs — Stützungssyndikate in einzelnen Werten.

Das finanzpolitische Syndikat mit Inlandswirkung stellt die älteste Form des Stützungssyndikats dar und findet sich schon zu Beginn des neunzehnten Jahrhunderts in Österreich wie in Frankreich. Damals betraute der Staat einige Bankhäuser damit, durch Aufkauf von Staatsanleihen an der Börse die Kurse so stabil wie möglich zu halten. Die Syndikatskosten solcher Operationen trugen auch zu jener Zeit schon die Steuerzahler. Derartige Anleihestützungen haben sich bis auf den heutigen Tag erhalten und wurden 1932 in England und in Frankreich vor der Konversion der Staatsanleihen in großem Maßstab und erfolgreich durchgeführt.

Das kreditpolitische Stützungssyndikat mit Auslandswirkung wurde in seiner heute noch üblichen Form ebenfalls zu Beginn des vorigen Jahrhunderts an der Londoner Börse zum erstenmal angewandt. Standen die Kurse einer Staatsanleihe schlecht, so schadete das dem Kredit dieses Landes, und es war kaum möglich, für den betreffenden Staat eine neue Anleihe in England zu placieren. In solchen Situationen ließen die Staaten durch die Londoner Emissionshäuser Stützungen vornehmen. So intervenierten die Rothschilds im Auftrage Österreichs, die Hambros für Griechenland und die skandinavischen Staaten. In Kriegsfällen erstreckt sich jedoch der Stützungsapparat nicht nur auf Anleihen, sondern auch auf im Auslande notierte Aktien. So war während des Russisch-Japanischen Krieges das Bankhaus Mendelssohn & Co. in Berlin mit der Kursstützung der russischen Anleihen und Aktien in Berlin, Wien und namentlich in Paris, ihrem größten Handelsplatz, betraut.

Marktstützungen nach Börsenkrachs sind eine beinahe traditionelle Erscheinung geworden. Die großen Banken des Börsenplatzes versuchen dann, meist auf Aufforderung der Notenbank, die Baisse aufzuhalten und die Panik zu paralysieren. Das größte derartige Stützungssyndikat wurde am 24. Oktober 1929 bei Beginn des letzten amerikanischen Krachs innerhalb von wenigen Stunden gebildet. Gegen Ende September 1929 begann das Kursgebäude von Wall Street schon stark zu wanken. Am 24. Oktober brach die Tendenz um. Die Anfangs- und Schlußkurse der führenden Werte wiesen an diesem Tage folgende Differenzen auf:

Shares	Anfangskurs	Schlußkurs
U. S. Steels	205	193
General Electric	315	283
Radio Corporation	68	44
Montgomery Ward	83	50

Eine unheimliche Ausdehnung der Baisse schien unvermeidlich. Sie in ihrer Wucht abzuschwächen, wurde aber sofort durch ein Stützungssyndikat versucht. Das Bankhaus J. B. Morgan & Co. lud unmittelbar nach der Börse die Leiter der größten Banken von New York in seine Büros ein. In dieser Sitzung wurde ein Stützungssyndikat gegründet, und es verpflichteten sich

Thomas Lamont	für J. P. Morgan & Co,
George F. Baker	für die First National Bank of N. Y.,
Albert Wiggin	für die Chase National Bank,
Charles Mitchell	für die National City Bank of N. Y.,
William Potter	für die Guaranty Trust Co,
Seward Prosser	für die Bankers Trust Co,

jeder den Betrag von 40 Millionen Dollar sofort in das Syndikat einzuschießen. Die gewaltigste Summe, über die jemals ein Börsensyndikat verfügt hatte, wurde mit diesen 240000000 Dollar, also mehr als einer Milliarde Mark, bereit gestellt, um den Kurssturz in Wall Street aufzuhalten. Der Broker Richard Whitney, damals Vizepräsident der New-Yorker Börse, wurde mit der technischen Durchführung des Syndikates betraut. Die von ihm geleiteten Stützungskäufe erstreckten sich auf fünfzehn verschiedene Kategorien von Aktien und Obligationen. Die Syndikatsmitglieder gaben auch sofort ein Kommuniqué heraus, das mit den Worten „There has been a little distress selling on the Stock Exchange ...“ begann. Kommuniqué und Aktion blieben aber wirkungslos. Selbst diese Käufe von 240 Millionen Dollar konnten der Katastrophe nicht Einhalt gebieten, und am 29. Oktober mußte das Syndikat nach ungeheuren Verlusten seine Tätigkeit einstellen, weil seine Mittel gegenüber den Verkäufen von fast 2 Milliarden Dollar an Kurswert jedwede Proportion verloren hatten.

Die Stützungssyndikate bei den letzten Börsenkrachs in anderen Ländern arbeiteten mit wesentlich kleineren Mitteln und auch meist erfolglos. In Frankreich bildeten die Großbanken und unter ihnen namentlich der Crédit Lyonnais und die Banque de Paris zusammen mit einer Staatskasse, der Caisse des Dépôts et Consignations, wiederholt Stützungssyndikate, in Deutschland waren es die D-Banken, in Italien die Banca Commerciale Italiana. Nur in England haben sich die Großbanken auch in kritischen Tagen von der Börse ferngehalten.

Stützungssyndikate in einzelnen Werten sind bereits in anderem Zusammenhange geschildert worden. Hierher gehören die Prestigestützungen der Banken in ihren eigenen Aktien und die Kursstützungen von Aktien, deren Gesellschaft eine Kapitalserhöhung durchführen will oder einen neuen Kredit sucht. Auch die im Dezember vor der Jahresbilanz an den meisten Börsen vor sich gehenden Stützungsoperationen am Aktienmarkt fallen in diese Kategorie. Sie dienen dazu, die Kurse, die in die Bilanz eingesetzt werden müssen, zu vergolden. Doch auch diese Stützungen gelingen nicht immer.

Der Majoritätskampf

Alle bisher geschilderten Spielpartien haben die gleiche Eigenart. Sie werden von mächtigen Spielern oder Spielergruppen gegen die Tendenz und gegen eine völlig anonyme

Spielerschaft durchgeführt. Daneben aber gibt es noch Börsenspiele, wo die Großen gegen die Großen kämpfen. Solche Kursduelle passionieren wie alle Zweikämpfe das Publikum in außergewöhnlichem Maße. Auch sie schaffen neue Börsenströmungen, von denen sich die kleineren Spekulanten dann treiben lassen. Bei diesen Kämpfen liegen die Angriffsursache und der Angriffszweck meist außerbörslich. Börsenprofite sind für sie gleichgültig, und die Maxime der Kampfführung lautet: Koste es, was es wolle. Jeder der beiden Spielgegner spielt auf des anderen Kapitulation.

In Majoritätskämpfen geht es, wie schon ihr Name sagt, um die Mehrheit der Aktien eines Unternehmens, die man aus bestimmten wirtschaftlichen Gründen an der Börse erwerben will. Es gibt stille und geschickte Majoritätsaufkäufe, die oft jahrelang andauern, ohne daß ihr Zweck bekannt wird. Es gibt auch börsenmäßige Majoritätserwerbungen, die bei fallenden Kursen durch planmäßige Aufnahme des herauskommenden Effektenmaterials vor sich gehen. Die heute üblicher gewordene Form ist jedoch das Paketgeschäft. Da wird ein Aktienpaket, das eine Majorität begründet, im außerbörslichen Wege in der Form eines Handelsgeschäftes erworben. Außerdem sind heute in fast allen kontinentalen Staaten durch die seit der Inflation geschaffenen Schutzaktien Majoritätserwerbungen im Börsenwege sehr schwierig geworden.

Vor dem Kriege waren Majoritätskämpfe an den Börsen nicht selten, und ihr historisch bedeutendster spielte sich im Jahre 1901 zwischen J. P. Morgan und E. H. Harriman ab. Er hatte die Northern Pacific Railway zum Streitobjekt. Harriman kontrollierte damals das Eisenbahnnetz der Union Pacific und der Southern Pacific. Morgan kontrollierte ein anderes Netz, in welchem die Chicago-Burlington und die Southern Railway die größten Linien darstellten. In der Northern Pacific Railway, die über ein Aktienkapital von 96,6 Millionen Dollar verfügte, besaß Morgan mit der Gruppe James Hill 40 Millionen Dollar und Harriman mit seinen Freunden ungefähr die gleiche Menge Aktien. Gegen 6 Millionen Dollar des Kapitals befanden sich im Börsenhandel. Harriman suchte nun diese Aktien im freien Verkehr zu erwerben, um die Majorität der Bahn an sich zu bringen. Das Nominale der Aktien war 100 Dollar.

Harrimans Käufe setzten bereits im März 1901 unauffällig ein. Er mußte immer höhere Kurse zahlen, um Aktien zu bekommen. Seine Aufkäufe wurden von diskreten Brokern durchgeführt, so daß selbst Morgan nicht wußte, daß die Kurssteigerungen auf Harriman zurückgingen. Ja, er gab bei einem unterdes auf 150 gestiegenen Kurse sogar etwas von seinen Beständen ab, da er hoffte, die Shares bedeutend billiger wieder zurückzukaufen. Ende April reiste Morgan wie alljährlich zur Kur nach Aix-les-Bains. Unterdes entwickelte sich in den Shares der Northern Pacific Railway ein sehr starkes spekulatives Treiben. Die Kurse stiegen täglich, sie kamen von 150 auf 200 und einige Tage später auf 300.

Da aber erfuhr Morgan, daß Harriman hinter den Käufen steckte. Er nahm sofort den Kampf auf und gab von Aix-les-Bains aus seinem New-Yorker Büro telegraphisch Weisung, 150000 Shares, also mehr als das Doppelte der im Markte befindlichen Menge, zu jedem Preise aufzukaufen. Mit der technischen Börsenabwicklung dieses außergewöhnlichen Auftrages wurde der Broker Jim Keene betraut. Innerhalb weniger Tage stiegen daraufhin die Aktien von 500 bis auf 850 und erreichten am 9. Mai 1901 den Kurs von 1000. Denn nicht nur Morgan kaufte die Shares auf, auch die Baissiers, die ein weiteres Steigen der Kurse für unmöglich gehalten und daher gefixt hatten, mußten sich mit schwersten Verlusten, die ihnen durch das Spiel gegen Morgan entstanden, eindecken. Morgan nämlich, der die höchsten Kurse bezahlte, blieb zuletzt in einem völlig von ihm beherrschten Markt der einzige Abnehmer der gefixten Shares. Er hatte den Markt einfach ausgekauft. Harriman war geschlagen. Das Bankhaus Kuhn, Loeb & Co. vermittelte zwischen beiden Gruppen, und die Northern Pacific verblieb fortan in Morgans Besitz. Eine Reihe von Banken und Spekulanten, die Northern Pacific in New York und London gefixt hatten, waren ruiniert.

Morgan hielt den Kurs der Shares noch einige Monate hoch, bis alle Verpflichtungen der Baissiers abgewickelt waren, worauf die Aktien wieder auf 100 Dollar zurückglitten. Irgendwelche Spielverluste entstanden weder Harriman noch Morgan. Nur die Mitläufer hatten sie zu tragen.

Haifischkämpfe

Haifischkämpfe sind die reinste Form von Börsenduellen. In der Regel können sie nur Besitzer ganz großer Vermögen durchführen. Majoritätskämpfe gehen um die Erhaltung von Unternehmen, Haifischkämpfe aber gehen um die tatsächliche Vernichtung von Persönlichkeiten in wirtschaftlicher Machtstellung. Einer der interessantesten Fälle dieser Art war in den letzten Jahren der Börsenkampf, den der große armenische Spekulant C. S. Gulbenkian gegen den Leiter der Royal Dutch, Sir Henri Deterding, führte.

Gulbenkian war seinerzeit einer der erfolgreichsten Mitarbeiter Deterdings gewesen. Im Jahre 1926 mußte er die Royal Dutch verlassen. Obwohl er damals schon zu den reichsten Leuten der Welt gehörte, verschmerzte er es nicht, Deterding unterlegen zu sein. Von jener Zeit an widmete er sein Dasein dem Kampf gegen Deterding. Er zettelte zuerst eine Verschwörung der Aktionäre der Venezuelan Oil Concessions Holding Co. — einer Untergesellschaft der Royal Dutch — gegen Deterding an. Die Aktion mißlang. Deterding besiegte ihn wieder. Gulbenkian suchte darauf die Politik der Royal Dutch in allen Erdölfragen seiner Reichweite zu durchkreuzen. Auch das gelang ihm nicht. Bis er schließlich zu Beginn des Jahres 1931 einen ungewöhnlich kühnen Plan faßte, nämlich Deterding durch eine großzügige Baisseoperation in den Aktien der Royal Dutch zu stürzen. Um diese Zeit notierte die Aktie ungefähr 300 Gulden in Amsterdam. Sie wurde außerdem aber noch an zehn verschiedenen Börsenplätzen, darunter Paris, London, New York, offiziell notiert. Es gelang Gulbenkian, durch eine glänzende Organisation, durch Kampfmittel aller Art und gefördert von den Auswirkungen der verschärften Weltkrise die Aktien der Royal Dutch bis fast auf 100 im Januar 1932 zu drücken.

Aber auch mit diesen Angriffen, die ihm einen ansehnlichen Kursgewinn eingetragen haben sollen, brachte der Armenier seinen Gegner nicht zur Strecke. Er gab schließlich seinen rein persönlichen Börsenkampf im Mai 1932 auf, worauf die Royal Dutch-Aktie wieder auf über 150 Gulden stieg. Das Kursduell Deterding Gulbenkian wurde von zahlreichen Mitläufern spekulativ begleitet und hat lange Zeit einen großen Gesprächsstoff an den westlichen Börsen Europas gebildet.

Viertes Kapitel

SPIEL MIT DER KONJUNKTUR

Wer sich an die Börse begibt, muß fortwährend Wirtschaftsprophetie treiben. Will er sein Vermögen vorteilhaft verwalten, Verluste vermeiden und Gewinne mitnehmen, so ist er gezwungen, die Konjunkturwandlungen vorauszuschätzen, die sich in den Börsenkursen widerspiegeln.

Nach der älteren landläufigen Vorstellung ist der Aktionär, ebenso wie der Obligationenbesitzer, ein sorgloser Rentner, der glatt und regelmäßig sein arbeitsloses Einkommen einstreicht. Sein Attribut ist in unzähligen Karikaturen und Schilderungen die Kuponschere, mit der er seine Zinsscheine von dem zu jedem Wertpapier gehörenden Kuponbogen abschneidet. In der Tat gab es eine kleine Zahl von Papieren, die viele Jahre hindurch eine ziemlich gleichbleibende Dividende abwarfen und dadurch die Aktie beinahe zu einem stabilen Rentenpapier machten, so die deutschen Großbanken, die englischen Gasgesellschaften, die französischen Eisenbahnen. Demgemäß waren auch die Kursschwankungen dieser Papiere relativ gering. Immerhin betrugen sie beispielsweise bei den deutschen Großbanken 10 bis 15 Prozent innerhalb eines Jahres. Der Aktionär hatte also selbst bei diesen sichersten Aktien und in ruhigen Konjunkturen nicht die Möglichkeit, sein Papier zu einem beliebigen Zeitpunkt ohne Kursverlust zu verkaufen.

In der Nachkriegszeit hat sich der Kursstand der Aktien in weit stärkerem Maße von der Dividende losgelöst. Kursschwankungen um 50 und auch um 100 Prozent während eines Jahres sind nun bei den bestfundierten Bank- und Industrie-Aktien keine Seltenheit mehr. Für die Aktie des größten deutschen und europäischen Industrieunternehmens, der I. G. Farben, ergibt sich folgendes Bild:

I. G. Farben-Aktie	Dividende Prozent	Kursschwankungen	
		Tiefster Kurs	Höchster Kurs
1926	10	111,75	384,5
1927	12	238,5	353,5
1928	12	242,5	290,5
1929	14	165,5	267
1930	12	122,5	190
1931	7	92,5	159,75

Der Kurs steht hier nur noch in ganz loser Beziehung zu der letzten ausgeschütteten Dividende und zu der Dividende des gleichen Jahres. Die Kursbewegung zeichnet auf mehrere Jahre die Erhöhung und die Verminderung der Dividende voraus, aber in so unbestimmter und sprunghafter Form, daß es kaum noch einen Sinn hat, daraus eine Rentabilitätsberechnung abzuleiten. Der Aktionär muß entweder seinen Aktienbesitz als festes Anlagekapital ansehen, und dann braucht er gar nicht erst im Kurszettel die Wertveränderungen seines Papiers nachzulesen. Oder er sieht die Dividende als einen für ihn bedeutungslosen Nebenumstand an und trachtet nur danach, sein Papier zu einem höheren Kurs zu verkaufen. Aber eine Kombination beider Betrachtungsweisen, wie sie im Prinzip dem Rentner-Aktionär meistens vorschwebt, ist bei so großen Kursschwankungen ausgeschlossen.

Statt Dividende — innerer Wert

Die Abkehr von der effektiven Verzinsung (der Rendite oder dem Yield) als Grundlage der Kursbildung ist in Deutschland und in den anderen kontinentaleuropäischen

Ländern weitgehend eine Folge der Inflation. In den Inflationsjahren war die Dividende als Kurskriterium völlig belanglos geworden, und das Vakuum der Dividendenlosigkeit bei vielen Gesellschaften in der ersten Zeit nach den Währungsstabilisierungen hat den Zusammenhang von Ertrag und Kurs noch mehr gelöst. Dazu kam, was ja auch mit den Inflationserfahrungen zusammenhing, die Zunahme der Aktienspekulation, der Erwerb von Aktien nur zur Erzielung eines Kursgewinns. Man rechnete fortan nicht mehr nach bestimmten Bilanzperioden und bestimmten Erträgen, sondern nach unbestimmten Epochen und unbestimmten Gewinnen. Der „innere Wert" der Aktie, die Hoffnung auf irgendwelche Erträge und Sondererträge in ferner Zukunft, erschienen der Börse wichtiger als der nachweisliche Reingewinn oder die Verlustbilanz des Unternehmens.

Bis zur Verschärfung der Krise und der allgemeinen Enttäuschung, also etwa bis zum Jahre 1931, haben diese Kriterien vorgeherrscht. Erst dann fing man wieder an, sich genaue Rechenschaft über den gegenwärtigen Stand der Aktiengesellschaften abzulegen. Aber auch diese Ernüchterung, die häufig mit Übertreibungen nach unten verbunden war, hielt nicht lange vor. In der zweiten Hälfte des Jahres 1932 setzten an den kontinentaleuropäischen Börsen wieder Aufwärtsbewegungen ein, die nicht mehr Rücksicht darauf nahmen, ob die Aktie sich verzinste oder nicht.

Auch in Amerika hat sich seit 1921/22, also seit dem Beginn der Prosperity-Periode, in immer stärkerem Maße eine Abkehr vom Yield als Kursmaßstab vollzogen. Die amerikanischen Aktionäre verlangen von ihren Gesellschaften einen genaueren Einblick in die Unternehmung, sie wollen schneller und besser orientiert sein als die europäischen Aktionäre. Schon zeitlich bietet daher in Amerika die Dividende ein deutlicheres Spiegelbild des Geschäftsganges. Während in Deutschland und ebenso in Frankreich die Dividende in der Regel einmal jährlich für das ganze zurückliegende Jahr und in England zweimal jährlich festgelegt wird, geben die amerikanischen Gesellschaften

Quartalsdividenden, so daß die Ertragsberechnung nicht so weit hinter der tatsächlichen Lage des Unternehmens herhinkt. Die Dividendenerklärung wichtiger Gesellschaften ist stets ein Ereignis für Wall Street, nicht nur für die Aktie, um die es dabei geht, sondern auch für die gesamte Börsentendenz. Während die europäischen Börsen schon äußerlich dividendenmüde geworden sind und die meisten Dividendenerklärungen mit der Bemerkung quittiert werden, die Börse habe die neue Dividende bereits in ihren Kursen eskomptiert, reagiert Wall Street bisweilen sehr heftig auf eine günstige oder ungünstige Dividende. Doch spielen dabei weniger rechnerische als psychologische Momente mit. Wenn „Steels" die Dividende erhöhten, so war das ein Hoffnungssignal für die ganze Börse, wenn sie die Dividende kürzten, so senkte Wall Street alle Kursfahnen auf Halbmast. Dabei ist es für die meisten Aktiengesellschaften wirtschaftlich vollkommen gleichgültig, wieviel Dividende die United States Steel Corp. an ihre Aktionäre ausschüttet.

Die geringere Bewertung der Dividende als Kursmaßstab hatte in dem Amerika der Prosperity aber einen anderen und immerhin logischeren Grund als auf dem europäischen Kontinent. In Amerika glaubte man von 1922 bis zu dem Krach von 1929 felsenfest an die von Ford und Hoover propagierte Lehre von der ewigen Prosperity. Man war davon überzeugt, daß es in der Wirtschaft und daher auch an der Börse vernünftigerweise keine Rückschläge mehr geben könne und daß die Kurse die natürliche Tendenz haben müßten, immer mehr anzusteigen. Wenn im Eifer des Börsengefechts die Kurse schneller vorrückten als die Dividenden, so war dies nur der Ausdruck einer künftigen, aber, wie es schien, absolut sicheren Entwicklung nach oben. Die Börse nahm die wachsenden Wirtschaftserträge des nächsten und übernächsten Jahres bereits vorweg, ohne darauf zu achten, daß die effektive Verzinsung, der Yield, durch dies fortgesetzte Eskomptieren immer geringer wurde.

Gratisaktien machen reich

Dazu kam noch ein anderer Vorgang, der den Blick immer mehr von der Dividende ablenkte. Gewiß stieg durch die sichtlichen Fortschritte der Wirtschaft das Einkommen aus Kapital und Arbeit. Aber das Ausschlaggebende war doch nicht die Einkommenssteigerung, die sich immer noch in gewissen Grenzen hielt, sondern die scheinbar unermeßliche Steigerung des Reichtums, das heißt der Vermögen. Die Vermehrung des Reichtums bestand nun zwar zum großen Teil nur in dem Ansteigen der Börsenkurse. Man hatte eben sein Vermögen verdoppelt, weil in Wall Street die Aktien doppelt so hoch bewertet wurden wie noch wenige Monate zuvor. Das war zunächst eine Fiktion, die den Aktionären Freude machte und niemandem etwas schadete. Die Aktiengesellschaften aber bestätigten diese Fiktion, indem sie zum Zeichen ihres Überflusses Kapitalserhöhungen vornahmen und diese zusätzlichen Aktien gratis an die alten Aktionäre verteilten. So hat die General Electric Co. in den Jahren der Prosperity durch Verteilung von Gratisaktien ihr Kapital vervierfacht. Im Vergleich zu solchen aus Selbstüberschätzung und Großmannssucht entstandenen Geschenken erschienen auch die höchsten Dividenden uninteressant. Denn mit den neuen Aktien erhielt man ja die Anwartschaft auf künftige Dividenden, vor allem aber wurde man dadurch von einem auf den anderen Tag um hunderte und tausende Dollar reicher. Erst nach dem Börsenkrach vom Herbst 1929 erkannte man, wie sehr durch diese Gratisemissionen das Kapital verwässert war, was für ein Danaergeschenk im Grunde die Aktionäre bekommen hatten. Auf das aufgeblähte Kapital war es den Gesellschaften bei sinkender Konjunktur sehr viel schwerer, überhaupt noch nennenswerte Dividenden auszuschütten. Die ehemaligen Gratisaktien erwiesen sich jetzt als ein Ballast, der die Kurse immer mehr herabdrückte.

Die Loslösung der Aktienkurse von der Dividende wirkte in der Krise ebenso wie in der Prosperity tendenzverschärfend. Wie man sich in den guten Jahren nicht an die nachweisbaren Erträge, sondern an leere Zukunftsphantasien gehalten hatte, so sah die Börse jetzt nur noch einen gähnenden Abgrund vor sich und warf aus Angst vor dem kommenden Unheil die Werte schon im voraus in den Abgrund hinein. Es verschlug wenig, daß manche Gesellschaften, wie Steels oder American Telephone & Telegraph Co., aus ihren Reserven ansehnliche Dividendenzahlungen aufrechterhielten. Die Kurse stürzten weiter mit dem Erfolg, daß im Jahre 1932 für eine Reihe von Aktien der Yield 8 und 9 Prozent ausmachte, also dreimal soviel wie in den Glanztagen der Hausse. Erst nachdem die Angstpsychose sich überschlagen hatte und man keinem Papier mehr so recht traute, klammerte man sich an das einzige Positive, das geblieben war, an die letzte Dividende.

Im Frühjahr 1933 finden wir im Kurszettel der New York Stock Exchange schon wieder eine ziemlich klare Gruppierung. Es notierten nun, unter den üblichen Schwankungen und von einigen Ausnahmefällen abgesehen, Shares mit einem Dollar Jahresdividende zwischen 14 und 18 Dollar, Shares mit 2 Prozent Dividende zwischen 20 und 30 Dollar, Shares mit 4 Prozent Dividende zwischen 45 und 60 Dollar, mit 6 Prozent Dividende zwischen 70 und 80 Dollar, mit 8 Prozent zwischen 80 und 90 Dollar, während sich die Aktie der American Telephone & Telegraph mit 9 Prozent Dividende in einsamer Höhe oberhalb der Parigrenze bewegte. Die spekulative Phantasie lebt sich jetzt vorwiegend bei den Papieren aus, die im letzten Jahr keine Dividende mehr gegeben haben und die nun nach ihrem inneren Wert, das heißt nach sehr freiem Ermessen, zwischen 1 und 10 Dollar eingeschätzt werden. Als Maßstab für den „inneren Wert“ dient dem Berufsspieler jetzt vielfach das Earning, der Bruttoertrag oder häufiger noch die Höhe des Defizits pro Share.

Im Gegensatz zu der Entwicklung auf dem europäischen Kontinent und in Amerika hat sich in England die Dividende als Rückgrat der Börsenkurse erhalten. Hier hat weder die Inflation den Geist des Publikums so tiefgreifend umgeformt wie in Mitteleuropa, noch hatte man sich so leichtfertig einem fröhlichen Prosperity-Glauben verschrieben wie in den Vereinigten Staaten. Eine langanhaltende Wirtschaftsdepression dämpfte auch den Spieleifer in der

City. Kursausschweifungen, die früher gerade für die Londoner Stock Exchange charakteristisch waren, sind in der Nachkriegszeit vereinzelt. Die Engländer, die in den letzten beiden Jahrhunderten die zähesten Börsenspieler der Welt waren, scheinen abgeklärt und weise geworden zu sein. Das Börsenspiel ist noch immer außerordentlich verbreitet, aber ein Teil der Kapitalistenschicht legt mehr Wert auf eine einigermaßen gesicherte Rente als auf Spekulationsgewinne. Auch wer sein Geld in Aktien angelegt hat, sieht auf das Income, auf das Einkommen, das er aus den Dividenden beziehen kann, mehr als auf Kursdifferenzen. Daraus vor allem erklärt sich, daß es an der Londoner Börse, und nur dort, noch ganze Aktiengruppen gibt, die bei fast unveränderter Dividende stabiler im Kurs sind als in anderen Ländern die besten Obligationen. So hatten in den Jahren 1927 bis 1931, also bis zum Pfundkrach, die englischen Großbankaktien nur Kursschwankungen von wenigen Prozenten aufzuweisen.

Wer finanziert das Spiel?

In ihrer Gesamtheit bilden die Dividenden der wichtigen Aktienunternehmungen einen beachteten Konjunkturmaßstab. Die Börse jedoch gibt sich mit Messungen in so großen Abständen, wie es bei den Dividendenerklärungen geschieht, nicht zufrieden. Sie braucht, ihrem Wesen nach, täglich neue Bewegungen und daher auch täglich neue Argumente, mit denen sie die Kursschwankungen vor sich selbst und vor der Öffentlichkeit begründet. Unter den Wirtschaftsfaktoren, die regelmäßig auf die Börsen einwirken, pflegt man dem Geldmarkt die größte Bedeutung zuzuschreiben. Die Logik dieses Zusammenhanges scheint zwingend zu sein. Das moderne Börsengeschäft beruht ja überwiegend auf Krediten, die der Spekulation von den Banken oder Kapitalistengruppen zur Verfügung gestellt werden. Es sind zwar keine echten Wirtschaftskredite, es werden nicht im eigentlichen Sinne Kapitalien übertragen. Die Geldgeber übernehmen nur eine Art Ausfallsgarantie für den nicht gefährdeten Teil der Börsenoperationen, während die

Spekulanten selbst für den riskanten Teil der Engagements, für die „Spitzen“, einstehen müssen. Immerhin bedürfen die Spitzen einer Unterlage, eines Kreditpolsters. Die unmittelbaren Geldgeber der Börse sind meistens auch noch nicht imstande, das Kreditpolster zu füllen. Sie sind wiederum abhängig von den Notenbanken, die aus eigener Machtvollkommenheit „Geld schöpfen“, das Kreditvolumen vermehren oder vermindern können.

Mehrere der schwersten Börsenkatastrophen wurden durch plötzliche Eingriffe der Notenbanken hervorgerufen. So war es am 13. Mai 1927, an dem berühmten „Schwarzen Freitag“ der Berliner Börse, als der Reichsbankpräsident Schacht auf die Banken einwirkte, die Börsenkredite zu vermindern, und die Berliner Börse daraufhin mit einer panikartigen Baisse reagierte. Auch der Wall Street-Krach vom Herbst 1929 wird von vielen mit einer Notenbank-Aktion in Verbindung gebracht. Allerdings handelte es sich dabei nicht um einen Eingriff der amerikanischen Notenbank, sondern der Bank von England, die in einer schon höchst angespannten Kreditsituation den Diskont von 5½ auf 6½ Prozent heraufsetzte und durch diesen Anreiz die nach Amerika ausgeliehenen europäischen Gelder von Wall Street abzog.

Bis zu einem gewissen Grade können auch die großen Privatbanken durch Verknappung oder Erweiterung der Börsenkredite stürmische Kursbewegungen auslösen. Das war bis zum Jahre 1913 namentlich in Amerika der Fall, wo in Ermangelung einer starken und einheitlichen Notenbank-Organisation die führenden Bankfirmen den Geldmarkt beherrschten und nach ihrem Willen Sonnenschein und Regen machen konnten. So kam es dort auch außerhalb der großen Wirtschaftskrisen immer wieder zu Kreditkrisen, die in Wall Street schlimmste Verwüstungen anrichteten. Der letzte Krampfanfall dieser Art war die Krise von 1907, wo der alte John Pierpont Morgan erst den Geldmarkt knapp werden ließ, wodurch die Kurse fielen, und dann durch einen großen Kauf von 17 Millionen Dollar Aktien der Tennessee Coal & Iron Company der Baisse ein Ende machte.

Die entscheidende Einwirkung, die den Notenbanken und den überragenden privaten Finanzinstituten bei akuten Börsenkrisen zukommt, darf man aber nicht verallgemeinern. Der Einfluß des Geldmarkts auf die Börse ist keineswegs einheitlich. Man kann geradezu geldautarke und geldabhängige Börsen unterscheiden. In den kapitalkräftigen Ländern, in Amerika, England, Frankreich, Holland, verläuft die Börsenbewegung verhältnismäßig unabhängig vom Geldmarkt. In der Hausse steigen die Zinssätze für Börsengeld sehr stark an, es kann sogar teurer werden als langfristiges Geld. Aber, von kurzen Ausnahmeperioden abgesehen, ist doch stets genug Geld für die Börse vorhanden, damit sich die Spieler ungehindert betätigen können.

In den kapitalschwachen Ländern, in Deutschland, in den Donaustaaten, in Osteuropa, auf dem Balkan, in Südamerika, sind dagegen die Börsenkurse zeitweilig sehr stark abhängig von dem Geldvolumen, das gerade für das Spiel zur Verfügung steht. Fast immer herrscht in diesen Ländern Hunger nach langfristigem Kapital, das kurzfristige Leihgeld rangiert erst an zweiter Stelle. Die Zinsen für langfristiges Geld sind daher gewöhnlich höher als die für Börsengeld. Die Börsenkredite sind oft nur eine Durchgangsstation für Kapitalien, die zu Anlagezwecken vom Ausland hereinströmen und nun eine Zeitlang die Börse befruchten. So war es in Deutschland in der Blütezeit der Auslandskredite von 1926 bis 1928. Gelder, mit denen eigentlich Fabriken gebaut werden sollten, wanderten erst einmal an die Berliner Börse. Die vermittelnde deutsche Bank machte damit ein Spielchen. Die Industriefirma, für die der Kredit bestimmt war, war einer vorübergehenden Betätigung an der Börse auch nicht abgeneigt, da sie den Gesamtbetrag ja nicht sofort brauchte. So entstand ein munteres Haussefeuer, an dem sich Banken, Industrie und die Mitläufer wärmten. Die Zinssätze blieben auch in der Hausse relativ niedrig. Denn man wollte ja nicht am Börsengeld, sondern mit dem Börsengeld verdienen. Sobald diese Gelder von der Börse verschwanden und ihrer eigentlichen Bestimmung zugeführt wurden, sanken auch die Kurse wieder in sich zusammen. Die schmalen Geldmittel der eigenen

Wirtschaft reichten nicht aus, einen größeren Spielbetrieb dauernd aufrechtzuerhalten.

Zinssatz und Kurshöhe

Diese von der Kapitalzufuhr abhängige Bindung der deutschen Börsen an den Geldmarkt kann aber nicht als typisch gelten. Die Börse setzt, unabhängig von Wirtschaftskonjunkturen, eine gewisse Geldfülle im eigenen Lande voraus. Sie braucht eine Art Spielkasse. Nur wo die vorhanden ist, kann man auch die Einwirkung des Geldmarktes auf die Kursgestaltung im einzelnen verfolgen. In den letzten Jahren sind, besonders in Amerika, sehr eingehende Untersuchungen über den Einfluß des Geldmarktes auf die Börse angestellt worden — so vom Institute of Economics — die aber nur erwiesen haben, wie gering und unregelmäßig dieser Einfluß ist. Ein unmittelbarer Einfluß der Tagesgeldsätze (call money) auf den Umfang des Börsengeschäfts und auf die Kursbildung läßt sich überhaupt nicht feststellen. Weder steigen bei sinkender Geldrate die Börsenumsätze und die Kurse an, noch fallen sie, wenn das Leihgeld für die Börse teurer wird. Diese statistischen Ergebnisse bestätigen nur, was jeder Beobachter der Börse täglich von neuem konstatieren kann: daß nämlich bei steigenden Kursen kein Spieler danach fragt, wie an dem Tage gerade die Geldsätze stehen, und daß ebensowenig bei sinkender Tendenz sich irgend jemand durch noch so niedrige Geldsätze zum Kauf von Aktien anregen läßt. Wie sollte es auch anders sein, namentlich in Wall Street, wo auch an ruhigen Tagen die Kursdifferenzen in ein und derselben Börse höher sind als die Leihzinsen für ein ganzes Jahr. Die Spekulation überspringt auch die höchsten Geldsätze, solange sie noch Kursgewinne vor sich sieht.

Etwas anders erscheint der Zusammenhang zwischen Geldmarkt und Börse, wenn man ihn über lange Perioden verfolgt. Dann ergibt sich nämlich eine gewisse Parallele zwischen der Bewegung der Geldsätze und der Kurse. Seit Anfang dieses Jahrhunderts und regelmäßiger noch seit dem Kriege folgen die Geldsätze in einem Abstand von 8 bis

12 Monaten der Hausse- und Baissebewegung der stark spekulativen Aktien. So kann es manchmal vorkommen, daß bei hohen Kursen die Geldsätze noch sehr niedrig sind, während bei sinkenden Kursen die Geldsätze noch ansteigen. Es wäre aber irrig, aus dieser sich überschneidenden Bewegung zu schließen, daß die Geldsätze ein brauchbares Börsenbarometer sind. Denn die Geldsätze deuten nicht in die Zukunft, sondern in die Vergangenheit. Wenn die Kurse eine Zeitlang steigen, dann können die Geldgeber auch höhere Leihzinsen fordern. Und wenn die Baisse längere Zeit andauert, müssen sie sich mit niedrigeren Zinsen begnügen. Nur in einer Situation erweist sich der Geldmarkt als sichere Wetterfahne für die künftige Börsentendenz: wenn bei scharfer und schon langanhaltender Hausse auch die Geldsätze rapide ansteigen, so ist das ein Warnungssignal, daß schwere Kurseinbrüche bevorstehen. Die Börse hört gewöhnlich nicht auf dieses Signal, aber die Geldgeber selbst sind vorsichtiger als die Spekulanten. Sie ziehen trotz den verlockendsten Zinsen ihr Geld von der Börse zurück und bringen ebendadurch den Turmbau der Kurse zum Einsturz, wie es Ende September 1929 in Wall Street geschah.

Während die direkte Einwirkung des Geldmarktes auf die Börse sich also immer mehr verringert hat und eigentlich nur noch in wirtschaftlichen Ausnahmezuständen fühlbar wird, kommt dem Geldmarkt doch indirekt eine Bedeutung als Konjunkturmesser zu. Bevor es eine wissenschaftliche Konjunkturbeobachtung mit genauen statistischen Meßmethoden gab, waren die Diskontsätze der Notenbanken das wichtigste Konjunkturbarometer. Eine Diskontänderung der Bank von England, nach der sich automatisch die anderen europäischen Notenbanken richteten, war vor dem Kriege daher auch stets ein Ereignis für die Börsen. Es hatte sich eine etwas primitive Börsenregel herausgebildet: setzte die Bank von England den Diskont herab, so galt das als eine Erleichterung für Industrie und Handel, und in Erwartung eines besseren Geschäftsganges stiegen an den Börsen in Berlin und Wien die Kurse. Wurde der Diskont heraufgesetzt, so befürchtete man eine Drosselung des

Unternehmungsgeistes, und die Kurse sanken. Die Währungswirren der Nachkriegszeit haben diesen Mechanismus fast völlig außer Kraft gesetzt. Weder kann man mit der Diskontschraube allein den internationalen Geldstrom umlenken, noch sieht die Börse in den Diskontsätzen einen entscheidenden Konjunkturfaktor. Immerhin findet die Diskontpolitik der Notenbanken bei den Spekulanten Beachtung, und gelegentlich wird wohl auch noch auf eine bevorstehende Diskontänderung hin à la hausse oder à la baisse gespielt.

Objektivierte Spekulation

Die Börse ist mit der Zeit mitgegangen und macht von allen Konjunkturbarometern, die die Wissenschaft ausgearbeitet hat, eifrig Gebrauch, um damit ihre Tendenz zu begründen. Sie bemüht sich, die Spekulation zu objektivieren. Das Spiel auf Statistiken ist eines der beliebtesten Börsenspiele geworden, allerdings mit Unterschieden in den einzelnen Ländern. Auf Statistiken kann man nur dort spielen, wo eine gut durchgebildete und rasch arbeitende Statistik vorhanden ist. Statistiken, die um viele Monate und Jahre hinter den Wirtschaftsvorgängen herhinken, bieten für die Börse keinen Reiz. Es interessiert keinen Aktionär, zu erfahren, wie im vorigen Jahr der Beschäftigungsgrad „seines" Unternehmens war oder wie es damals mit den Warenvorräten stand. Infolgedessen ist in den agrarischen Ländern Europas, die fast durchweg nur über mangelhafte Statistiken verfügen, diese Spielart so gut wie unbekannt. Von den großen Börsenländern hat Frankreich am wenigsten seine Statistik ausgebildet. Die Abneigung der Franzosen gegen alles Mechanische mag dabei stärker mitsprechen als die technische Schwierigkeit, in einem Land der kleinen und mittleren Betriebe statistische Erhebungen vorzunehmen. Der Erfolg ist jedenfalls, daß auf der Pariser Börse die Wirtschaftsstatistik noch keinen nennenswerten Einfluß gewonnen hat. Die einzige statistische Zahl, die dort Beachtung findet, ist der Goldbestand in den Wochenausweisen der Bank von Frankreich.

In den großen Exportländern Deutschland und England bildet schon seit Jahren die Außenhandelsstatistik ein wichtiges Moment für die Börsentendenz. An den englischen Börsen interessiert man sich namentlich für die Ausfuhr von Baumwollwaren und Kohle. An der Berliner Börse hatte sich die Spekulation auf die monatlichen Ausweise des Außenhandels eine Zeitlang zu einem wahren Modespiel entwickelt. Hellsichtige Spekulanten versuchten, sich auf Umwegen die Außenhandelsziffern zu beschaffen, so daß das Statistische Reichsamt besondere Vorkehrungen treffen mußte, um das vorzeitige Bekanntwerden der offiziellen Ausweise an der Börse zu verhindern.

Die größte Ausdehnung hat das Spiel auf Statistiken bisher in Amerika angenommen. Der Glaube der Amerikaner, daß man das Wirtschaftsleben bis ins einzelne statistisch erfassen und kontrollieren könne, hat auch auf die Börse abgefärbt. Man wollte die Gefühlsmomente, den Spürsinn des Spekulanten nach Möglichkeit ausschalten und sich auch im Börsenspiel nur noch nach feststehenden Ziffern und objektiven Tatsachen orientieren. Die Statistik hörte auf, eine Wissenschaft für Nationalökonomen zu sein. Sie wurde eine ernste Business-Angelegenheit, und da man damit in Wall Street Geld verdienen konnte, so warfen die Banken und Brokerfirmen, die Industriellen und andere Mäzene zur Verbesserung der Statistik jeden Betrag aus. Die statistischen Büros, die Konjunkturforschungs-Institute oder wie sie sich sonst nannten, schossen nur so aus dem Boden. Bald gab es Dutzende von Indices, die nach verschiedenen Methoden nur das eine Ziel verfolgten, der Wirtschaft so rasch und so exakt wie möglich den Puls zu fühlen.

Die Exaktheit litt freilich bisweilen etwas unter den Einflüssen derjenigen, die diese Konjunkturinstitute finanzierten. Bankhäuser, die gerade Eisenbahnbonds placieren wollten, fanden immer noch ein Mittelchen, in ihren statistischen Publikationen das Licht der Eisenbahnen besonders hell leuchten zu lassen. Vor allem aber unterlagen auch die unabhängigsten Statistiker dem Nationalglauben an die ewige Prosperity und suchten mit Ziffern zu belegen, daß der fortwährende Aufschwung in den unermeßlichen Reichtümern

Amerikas begründet sei und daß es daher einen Rückschlag nicht geben könne. So kam es, daß im Sommer 1929, als schon manche Warnungszeichen sichtbar waren, noch fast alle amerikanischen Konjunkturinstitute à la hausse lagen und von den zwölf bekanntesten Index-Büros nur ein einziges die Courage hatte, auf die drohende Gefahr eines Zusammenbruchs hinzuweisen.

Obwohl sich die amerikanischen Konjunkturstatistiker im entscheidenden Augenblick also nicht gerade als sehr zuverlässige Wetterpropheten erwiesen haben, hat das Spiel auf Statistiken die Prosperity überdauert. Nur daß man in der Krise weniger Wert auf allgemeine Konjunkturprognosen und komplizierte Indices legte als vielmehr auf konkrete Einzelstatistiken. Die größte Beachtung an der Börse findet die Produktionsstatistik, die in Amerika weit besser ausgebildet ist als in allen europäischen Ländern. Sie erstreckt sich nicht nur auf Rohstoffe und die Erzeugung von elektrischem Strom, sondern auch auf wichtige Zweige der Fertigwarenindustrie, auf die Automobilproduktion, die Schuhproduktion, auf den Verbrauch von Wolle und Baumwolle. Über die Ausnutzung der Kapazität in einzelnen Großunternehmungen wird von Woche zu Woche öffentlich Buch geführt. Wall Street reagiert oft sehr kräftig darauf, wenn bekannt wird, daß die Stahlproduktion um ein Prozent gestiegen oder gefallen ist. Werden mehr Güterwagen innerhalb von einer Woche beladen, so steigen fast stets die Eisenbahnaktien, und die Gesamtwirtschaft bekommt eine bessere Spekulationsnote.

Aus dieser Beeinflußbarkeit der Börse durch Statistiken hat sich eine neue Form der Insider-Spekulation herausgebildet. Während früher die Insiders, die Einblick in den Geschäftsgang großer Unternehmungen haben, nur gelegentlich vor der Dividendenerklärung oder bei einzelnen großen Transaktionen ihre bessere Kenntnis vorher an der Börse verwenden konnten, so haben sie jetzt regelmäßig eine Gelegenheit, ihr Früherwissen auszunutzen. Allerdings ist auch das Insider-Spiel auf die Statistik nicht ungefährlich, denn bei aller Hochschätzung der Statistik erweist sich die Börse auch hierin als eine launische Dame. Wenn sie gerade in einer kräftigen Hausse- oder Baissebewegung begriffen ist, läßt sie sich durch eine entgegengesetzte Statistik nicht im geringsten stören. Zudem kann man ja jede Statistik auf verschiedene Weise deuten, je nachdem, welche Vergleichsbasis man nimmt. Es kommt vor, daß Wall Street eine winzige Steigerung der Aufträge bei den United States Steel zum Anlaß einer Hausse nimmt, während wenige Tage später eine viel markantere Steigerung des Automobilabsatzes bei General Motors als Baissemoment gewertet wird, mit der Begründung, daß der Absatz doch viel kleiner sei als im Jahre vorher.

Aktienspiel auf Rohstoffe

Eines der wichtigsten Tendenzmomente für die Effektenbörsen sind die Rohstoffpreise. Aber hierbei muß man — ebenso wie beim Geldmarkt — zwischen der Bewegung über lange Zeiträume hinweg und zwischen der unmittelbaren Einwirkung unterscheiden. Zweifellos besteht in allen Ländern innerhalb langer Perioden eine gewisse Parallele zwischen der Preisbildung an den Warenmärkten und an den Effektenmärkten. Im allgemeinen geht das Auf und Ab der Aktienkurse einer entsprechenden Bewegung der Warenpreise voraus, während die Kurse der Obligationen ziemlich unregelmäßig den Warenpreisen folgen. Übereinstimmungen auf so weite Sicht haben aber höchstens einen volkswirtschaftlichen Erkenntniswert, für die Börse sind sie bedeutungslos.

Anders ist es mit dem unmittelbaren Einfluß der Warenpreise auf den Effektenmarkt. In den großen Rohstoffländern, wo die Kaufkraft der landwirtschaftlichen Bevölkerung für den Absatz der Industrieerzeugnisse ausschlaggebend ist, reagieren die Kurse der Industrieaktien sehr stark auf Änderungen der Agrarpreise. So sind die Weizenkurse der Chicagoer Getreidebörse, die erst eine halbe Stunde nach Beginn der New-Yorker Effektenbörse vorliegen, fast immer von stärkstem Einfluß auf Wall Street und werfen häufig die ganze Tendenz am Aktienmarkt um. Die Kursausschläge am Aktienmarkt sind gewöhnlich stürmischer als an den

Warenmärkten. Das macht sich insbesondere bei den Aktien geltend, die unmittelbar von der Preisentwicklung der Rohstoffe abhängen, also bei Kupferminen, Rohgummi-Shares, Kolonialwerten. Wenn die Rohstoffpreise um zwei Prozent sinken, so fallen die entsprechenden Aktiengruppen meistens gleich um vier Prozent ihres bisherigen Wertes. Ähnlich ist es bei den Aktien derjenigen Unternehmungen, die indirekt — auf dem Wege über die Kaufkraft — sehr stark von den Rohstoffpreisen abhängig sind. So folgen beispielsweise die Kurse der größten landwirtschaftlichen Maschinenfabrik Amerikas, der International Harvester Co., fast auf den Bruchteil eines Prozents den Weizenkursen in Chicago. Auch die Kurse der Postversandhäuser, die hauptsächlich Farmer beliefern, wie Sears, Roebuck & Co., laufen meistens mit den Getreide- und Baumwollkursen parallel. Die Börse eskomptiert hier gleich im Geiste eine ganze Kette von Wirtschaftsvorgängen. Sie berücksichtigt bereits, wie der Bauer das Geld, das er für seine nächste Ernte erhalten wird, anlegt, ob er in der Lage sein wird, sein Inventar zu erneuern, welche Handelshäuser und welche Fabrikationszweige davon betroffen werden, und kommt so zu dem Schluß: Wer sich bestimmte Maschinen- oder Warenhausaktien kauft, spekuliert eigentlich in Weizen.

Spiegel der Wirtschaft

Obwohl im Einzelfall das Spiel auf die Statistik von den verschiedenartigsten Faktoren durchkreuzt werden kann und eben ein Spiel bleibt, so hat sich, im ganzen betrachtet, die Börsentendenz dadurch doch erheblich objektiviert, das heißt, dem Verlauf der Wirtschaftskonjunktur angepaßt. Während in früheren Jahrzehnten und an den europäischen Börsen auch heute noch die Effektenkurse und die Wirtschaftskonjunktur häufig monatelang und selbst Jahre hindurch strikt entgegengesetzt laufen, hat sich in Amerika seit dem Kriege eine fast vollkommene Parallele beider Bewegungen herausgebildet.

Den Beweis dafür liefert die nebenstehende Abbildung, in der auf Grund von zwei der bekanntesten amerikanischen

Indices die Aktienkurse in Wall Street und der Geschäftsgang in den Vereinigten Staaten gegenübergestellt sind. Die Börsenkurve (The Annalist Adjusted Index of Stock Prices) umfaßt 33 führende amerikanische Industrieaktien, die Wirtschaftskurve (The Annalist Index of Business Activity) setzt

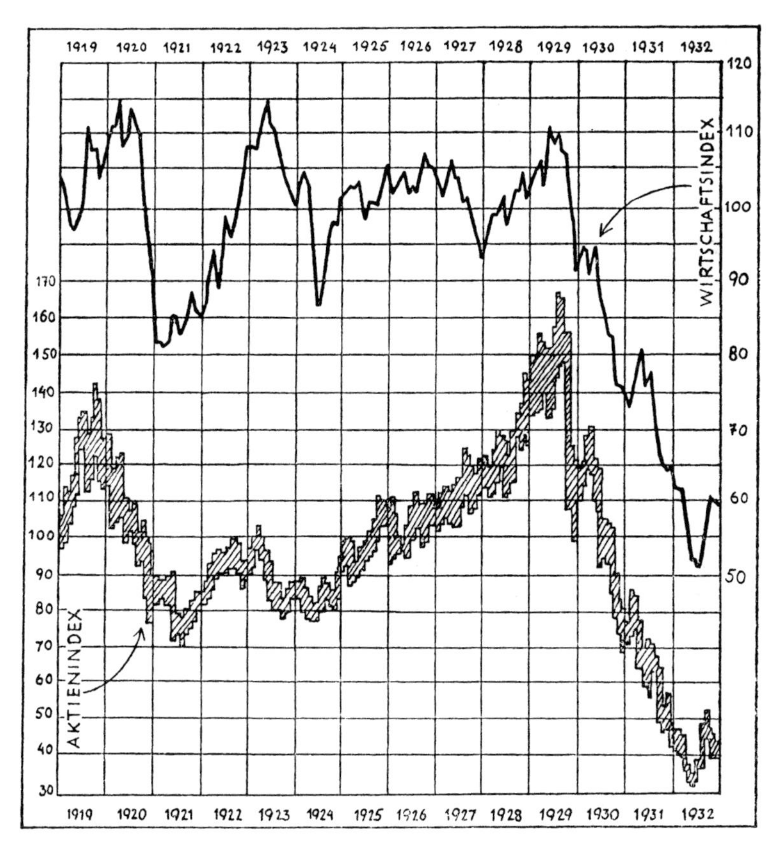

Geschäftsgang in U.S.A. und Aktienkurse in Wall Street

sich aus 10 wichtigen Konjunkturmerkmalen zusammen: der Produktion an Roheisen, an Stahl, an Kohle, an Zink, aus der Erzeugung an elektrischem Strom, aus der Automobilproduktion, der Schuhproduktion, dem Verbrauch an Wolle, an Baumwolle und aus der Güterwagen-Gestellung.

Die Bewegung umschließt zwei der schärfsten Krisen, die Amerika jemals durchgemacht hat, den Zusammenbruch der Kriegskonjunktur in den Jahren 1920 bis 1921 und die große Krise, die mit dem Oktoberkrach von 1929 beginnt. Dazwischen die glanzvolle Zeit der Prosperity, die nur in der Erinnerung als eine einheitliche Aufschwungsbewegung fortlebt, in Wirklichkeit aber durch empfindliche Rückschläge unterbrochen war. In diesem Auf und Ab der Konjunktur zeigt nun die Börse und die Wirtschaft fast stets die gleiche Richtung. Die Börse ist der Wirtschaft meistens um eine kurze Zeitspanne voraus, um wenige Wochen, allenfalls um wenige Monate. In dieser Erscheinung braucht man wohl keinen mystischen Seherblick der Börse zu vermuten, sondern sie ist eher das Ergebnis der Insider-Spekulation. Manchmal fällt die Börsenbewegung mit der Wirtschaftsbewegung zeitlich vollkommen zusammen, das heißt, die Börse richtet sich genau nach den neuesten Tages- und Wochenstatistiken. Vereinzelt zögert auch die Börse, wenn die Wirtschaftskonjunktur umschlägt, und die Aktienkurve hinkt dann hinter der Wirtschaftskurve einher. Das ist besonders der Fall an den großen Wendepunkten der Konjunktur.

Nach dem schweren Sturz des Jahres 1920 beginnt die Wirtschaft schon im Frühjahr 1921 sich wieder zu erholen. Wall Street aber traut dem Frieden noch nicht und setzt bis in die zweite Hälfte des Jahres 1921 seine Baissebewegung fort. Das gleiche Bild, wenn auch nicht ganz so markant, zeigt sich nach dem Rückschlag von 1923 bis 1924. Auch da zögert Wall Street noch, als um die Mitte des Jahres 1924 die Wirtschaft wieder rasch in Gang kommt, und nimmt erst gegen Ende des Jahres die Haussebewegung auf. Am deutlichsten aber zeigt sich diese Beharrungstendenz der Börse in dem Wendejahr 1929. Die Wirtschaftskurve zeigt schon seit dem Frühsommer eine klare Abwärtsbewegung. Wall Street aber, das in einer wahren Hausse-Trance befangen ist, achtet nicht darauf und setzt noch volle vier Monate die Hausse fort, um dann im Herbst die Kurse um so schärfer fallen zu lassen.

Will man also der amerikanischen Börse das Prädikat eines Wirtschaftsbarometers zuerkennen, so kann dies nur für die Perioden geradliniger Hausse- oder Baissetendenz und für kleinere Konjunkturschwankungen gelten. Bei einem radikalen Konjunkturumschlag hört auch in Wall Street die objektivierte Spekulation auf, und das reine Phantasiespiel setzt ein. Die psychologischen Momente sind zum Schluß doch stärker als alle nüchternen Berechnungen.

Die Parallelität der Wirtschaftsbewegung und der Börsenbewegung hat in Amerika zweifellos aber noch eine andere Ursache. Es ist nicht nur so, daß die Börse sich nach der Wirtschaftsentwicklung richtet, sondern die Wirtschaft achtet auch darauf, was an der Börse vorgeht. Namentlich in den Jahren der Prosperity bildete die Börse ein wichtiges Konjunkturelement. Durch das gewaltige Anwachsen der Spekulation war Wall Street für Millionen Menschen zu einer wesentlichen Einkommensquelle geworden. Gleichviel, ob es sich dabei um eine echte oder nur um eine fiktive Vermehrung des Volkseinkommens handelte, die Börsenprofite wirkten jedenfalls konsumfördernd. Wer in Wall Street mühelos Geld verdient hatte, gab es auch mit leichter Hand wieder aus, der Warenabsatz stieg, und die Produktion ließ ihre Räder noch schneller laufen, um mit der wachsenden Nachfrage Schritt zu halten. Der umgekehrte Vorgang vollzog sich in allen Baisseperioden. Da auch in Amerika das Publikum vorwiegend à la hausse spielte, so hörte mit dem Sinken der Aktienkurse automatisch die zusätzliche Kaufkraft auf, das Geschäftsleben stockte und der Rückbildungsprozeß pflanzte sich mit großer Schnelligkeit vom Einzelhandel bis zur Rohstoffproduktion fort. Schon wegen dieser Zusammenhänge hat in Ländern mit ausgedehnter Publikumsspekulation die Wirtschaft allen Anlaß, sich für die Börsentendenz zu interessieren und, bis zu einem gewissen Grade, danach ihre Dispositionen zu treffen.

Von der Voraussetzung, daß die Börsentendenz unmittelbar die Wirtschaftskonjunktur beeinflußt, gehen auch die in Depressionszeiten immer wiederkehrenden Versuche aus, von der Börse her die Wirtschaft „anzukurbeln“. Diese Versuche mißlingen aber meistens, weil nach einer langen Verlustperiode die ersten Börsengewinne nicht gleich zu Konsumzwecken benutzt werden, sondern erst einmal zur Bildung von Reserven dienen. Doch auch die Wirtschaft steht solchen radikalen Umstellungen der Börsentendenz zunächst skeptisch und abwartend gegenüber und vermeidet es, sich gleich auf eine bevorstehende Hochkonjunktur einzurichten. So ergab sich bei der steil aufschießenden amerikanischen Börsenhausse im Sommer 1932 das charakteristische Bild, daß die Aktienkurse sich schon zum Teil verdoppelt hatten, bevor die Wirtschaft auch nur die leisesten Anzeichen einer Besserung aufwies.

Kurse unter der Zeitlupe

Auch dort, wo die Parallelität zwischen Börse und Wirtschaft über lange Zeitspannen hinweg noch so ausgeprägt ist, erstreckt sie sich, wie gesagt, nur auf die Richtung, nicht aber auf das Ausmaß der Bewegung. Die Börse hat ihren eigenen Rhythmus, der zum Teil durch psychologische Momente, zum anderen Teil durch die Technik des Börsengeschäfts bestimmt ist. Eine geradlinige Bewegung im mathematischen Sinne gibt es an der Börse überhaupt nicht. Nur an Berliner Effektenbörsen, und auch dort nur bei den weniger gehandelten Papieren, sind die Börsenkurse Einheitskurse, die nach einem — an anderer Stelle beschriebenen — Verfahren am Schluß jeder Börsenversammlung ermittelt werden. Überall sonst wird für jeden Verkauf ein neuer Kurs ausgehandelt. Da in den marktgängigen Wertpapieren an den großen Börsen Dutzende von Geschäften an einem Tage abgeschlossen werden, so kommen auch für jedes Papier Dutzende von Kursen zustande.

Die Unterschiede zwischen den aufeinanderfolgenden Kursen sind selbst bei ausgesprochener Hausse- oder Baissetendenz gering, sie betragen gewöhnlich nur den Bruchteil eines Prozents. Aber schon diese Reihenfolge, die sich zeitlich in Minuten und manchmal in Sekunden abspielt, ergibt keine gerade Linie, sondern eine Zickzackbewegung. Nach ein paar ansteigenden Kursen erfolgt ein kleiner Rückschlag, und ebenso ist es bei der Baisse: ein Schritt vor, zwei Schritte zurück. Die Ursache dafür ist rein technischer Art. Auch bei Haussetendenz sind nicht in jedem Augenblick mehr Käufer als Verkäufer da, manchmal überwiegen, angelockt durch die höheren Preise, auch die Verkäufer, und dann sinkt sofort der Kurs. Selbst bei ganz ruhigem Markt gibt es fortwährend Kursschwankungen. Um den Vorgang zu verdeutlichen, seien hier die Kurse von „Steels“ an einem besonders stillen Wall Street-Tage wiedergegeben:

Eröffnungskurs	$31^{4}/_{8}$	31^{4}	31^{2}	30^{6}	
↓	$1^{3}/_{8}$	1^{5}	1^{3}	0^{5}	
↓	1^{6}	1^{4}	1^{4}	0^{3}	
	1^{3}	1^{5}	1^{4}	0^{5}	
	1^{2}	1^{6}	1^{3}	0^{3}	
	1^{1}	1^{4}	31	0^{2}	
	1^{3}	1^{3}	30^{7}	$30^{4}/_{8}$	Schlußkurs

Innerhalb von 28 Tageskursen gibt es, genau genommen, elfmal einen Tendenzwechsel. Obwohl die Baissetendenz vorherrschend ist, bietet sich selbst noch an solch einem Tage für diejenigen, die unmittelbar an der Börse tätig sind, die Möglichkeit, eine kleine Haussechance auszunützen. Auch an Tagen mit noch schärferen Hausse- oder Baissebewegungen ändert sich das Bild, mit der Zeitlupe betrachtet, nicht. Im Durchschnitt gibt es etwa bei jedem dritten Kurs einen Rückfall in die entgegengesetzte Tendenz, fünf bis sechs aufeinanderfolgende Kurse der gleichen Richtung sind schon eine lange Reihe und kommen ziemlich selten vor.

Der Dreierrhythmus

Dieser eigentümliche Börsenrhythmus wiederholt sich auch bei den Kursveränderungen von einem Tag auf den anderen. Selbst bei ausgeprägter Hausse- oder Baissetendenz gibt es im Durchschnitt zweimal in der Woche einen Rückschlag in die entgegengesetzte Richtung. Man kann also auch hier von einem Dreierrhythmus sprechen, der sich aus dem technischen und psychologischen Ablauf der einzelnen Spielpartien erklärt. Am ersten Tag einer Hausse beschränkt sich das Geschäft vorwiegend auf die Professionells. Das große Publikum erfährt erst aus den Kurszetteln der Zeitungen, daß an der Börse „etwas los ist“, und „steigt nun ein“, das heißt, es kauft mit. Dadurch häufen sich schon vor Beginn des nächsten Börsentages die Kaufordres und schaffen eine sichere Haussetendenz. Die Umsätze verdoppeln und verdreifachen sich bisweilen gegenüber dem Vortage, und bei schwunghaftem Geschäft steigen die Kurse so rasch an, daß am Ende des zweiten Haussetages viele Spekulanten es für besser erachten, ihren Gewinn zu realisieren. Zu Beginn des dritten Tages halten sich Kauf- und Verkaufaufträge schon wieder die Waage, und die Kursbewegung kommt zum Stehen. Nicht selten gibt es am dritten Tage sogar schon einen kleinen Rückschlag. Die Unentschiedenheit der Tendenz hält bei sinkenden Umsätzen oft auch noch am nächsten und auch am übernächsten Tage an, bis wieder eine neue Bewegung mit klarer Hausse- oder Baissetendenz einsetzt.

Hausse- und Baisseperioden

In Börsenkurven, die längere Zeitspannen umfassen, verdichten sich diese Dreierperioden zu einer Zickzacklinie, die die Grundrichtung der Bewegung, den sogenannten Trend, nicht weiter stört. Anders ist es mit den tiefergreifenden Einschnitten, die sich innerhalb jeder großen Börsenbewegung periodisch wiederholen. Jede langanhaltende Hausse wird durch kürzere Baissen, jede langanhaltende Baisse durch kürzere Haussen unterbrochen. In den bildlichen Darstellungen ergeben sich daraus die charakteristischen „Sägezähne“ der Börsenkurve.

Läßt sich nun in diesem Wechsel von Hausse und Baisse irgendeine Regelmäßigkeit feststellen? Gewisse Saisoneigenheiten der Wirtschaft spiegeln sich auch in den Börsenkursen wieder, innerhalb der großen Börsenbewegungen sind sie aber nicht von erheblicher Bedeutung. Die „Sägezähne“ der Börsenkurve fallen nicht in bestimmte Jahreszeiten. Mit einer gewissen Regelmäßigkeit gibt es jährlich zwei bis drei Hausse- und zwei bis drei Baisseperioden. Der Börsenoptimist — und jeder Spieler ist für sich Optimist — kann also mit absoluter Gewißheit darauf rechnen, daß der Baisse wieder eine Hausse folgt oder daß, wenn er selbst sich als

Baissier betätigt, die Kurse auch schon wieder sinken werden. Aber mit dieser Binsenweisheit ist man noch nicht gegen Verluste geschützt. Denn es kommt ja nicht nur darauf an, daß der Baisse wieder eine Hausse folgt, sondern daß die künftigen Haussekurse höher liegen als die bestehenden Baissekurse. Die Gewinnchancen hängen also davon ab, wie weit nach oben und nach unten die Sägezähne von dem Trend abweichen.

Hausse und Baisse verlaufen nicht gleichmäßig. Bei Börsenbewegungen, die durch eine besondere Situation der Währung oder des Geldmarktes bestimmt sind, ist der Hausseanstieg gewöhnlich steiler als die darauf folgende Baisse. So war es der Fall bei der deutschen Aktienhausse von 1926 bis 1927, die durch die Auslandskredite ausgelöst war. So war es auch 1928 bei der Stabilisierungshausse in Frankreich. Der normale Verlauf ist aber umgekehrt. Gewöhnlich geht die Hausse langsamer vor sich als die Baisse. Der Kursaufstieg ist gemächlicher und durch stärkere Gegenbewegungen unterbrochen als der Absturz ins Baissetal. So findet man in Wall Street, wo man die Kursentwicklung am genauesten und am weitesten zurückverfolgt hat, seit der Mitte des vorigen Jahrhunderts die folgenden markanten Hausse- und Baisseperioden:

Jahre	Aufstieg		Abstieg	
	Dauer	Kurse[1]	Dauer	Kurse[1]
1855—57	2 Jahre	17— 22	3/4 Jahr	22— 9
1861—65	3 1/2 „	13— 37	1 „	37—25
1866—70	3 „	30— 42	1/2 „	42—32
1870—73	3 „	37— 46	1 „	46—27
1877—84	4 „	36— 72	3 „	72—42
1890—93	2 „	50— 72	3/4 „	72—45
1896—1900	3 „	35— 75	1 „	75—57
1903—07	3 „	45— 95	1 „	95—57
1907—10	2 „	57— 98	1/2 „	98—78
1921—23	2 „	70—103	1/2 „	103—78
1924—32	5 1/4 „	77—167	2 3/4 „	167—35
oder				
1921—32	8 „	70—167	2 3/4 „	167—35

[1] Die Kurse bis 1873 sind dem Clement-Burgess-Index, die Kurse seit 1877 dem Index der Federal Reserve Bank of New York, die Kurse der Nachkriegszeit dem Index des „Annalist" entnommen.

Mit Ausnahme der langen Periode zu Anfang der achtziger Jahre, der auch wirtschaftlich einer der stärksten amerikanischen Booms parallel ging, dauerten bis zum Weltkrieg die Hausseperioden in der Regel drei- bis viermal so lange wie die Baisseperioden. Die Kriegskonjunktur bringt ihre eigene, durch die politische Entwicklung bestimmte Börsenbewegung hervor. In der gewaltigen amerikanischen Kurswelle der Nachkriegszeit kehrt aber, wenn auch in vergrößertem Maßstab, der alte Börsenrhythmus wieder. Faßt man die lange, wechselvolle Zeitspanne von 1921 bis zur Sommer-Hausse 1932 als einen einheitlichen Börsenturnus auf, so erweist sich, daß auch diesmal wieder zum Aufbau des Kursgebäudes dreimal soviel Zeit notwendig war wie zu dem nachfolgenden Zusammenbruch. Das erste Drittel der Hausse, von 1921 bis 1923, das manche Konjunkturforscher nicht in die große Prosperitywelle mit einbeziehen, zeigt in sich noch einmal das charakteristische Bild der Vorkriegsbewegungen: in zwei Jahren werden die Kurse um die Hälfte in die Höhe getrieben, um darauf im Lauf eines halben Jahres wieder annähernd auf den früheren Tiefpunkt zu sinken. Dann erst, nach diesem krampfartigen Vorspiel, beginnt von 1924 ab der langsame, aber beharrliche Aufstieg.

Die Sägezähne der Börse

Hausse und Baisse sehen auch von da ab grundverschieden aus, verschieden in der Stärke der Bewegung, verschieden aber vor allem in der Stärke der Gegenbewegungen, in den Sägezähnen der Börsenkurve. Untersucht man im einzelnen das Auf und Ab in den Jahren 1924 bis 1932, so ergeben sich die in der Tabelle auf Seite 141 folgenden Relationen.

Aus diesen Zahlenreihen ersieht man, wieviel langsamer es bergauf, als bergab geht. Die Aufwärtsbewegung innerhalb eines langanhaltenden Hausse-Trends beträgt im Durchschnitt nur 18 Prozent des bisherigen Kursstandes. Dann kommt gleich wieder ein Rückschlag von durchschnittlich 12³/₄ Prozent, der also mehr als zwei Drittel von der eben erreichten Kurssteigerung zunichte macht. Die effektive Kurserhöhung am Abschluß eines „Sägezahns“ beträgt nur rund 5 Prozent. Im Baisse-Trend dagegen bringt die einzelne Abwärtsbewegung im Durchschnitt eine Kurseinbuße um 37,5 Prozent. Die darauf folgende Erholung beträgt durchschnittlich nur 15 Prozent, so daß nach jedem Sägezahn ein Effektivverlust von 22,5 Prozent bestehen bleibt.

Prosperity-Aufstieg 1924—1929		Krisen-Gefälle 1929—1932	
Steigerung um Prozent	Rückschlag um Prozent	Senkung um Prozent	Erholung um Prozent
15	13	50	19
25	16	30	8
27	20	34	17
20	16	34	16
18	8	34	14
17	15	43	41 (Wendepunkt?)
13	9		
11	11		
21	9		
15	9		
16	16		
21	50 (Wendepunkt)		

Auf eine kurze Formel gebracht, kann man daher sagen: Der Baisse-Trend von 1929 bis 1932 war viermal so scharf wie der Hausse-Trend von 1924 bis 1929. Ältere Kursentwicklungen in Wall Street, aber auch an den europäischen Börsen bestätigen, daß es sich hierbei um eine Regelmäßigkeit im Börsenrhythmus handelt, die nur bei besonderen Ursachen (Inflationen, Stabilisierungen, Kriegen) nicht in die Erscheinung tritt.

Vom Standpunkt des Spekulanten aus ist es also ungefährlicher, in der Hausse Pessimist, als in der Baisse Optimist zu sein. Wer in der Hausse nicht gleich an den Aufstieg glaubt, findet fast immer noch eine Gelegenheit, mit einem blauen Auge aus seinen Baisse-Engagements herauszukommen. Wer dagegen in der Baisse den Anschluß verpaßt und weiter gegen den Strom schwimmt, wird sich ohne schwere Verluste nicht mehr ans andere Ufer hinüberretten können. Diese Erfahrungstatsache hat ihre plausiblen Gründe. Die Mehrzahl der Haussespekulanten gibt sich zunächst mit kleineren Gewinnen zufrieden und verkauft ihre Werte wieder, wenn sie ein paar Prozent daran verdient hat. Daher das langsame Aufsteigen und die Rückschläge in der Hausse. Erst nachdem die kurzfristige Hausseoperation ein paarmal hintereinander geglückt ist, werden die Spekulanten waghalsiger, sie halten an ihrem Aktienbesitz fest, und bei wachsender Nachfrage entsteht nun jener letzte, steil aufschießende Pfeil (ascension en flèche) vor dem großen Tendenzumschlag.

Im Gegensatz dazu beginnt die Baisse sofort mit einem schweren Sturz. Das Publikum wirft erschreckt seinen Besitz über Bord und verkauft zu jedem Preis. Die größten Börsenumsätze, die überhaupt registriert worden sind, kommen an solchen Paniktagen zustande — im Herbst 1929 wurden in Wall Street an einem Tage bis zu 16 Millionen Aktien umgesetzt. Auf diesen ersten Schreckschuß pflegen dann Interventionen der Banken oder auch des Staates einzusetzen. Nach einigen Monaten entsteht noch einmal eine kurze, ziemlich starke Aufwärtsbewegung, die aber den früheren Kursgipfel nicht mehr erreicht. Dann folgt die kontinuierliche Baisse mit ihren regelmäßigen Sägezähnen.

Höchst- und Tiefstwerte

Sehr stark macht sich in scharfen Hausse- und Baissebewegungen der Unterschied zwischen schweren und leichten Papieren geltend. Bei einem krassen Tendenzumschlag nach unten werden die besonders hoch hinaufgetriebenen Papiere am härtesten betroffen. An sie heftet sich am liebsten die Baissespekulation an. Die Kurse der mittleren und kleineren Papiere bröckeln dann im Verlauf der Baisse ab, wobei häufig ohne jeden Anlaß, aus Stimmungsmomenten heraus, an einem Tage bei einzelnen Wertpapieren oder Wertpapiergruppen Kurseinbrüche um 20 oder selbst um 40 Prozent erfolgen. Daraus entstehen dann nach und nach jene Tiefstkurse, die eigentlich überhaupt keinen Wertmaßstab mehr darstellen, sondern nur noch Erinnerungswerte an das entschwundene Kapital sind, ähnlich wie man in der Bilanz abgeschriebene Posten nicht einfach streicht, sondern mit einer Mark verbucht.

Beim Tendenzumschwung nach oben sind es nun gerade diese bis dahin als Non-Valeurs verschrienen Papiere, die am raschesten und am stärksten von der Hausse profitieren. Die Kleinspekulation greift nach ihnen, weil sie hier mit geringen Mitteln die Möglichkeit hat, sich an der Börse zu betätigen. Aber auch die Professionells nehmen gern diese Chance wahr. Es handelt sich dabei nicht um Sonderbewegungen, die irgendwelche wirtschaftlichen Untergründe haben, sondern um ein reines Phantasiespiel. Je niedriger die Aktien stehen, um so größer ist, relativ genommen, der Auftrieb. Am klarsten tritt dieser eigentümliche Kursrhythmus in gewaltsamen, durch Kreditinflation angekurbelten Haussebewegungen hervor, in denen die Börse bewußt der Wirtschaftskonjunktur vorauseilen will.

Ein Musterbeispiel dieser Art bildete die Wall Street-Hausse im Sommer 1932, die in ihren Kursausschlägen übrigens eine der schärfsten Aufwärtsbewegungen der internationalen Börsengeschichte war. Im Verlauf einer zweimonatigen, durch die üblichen Baisse-Intervalle unterbrochenen Hausse ergab sich hier unter den Papieren mit größeren Börsenumsätzen folgende Kursveränderung: Es stiegen im Durchschnitt:

Aktien	im	Wert	von	1—3	Dollar	um	das	5 fache
„	„	„	„	3^1—5	„	„	„	4 „
„	„	„	„	5^1—10	„	„	„	$3^1/_2$ „
„	„	„	„	11—20	„	„	„	$2^3/_4$ „
„	„	„	„	21—40	„	„	„	$2^1/_2$ „
„	„	„	„	41—60	„	„	„	2 „
„	„	„	über	60	„	„	„	$1^1/_2$ „

Gewiß bleiben so heftige Kurssteigerungen der kleinen Werte Ausnahmeerscheinungen. Wenn sie sich bei mehreren Haussen wiederholten, so würden aus den niedrigen bald hohe Werte werden. Zudem bröckeln gerade diese rasch aufgeschossenen Kleinwerte in dem der Hausse folgenden Rückschlag auch schnell wieder ab. Generell aber läßt sich doch so viel über den Eigenrhythmus der Groß- und Kleinwerte sagen: Bei einem plötzlichen, scharfen Tendenzwechsel erfahren die extremen Werte die stärksten Kursveränderungen;

in der Baisse stürzen die Höchstwerte, in der Hausse springen die Tiefstwerte empor. In ruhigeren, von der Wirtschaftskonjunktur stärker abhängigen Börsenbewegungen erfahren die Börsenfavoriten, die Leading Shares und die jeweiligen Modewerte der Spekulation die stärksten Ausschläge nach oben und nach unten, während die kleinen Werte unbeachtet bleiben und nur unregelmäßig der vorherrschenden Tendenz folgen.

Fünftes Kapitel

SPIEL MIT DER NATUR

Es ist eine weitverbreitete Ansicht, daß die umfangreichsten Spekulationen an der Effektenbörse von New York vor sich gehen. Diese Vermutung stimmt nicht. Wohl ist das Effektenspiel in Wall Street groß, größer als das jeder anderen Wertpapierbörse der Welt. Bedeutend größer aber ist in der ganzen Welt und besonders in Amerika das Börsenspiel in Waren, nämlich die Spekulation in Weizen, Mais, Roggen, Gerste, Hafer, Baumwolle, Zucker, Kaffee, Kakao, Kautschuk und anderen Rohstoffen, in Flachs, Schafwolle, Rohseide und in vielen Metallarten, vom Barrensilber bis zum Blei. Während in dem Haussejahr 1929 die Tagesumsätze in Wall Street, bei rund drei Millionen Aktien mit einem durchschnittlichen Kurswerte von 90 Dollar, einen Jahresumsatz von rund 90 Milliarden Dollar ergaben, setzte man allein an der Getreidebörse von Chicago in Weizen und anderen Körnerfrüchten in einem guten Jahre wie 1926 mehr als 150 Milliarden Dollar um. Diese Zahl entspricht 635 Milliarden Reichsmark und ist neun- bis zehnmal so groß wie das deutsche Volkseinkommen in den besten Jahren. Auch noch in Baisseperioden, wo der Durchschnittskurs der Aktien in Wall Street auf ungefähr 20 Dollar sank und bei einem durchschnittlichen Tagesumsatz von einer Million Shares etwa 20 Millionen Dollar täglich im Aktienspiel standen, setzten die amerikanischen

Warenbörsen im Spiel mit Naturprodukten noch über 30 Millionen Dollar am Tag um.

Aber nicht nur wertmäßig, auch mengenmäßig übersteigt das Spiel mit der Natur alle realen Grenzen. Die Welternte in Weizen erreicht seit einigen Jahren etwas über 100 Millionen Tonnen. Das sind etwas weniger als 4 Milliarden Bushel à 27,21 Kilogramm. In einem halbwegs günstigen Börsenjahre werden aber am Weizenmarkte von Chicago in wenigen Stunden 75 Millionen Bushel umgesetzt. Das macht 22 Milliarden Bushel im Jahr, also mehr als das Fünffache der Welternte. Da nun nicht nur in Chicago, sondern auch in New York, in Winnipeg, in Liverpool, in Buenos Aires, in Sydney, in Karachi, in Paris, in Budapest und in Berlin, in Amsterdam und in Antwerpen Warenbörsen mit oft sehr großen Umsätzen funktionieren, so geht man kaum fehl, wenn man annimmt, daß mehr als zehn Weltweizenernten in einem Jahre zum Spielobjekt werden. Aber nicht nur in Weizen, auch in Roggen, in Mais, in Baumwolle und in Kautschuk und ebenso in anderen börsenmäßig handelbaren Rohstoffen wird alle Jahre ein Vielfaches der tatsächlich produzierten Menge in den Auftragsbüchern der Warenbroker verzeichnet. Es gehört auch nicht zu den außergewöhnlichen Ereignissen, daß einer der großen Warenspekulanten in den Vereinigten Staaten laufende Börsenverpflichtungen in Weizen unterhält, die größer sind als die halbe Ernte an Sommerweizen in der Union. Es ist auch schon vorgekommen, daß Spielersyndikate mit höheren Verpflichtungen als dem Ertrag einer ganzen Sommerweizenernte à la hausse oder à la baisse lagen.

Warenbörse ohne Ware

Obwohl die Warenbörsen nach Herkunft und Namen dem Warenhandel im großen dienen sollten, tun sie das heute nur noch indirekt. Der Handel in tatsächlichen Warenmengen ist seinen Umsätzen nach vollständig in den Hintergrund getreten, und dort, wo er vor sich geht, unterscheidet man meistens Effektivbörsen von sekundärer und Terminbörsen von primärer Bedeutung. Von den

Spielumsätzen an den Terminmärkten der Warenbörsen wird heute der Preis aller wichtigen Rohstoffe der Welt mitbestimmt. Chicago entscheidet den Preis, den der Bauer am La Plata für seine Ernte bekommt, und bis zu einem gewissen Grade auch den, den der walisische Bergarbeiter für sein Brot zu zahlen hat. New York und New Orleans entscheiden im Spiel um den Baumwollkurs den Preis der Volksbekleidung eines guten Teiles der Welt und beeinflussen die Löhne der Spinnereiarbeiter. Alle diese Entscheidungen werden in Spielen getroffen, in denen weder Ware geliefert noch abgenommen wird und in denen die Spieler eigentlich nichts anderem als den Launen der Natur und ihren Beeinflussungen mit Wetten zu folgen suchen.

Die Organisationsform der Warenspekulation ist, wie gesagt, der Terminmarkt. Während aber an den Effektenbörsen zumindest einige Dutzende, oft aber auch Hunderte verschiedener Werte im Termingeschäft gehandelt werden, wird an den großen Warenbörsen meist nur in einer Rohstoffkategorie gespielt. Allein durch diese Spielzusammenfassung wird die Spekulation auf einem einzigen Feld viel größer und heftiger in ihrer Auswirkung. Die Abwicklung hat in ihren Grundzügen die Spielverrechnungsdaten der Effektenbörsen beibehalten. Allerdings kann man an allen Warenbörsen, in Anlehnung an den einjährigen Produktionsprozeß der Natur, auch gleich auf eine einjährige Sicht spielen. Während man aber an den Effektenbörsen bei Eingehen einer Hausseverpflichtung die Wertpapiere geliefert bekommt und sie beim Verkauf liefern kann, so ist das an den Warenterminbörsen nicht mehr üblich. Wohl ist in allen Statuten dieser Börsen eine Lieferungsmöglichkeit vorgesehen, sie ist jedoch in der Wirklichkeit fast völlig aus der Praxis gekommen. Wer heute in Baumwolle spielt, in Kakao oder in Roggen, spielt nur auf eine Kursdifferenz und auf nichts anderes.

Auch hier wird mit Spielteilzahlungen, die meist zwischen 10 und 20 Prozent des Kurswertes der Verpflichtung liegen, spekuliert. Die Spieleinheiten gehen meist von 10 Tons einer Ware aufwärts. Das Spielobjekt ist eine, ihrer Zusammensetzung, ihrem Gewicht oder ihrer Form nach technisch genau festgesetzte, in der Natur aber selten vorhandene Sorte. Der Spielkredit, den es in reiner Form an den Effektenbörsen nicht gibt, existiert im Warenspiel. Große und vermögende Spieler bekommen von den amerikanischen Brokern laufend sogenannte Margenkredite, die praktisch eine Herabsetzung des Spieleinsatzes unter die übliche Minimalgrenze von 10 Prozent bedeuten. So vollzieht sich an den Warenbörsen das Spiel mit der Natur auf technischen Grundlagen, die von denen des Effektenspiels mit seiner Basierung auf die Wirtschaft nur wenig abweichen. Und doch ist das Spiel mit der Natur etwas ganz anderes als das Effektenspiel.

Was bestimmt den Preis?

In all den Spekulationen an den Warenbörsen geht es um den Preis einer Ware, die auf breiteste Spielbasis gebracht wurde. Hier wird nicht auf eine Dividende spekuliert und auch nicht auf einen inneren Wert, denn Baumwolle bleibt Baumwolle, und Roggen bleibt Roggen. Es kann nicht auf Anlage gespielt werden und nicht auf eine Bilanz, es gibt vielmehr für die Gesamtheit der Warenspekulation besondere Spielargumente nach besonderen Systemen und Spielmethoden. In allen Rohstoffspekulationen spielt man nämlich auf ein scheinbar recht kleines Blickfeld, auf einen Sektor aus der Wirtschaft. Allerdings wird dieser Sektor von der Spekulation viel schärfer und kritischer beobachtet, als dies bei der Tendenzbildung an den Wertpapierbörsen möglich ist. Und weil schließlich alles Rohwarenspiel immer wieder auf der Natur mit ihren unberechenbaren Ereignissen rechnerisch und statistisch aufgezogen wird, so sind die spekulativen Betätigungsmöglichkeiten, ebenso wie die Kursschwankungen des Spielobjektes, bedeutend größer und heftiger als am Effektenmarkt.

Die wichtigsten Tendenzelemente, nach denen sich das Spiel an den Warenbörsen orientiert, bestehen zuerst in der Abhängigkeit von der Natur und sodann in den Produktionsbedingungen. An sie reiht sich der mengenmäßige Bedarf in der Weltwirtschaft. Aber auch Transportprobleme und nicht zuletzt politische Ereignisse haben ihre Auswirkung an den Warenmärkten. Schließlich bleibt an den Warenmärkten die rein spieltechnische Fertigkeit von kapitalstarken Gruppen (Pools), die den Syndikaten an den Effektenmärkten entsprechen, ein nicht zu unterschätzendes Tendenzelement.

Sowohl mengen- wie wertmäßig die größten Umsätze wiesen in den letzten Jahrzehnten die Getreideterminmärkte auf. Die wichtigsten Hausse- und Baisseelemente für die Bildung der Getreidepreise seien in der folgenden Tabelle einander gegenübergestellt.

Preistreibend	Preissenkend
Produktion	
Verspäteter Anbau	
Kleine Saatfläche	Große Saatfläche
Schlechtes Wetter	Gutes Wetter
Schlechter Saatenstand	Guter Saatenstand
Pflanzenkrankheiten	Keine Pflanzenkrankheiten
Schlechte Ernteaussicht	Gute Ernteaussicht
Überschwemmungen	
Hagel	
Niedriger Ertrag	Hoher Ertrag
Schlechte Qualität	Gute Qualität
Bedarf	
Steigender Viehstand	Abnehmender Viehstand
Kriege und Kriegsgefahr	
(Hungersnot bedeutungslos, weil dort, wo sie herrscht, meist kein Geld)	
Vorratsabnahme	Vorratszunahme
Transport	
Transportschwierigkeiten	
Desorganisation von Eisenbahnen oder Binnenschiffahrtslinien	
Zugefrorene Wasserstraßen und Seen	Auftauen gefrorener Wasserwege
Mangel an Frachtraum	Mangel an Lagerhäusern
Politik	
Schutzzölle	
Kontingentierungen	Freihandel
Monopole	
Valorisierungspläne	Viele Valorisierungsdurchführungen

Tendenzfaktoren der Getreidespekulation

Ohne Bedeutung für die Preisbildung an den Warenbörsen bleiben alle langsamen Änderungen des Bedarfs, wie beispielsweise Bevölkerungszunahme, Konsumsteigerungen, Konsumrückgänge aus Modegründen oder Wechsel in der Ernährungsweise ganzer Völker. Denn diese Veränderungen werden von der Statistik, die für die Spekulation rasch aufeinanderfolgend und kurzlebig sein muß, um spielgerecht zu bleiben, erst mit großen Verspätungen erfaßt. So hat die tatsächliche Abnahme des Weizen- und Zuckerkonsums, die auf das Mode-Ideal der schlanken Linie in den Nachkriegsjahren zurückzuführen war, in keiner Spekulation Berücksichtigung gefunden. Auch der progressive Eintritt von Japan und China in die Reihe der größeren Weizenverbraucher hat weder auf die Preise des Weizens, noch auf die des Reis irgendeinen bemerkbaren Spieleinfluß ausgeübt. Durch die Ausdehnung des Weizenhandels auf ostasiatische Häfen hat sich lediglich eine Vermehrung der Spielkundschaft für die amerikanischen Warenbroker ergeben, die seit dieser Zeit, etwa ab 1925, durch ihre Vertreter in Tokio, Kobe, Shanghai und Hongkong mehr Börsenaufträge für die Börsen von Chicago und Winnipeg hereinbekamen.

Eine relativ geringe Bedeutung für das Warenspiel haben auch die für die Effektenbörsen besonders wichtigen Geldmarktvorgänge. Es hat die Warenspekulation bisher nie gestört, wenn eine international wichtige Bankrate herauf- oder herabgesetzt wurde oder wenn sich der Zinssatz der Börsengelder versteifte. Einer der maßgeblichen Gründe für diesen Umstand ist darin zu suchen, daß an den Wertpapierbörsen die Spekulationsverpflichtungen überall durch den Geldmarkt des Landes finanziert werden. Man kann Effekten lombardieren. Reportgeschäfte oder Prolongationen stellen im Grunde genommen ja nichts anderes dar als ein Lombardgeschäft auf Umwegen. An den Warenbörsen spielt man nicht in praktisch lieferbaren Objekten. Hier spielt man um einen Begriff mit Naturanlehnung. Und diesen Begriff kann man weder lombardieren noch in die Gestalt eines zedierbaren Anspruchs verwandeln. Er ist ebenso wie die Walfischwette oder das Totalisatorticket vor Ablauf des Pferderennens zu keinem Geldgeschäft zu gebrauchen.

Spiel auf Statistik

Seit Beginn des Warenhandels richteten sich die Preisschwankungen in der Hauptsache danach, ob großes oder kleines Angebot der Nachfrage gegenüberstand. So ist es bis heute auch bei den meisten Warenspielen geblieben. Nur spielten beispielsweise die Medici in Florenz, die in Einfuhrscheinen von Weizen schon im vierzehnten Jahrhundert einen primitiven Getreideterminhandel betrieben, auf völlig unbestimmte Erwägungen über die Zufuhrmöglichkeiten aus dem Pontus Euxinus oder aus Süditalien. Sie setzten wie bei einer Wette auf ihre Ansicht über Ernteerträge, die niemand kontrollieren konnte, schon ganze Vermögen. Heute liefert die Statistik, die anscheinend nach streng wissenschaftlichen Methoden alle landwirtschaftlichen und industriellen Vorgänge objektiv erfaßt, den Rohstoffbörsen die eigentlichen Spielunterlagen. Wie ein Linienblatt unter den Briefbogen von Kindern gelegt wird, damit sie wissen, wohin sie ihre Zeilen führen sollen, so liegt halb sichtbar ein ganzes statistisches Gefüge unter einem großen Teil der Entschlüsse zum Warenspiel.

Diese Statistiken sind, obgleich ihre Zuverlässigkeit oft fragwürdig ist und bisweilen sogar Fälschungen vorkommen, richtige Spielziele geworden. Man spielt auf die erste Schätzung der winterlichen Weizenaussaat oder auf die wöchentlichen Verbrauchszahlen von Baumwolle in den Vereinigten Staaten mit großem Eifer und mit volkswirtschaftlicher Begründung. Denn die Statistik wird von den Spielern ernst genommen. Deswegen haben sich auch im Laufe der letzten Jahrzehnte verschiedene Spekulationskreise ihrer Bearbeitung zugewendet. Angefangen mit staatlichen Zahlenübersichten bis zu den reinen Privatstatistiken der Broker, die zum Kundenfang bestimmt sind, erscheint heute eine Unmenge von Statistiken. Diese Statistiken dienen vielfach nur dem Spiel in Rohstoffen, und man kann ruhig annehmen, daß der größte Teil von ihnen nicht erscheinen würde, wenn es keine Börse gäbe. Wodurch sich ihre Objektivität natürlich schon erheblich vermindert.

Schätzungsstelle	Schätzungsgegenstand	Schätzdaten	Börsenbedeutung
Amtlich Agriculture Department in Washington	alle Getreidesorten	monatlich April bis Oktober	groß für Chicago und übrige Welt
dito	Baumwolle	dito	grundlegend für Weltspekulation
Argentinische Regierung	Getreide	monatlich Oktober bis März	groß für Buenos Aires, bedeutend für Chicago
Ägyptische Regierung	dito	monatlich April bis Oktober	groß für Kairo, international bedeutend
Kanadische Regierung	Weizen	dito	groß für Winnipeg und Chicago
Russische Regierung	alle Agrarprodukte	verschieden	informativ, für internationale Börsen
Halbamtlich Internationales Agrarinstitut in Rom	alle Agrarprodukte	monatlich April bis Oktober	dito
Reichslandwirtschaftsrat Berlin	dito	dito	oft großer Einfluß auf deutsche Getreidebörsen
Vereeniging Javanische Suiker Producenten (VISP)	Rohzucker	monatlich	groß, für alle Zuckerbörsen
Private Willet & Gray, London	Zucker	dito	informativ, größerer Einfluß in Europa
F. O. Licht, Magdeburg	dito	monatlich	Weltbedeutung
Dr. Mikusch, Wien	dito	dito	international, jedoch nur informativ
Royal Bank of Canada, Montreal	Getreide	dito	wichtig für Chicago und Winnipeg
Zahlreiche Broker in Amerika	alle Rohstoffe	monatlich und sogar wöchentlich	Bedeutung verschieden, oft subjektiv

Statistiken von großem Einfluß auf die Warenbörsen

In der vorstehenden Tabelle sind wichtige Statistiken von internationaler Bedeutung für die Börsen zusammengestellt. Die meisten dieser Statistiken beziehen sich auf vermutliche Ernteaussichten. Man könnte die Liste noch viel weiter ausbauen. Es gibt Kautschukschätzungen der holländischen Regierung, Zuckerschätzungen der Kubaner, Baumwollschätzungen der englischen Spinnervereinigungen. Die für das internationale Spiel jedoch wichtigsten sind die Schätzungen oder „Forecasts“ für Weizen und Baumwolle. Denn in diesen beiden Naturprodukten, oder vielmehr in ihrem Börsenbegriff, wird seit Ende des vorigen Jahrhunderts das größte Börsenspiel getrieben. Alle anderen Spekulationen, sogar das Effektenspiel, stehen umsatz- und wertmäßig weit hinter ihnen zurück.

Die Ernteschätzungen oder Entwicklungsberichte über die Saat beeinflussen nicht nur die Tendenz, sondern setzen in der ganzen Welt die Spekulation in Bewegung. Wird in einem amerikanischen Baumwollrapport beispielsweise im Juni berichtet, daß sich die kommende Ernte schlechter zu entwickeln scheint, als es die vier Wochen vorher veröffentlichte Schätzung in Aussicht stellte, so steigen in der Regel die Baumwollkurse nicht nur in New York und New Orleans, sondern in Liverpool, Bremen, Le Havre, Bombay wenige Minuten nach Bekanntwerden der letzten Zahlen. So verhält es sich beinahe mit allen derartigen Veröffentlichungen der Regierungen. Die Warenbörse folgt diesen Statistiken mit fast sklavischem Gehorsam, und die großen Spekulanten machen sie infolgedessen weitgehend zu ihrer Spielbasis. Die überwiegende Anzahl der Spieler glaubt auch wirklich an die Statistik, die ihr Spiel sozusagen logisch macht und zu einer technischen Operation erhebt. Und statt auf Unfaßbares, auf das „feeling“ der amerikanischen Börsensprache zu spielen, glauben sie, den Mäander der Statistiken vor sich, mit Sicherheit durch Zahleninterpretierung Geld machen zu können. Aus diesem Grunde sind an allen Warenmärkten Hausse und Baisse zu rein technischen Vorgängen geworden. Auch über Spekulationen à la baisse denkt man dort viel hemmungsloser als an den Effektenbörsen. Man spielt in Weizen oder Leinsaat mit der gleichen Leichtigkeit auf Kursabstriche wie auf Kurssteigerungen. Geliefert wird ja im Prinzip auf kein Terminengagement.

Zahlenkampf um die La-Plata-Ernte

Da die Statistik heute an den Warenbörsen den obersten Tendenzfaktor darstellt, fehlt es nie an Spielern oder Spielergruppen, die sich bemühen, selbst einmal Statistik zu machen. Es ist nicht nötig, daß diese „Statistiker“ an ihre eigenen Zahlen glauben. Nötig ist vielmehr, daß die Verbreitung einer derart retuschierten Statistik Börsenwirkung erlangt und die vorher eingegangenen Positionen ihrer Verbreiter gewinnreich macht. Die größten statistischen Fälschungen weist stets wieder der Weizenmarkt auf. Ihre Technik ist verschieden. Ein besonders krasser Fall sei im folgenden näher geschildert.

Im Januar 1928 notierte an der Börse von Winnipeg der Bushel Weizen gegen 130 Cents. Zu dieser Zeit faßte der Westkanadische Weizenpool, der einen bedeutenden Teil der kanadischen Weizenproduktion kontrollierte, den Entschluß, eine große Haussepartie an den Börsen von Winnipeg und Chicago durchzuspielen. Dazu kaufte er — seine Gewinne waren in zwei vorhergehenden guten Jahren rasch gestiegen — etwa 50 Millionen Bushel Weizen vorsichtig bei einem Durchschnittskurs von 131 Cents in Winnipeg auf. Seine Verpflichtung von über 65 Millionen Dollar war mit weniger als 8 Millionen gedeckt. Die offiziellen kanadischen Ernteschätzer waren aus hier nicht näher zu untersuchenden Gründen dem Pool freundlich gesinnt. Die Weizenpreise hatten seit vier Monaten nur geringe Schwankungen aufgewiesen und bewegten sich in Chicago wie in Winnipeg innerhalb dieser Zeit zwischen 128 und 137 Cents. Ein Haussespiel in großem Ausmaße zur Tendenzbeeinflussung schien um so aussichtsreicher, als der Pool, wie gesagt, der wohlwollenden Neutralität der statistischen Autoritäten im eigenen Lande sicher war und vor April keine offizielle Schätzung des Weizenanbaus auf der Nordhemisphäre erscheint.

Die Kurse in Winnipeg begannen schon gegen Ende Januar anzuziehen. Da gelang es dem Pool, sich mit einer bekannten Spekulantengruppe des Weizenmarktes in Chicago, mit Julius Barnes und seinen Freunden, zu verbünden. Denn mit den Barnes-Leuten hatte er schon ein Jahr vorher eine erfolgreiche Haussepartie in Maiweizen in Winnipeg von 140 bis 157 Cents gespielt und einige Millionen Dollar daran verdient. Diesmal sollte das Syndikat aber noch mehr Gewinn einbringen. Die Barnes-Gruppe unternahm sofort einen großen Propagandafeldzug. Sie kabelte an alle ihre Geschäftsfreunde in den Staaten und in Europa, daß die kommende Ernte sehr schlecht ausfallen würde, und riet ganz offen zum Kauf von Weizen in Chicago. Die Tips wurden vielfach befolgt, und die Haussespekulation wirkte sich in den Kursen aus, die im Februar in Chicago schon auf 150 Cents stiegen.

Da kamen jedoch plötzlich offizielle Regierungsmeldungen aus Argentinien, die von einer ganz außergewöhnlich guten Ernte berichteten. Diese Meldungen drückten auf die nordamerikanischen Weizenmärkte, und in Chicago sanken daraufhin die Kurse von 150 auf 135. Barnes und der Pool spielten aber zusammen auf etwa 100 Millionen Bushel, also über 130 Millionen Dollar, und hatten auf ihren Kaufpreis durch die argentinischen Ereignisse schon jeder 5 Millionen Dollar verloren. Sie mußten also, wenn sie ihr aussichtslos erscheinendes Spiel gewinnen wollten, eine „Umarbeitung" der argentinischen Statistiken vornehmen. Spesen spielten da keine Rolle mehr. So wurde ein kleines Heer amerikanischer Ernteberichterstatter nach Argentinien entsandt. Die Kurse an den amerikanischen Weizenmärkten wurden täglich mit neuen Kabeln aus La Plata von den Barnes-Leuten „gestützt", die Märkte wurden immer größer, und die Tagesumsätze stiegen auf 120 bis 150 Millionen Bushel an. Die offiziellen argentinischen Ernteschätzungen aus Buenos Aires wurden mit allen Mitteln der geschickten amerikanischen Propagandatechnik unglaubwürdig gemacht, und die Weltspekulation begann die gefälschten Zahlen der Pool-Barnes-Gruppe zu glauben. Der Weizenpreis stieg weiter von 140 auf 175. In Chicago folgte man der Barnes-Propaganda sogar so weit, daß im April bereits der Kurs für greifbare Ware 215 Cents betrug.

Nachdem Barnes und der Pool je 50 Cents am Bushel, also jeder über 25 Millionen Dollar verdient hatten, gingen beide bei etwa 190 Cents aus ihren Engagements heraus, als sie nämlich erfuhren, daß die Argentinische Regierung die Tätigkeit ihrer „Erntekorrespondenten" in Buenos Aires verbieten wollte. Der argentinische Staatspräsident Irrigoyen gab eine öffentliche Erklärung ab, in der er die Methoden der Chicagoer Spekulation heftig kritisierte und den Nachweis erbrachte, daß die Statistiken Argentiniens richtig, die der nordamerikanischen Berichterstatter jedoch gefälscht waren. Die Barnes-Leute reisten darauf ruhig nach Chicago zurück, Irrigoyen sandte eine diplomatische Beschwerdenote nach Washington, der Weizenpreis in Chicago aber fiel wieder auf 150 Cents. Die Mitläufer erlitten schwere Verluste.

Es bleibt aber nicht nur ein Privileg der kapitalistischen Länder, Weizenstatistiken zu korrigieren. Im Frühjahr 1930 tagte in London eine Weltweizenkonferenz, auf der der Sowjetdelegierte die kommende russische Weizenernte mit 36 Millionen Tons gegenüber 20 Millionen im Jahr vorher offiziell veranschlagte. Die russische Handelspolitik drückte damals aus Propagandarücksichten auf die Weltmarktpreise. Die Erklärungen des russischen Delegierten verstimmten die Börsen sehr und trugen entscheidend dazu bei, den Weizenpreis in Chicago unter seine bei 100 Cents verteidigte Kursgrenze zu bringen. Die 1930 tatsächlich geerntete russische Weizenmenge erreichte 18 Millionen Tons.

Würmer, Wetter, Washington

Das Spiel mit der Statistik kann aber noch ganz andere Formen annehmen. Es gibt Länder mit etwas zurückgebliebener Statistik, wie Australien, Indien und die Balkanstaaten. Dort „machen" sich dann die großen ausländischen Weizenverschiffer häufig ihre eigenen Statistiken, die ansehnliche Marktwirkung erlangen können. Sie verstehen es aber auch, sich durch eine offene Hand Einblick in die amtlichen

Statistiken zu verschaffen und sie spekulativ zu verwerten. Vereinzelte Vorkenntnisse von Ernteschätzungen sind auch in Kanada vorgekommen, wo der bereits erwähnte Pool sie fast monopolisierte, bis er 1931 trotz solcher Wissenschaft zusammenbrach. In den Vereinigten Staaten kam es mehrfach zu ähnlichen Indiskretionen, die spekulativ mit großen Erfolgen ausgenutzt wurden und sich ebenso auf die Weizen-, wie auf die Baumwollstatistiken erstreckten.

Andererseits aber sah die amerikanische Regierung in den letzten Krisenjahren nach schärfster Baisse der Baumwollkurse, die auf Wall Street empfindlich drückten, den ersten Baumwollbericht des Jahres 1932 als korrekturbedürftig an. Man legte dem mit der Durchführung der Schätzungen betrauten Beamten des Agriculture Departement nahe, seine hohe, also preissenkende Schätzung vor ihrer Veröffentlichung am 10. Mai zu reduzieren. Er widersetzte sich diesem Wink und mußte seinen Wirkungskreis verlassen. Wobei allerdings die Frage, ob er oder sein Vorgesetzter an der Schätzungsänderung auch börsenmäßig interessiert waren, nicht beantwortet werden kann. Auf jeden Fall hat die Erfahrung der letzten zehn Jahre ergeben, daß die Schätzungen des Agriculture Departement in kursmäßig bewegten Epochen verschiedensten Einflüssen bis zur herbstlichen Veröffentlichung der Schlußzahlen unterlagen. In der letzten Krise der Rohstoffmärkte befleißigten sich die amtlichen Statistiken in den Staaten unglaublicher Diskretion über die von der Regierung aufgekauften Mengen. Was der Staat in seinen Speichern aufbewahrte, verschwand förmlich aus der Statistik. Erst später kam die Spekulation dahinter, daß sie auf getarnten Statistiken gespielt hatte.

Eine sehr große Rolle im Kampfe um die Statistik spielen in der Warenspekulation die Pflanzenkrankheiten. Besondere Spekulationsmomente sind da für den Weizen der Schwarzrost (black-rost) und für die Baumwolle der Baumwollwurm (boll-weevil). Alljährlich im Frühjahr wird in den amerikanischen Tendenztelegrammen der Broker von diesen Pflanzenschädlingen gesprochen. Ihr Vorkommen wird, da sie die mutmaßliche Ernte verringern, jederzeit als haussegünstig ausgelegt. Obwohl es keinen Kontrollmaßstab für diese Schäden gibt, die sich regelmäßig als stark übertrieben erweisen, so wird ihnen unweigerlich nachgespielt. Auch Wetterkatastrophen erfreuen sich in Börsenkreisen einer ganz besonderen Beliebtheit. Alle großen Überschwemmungen des Mississippi, der Weizen- und Baumwollregionen durchläuft, hatten stets stattliche Aufwärtsbewegungen der Kurse an den amerikanischen Rohstoffbörsen im Gefolge. Hagel ist ein altes, aber nur für lokale Märkte verwertbares Haussemotiv. Dafür wirkt der in subtropischen Ländern und in den Tropen oft auftretende Wirbelsturm an den Börsen außerordentlich kursbelebend. Bisher hat jeder Zyklon über Cuba, den Philippinen oder den Sunda-Inseln sofort nach seinem telegraphischen Bekanntwerden scharfe Haussen an den internationalen Zuckermärkten ausgelöst. Denn zunächst nimmt man einmal an, daß viel von der kommenden Ernte vernichtet sein wird. Alle Wetterkatastrophen werden an den Börsen, an denen sie bekannt werden, augenblicklich aufgebauscht. Man spielt darauf außerhalb der Länder, in denen sie vor sich gingen, und auf einen besseren Tornado in Cuba steigen die Zuckerbörsen von New York, Soerabaja, London und Paris mit der streng wissenschaftlichen Motivierung einer „zu erwartenden Reduktion der statistischen Vorratslage“.

Weizen-Corner

Die Lebhaftigkeit, mit der die Kämpfe um die Rohstoffstatistik durchgeführt werden, rührt von der Eigenart der Spekulanten her. Hier wird nur „ganz groß“ gespielt, und zwar von Leuten, die in der Branche sind. Die Mitläuferschaft der Outsider ist in Anbetracht der Umsätze, die gemacht werden, ziemlich bedeutungslos, auch wenn diese Umsätze in bewegten Spekulationsperioden einige Millionen Bushel Getreide oder einige hunderttausend Ballen Baumwolle erreichen. Sie stellen selbst dann nur wenige Prozent der gesamten Börsenverpflichtungen dar. Die großen Engagements an den Börsen stammen von den Produzenten oder ihren Organisationen, wie dem Weizenpool, dann von den Verladerfirmen, von den Händlern, den Rohstoffverarbeitern, wie Mühlen, Zuckerfabriken, Spinnern, und gelegentlich kommen auch Regierungen oder ihre Organe an die Rohstoffbörsen, um dort zu operieren. Es treffen sich daher vorwiegend große Aufträge, und da sich infolge dieser Tatsache noch eine sehr lebhafte Lokalspekulation gebildet hat, die den Börsen oft äußerst kühne Spekulanten stellt, sind die Kursausschläge immer erheblich. Monatliche Kursschwankungen von 20 Prozent in Weizen und in anderen Getreidesorten sind keine Seltenheit. Bei der Baumwolle betragen die Kursdifferenzen in vier Wochen sehr oft 30 Prozent. Sie erreichen in Zucker oder in Kaffee ebenfalls rasch 10 bis 20 Prozent und erhöhen dadurch den Anreiz zur Spekulation außerordentlich. Infolgedessen neigen alle diese Märkte gelegentlich zur Corner-Bildung. Corner gab es in den Nachkriegsjahren am häufigsten an den Getreidemärkten, die ja umsatzmäßig und an ihren Schwankungen gemessen die größten Börsenspiele der Welt aufweisen.

Einer der berüchtigsten Getreide-Corner ging im Januar 1925 in Chicago vor sich. Damals spielten dort am Weizenring einige große Spekulanten eine ausschlaggebende Rolle. Unter ihnen figurierten Arthur Cutten, Julius Barnes, die Gebrüder Armour von der Armour Grain Co. und der Kanadische Weizenpool. Es gelang ihnen, den Weizenpreis, der im November bis auf 136 gesunken war, unter heftigen Schwankungen innerhalb von wenigen Wochen auf über 200 zu bringen. Und da sich bei einem Kurse von 200 die Baissiers stürmisch eindeckten, wurde die Notiz an einem einzigen Tage gegen Ende Januar bis auf $220^1/_2$ getrieben. Die Gruppe Cutten und Konsorten hatte mit Millionengewinnen ihre Position glattgestellt. Als die Kurse über 210 gingen, begann die Cutten-Gruppe zu fixen und warf mit heftigen Verkäufen, die sie bei steigenden Kursen nur vergrößerte, den Markt bald wieder um. Die Kurse sanken, nachdem sie 220 erreicht hatten, wieder auf 173, stiegen jedoch hierauf neuerlich auf 200 und glitten dann im März 1925 auf 147. Die Weizenkurse bewegten sich damals in Chicago wie aus folgender Tabelle ersichtlich.

	Tiefster Kurs	Höchster Kurs
1924 November	136	167
Dezember	152	191
1925 Januar	173	220
Februar	173	216
März	147	208

Der Kurs von 220 ist seit dieser Schlacht an den Ringen, in der in Chicago täglich gegen 150 Millionen Bushel und in Winnipeg gegen 50 bis 60 Millionen umgesetzt wurden, nicht mehr erreicht worden. Die damaligen Tagesumsätze gingen über einen Kurswert von 360 bis 380 Millionen Dollar oder anderthalb Milliarden Mark und stellten ein Vielfaches der täglichen Umsätze von Wall Street in jener Zeit dar.

Die Corner-Bildung in Baumwolle, die wertmäßig gleich nach dem Weizenspiel rangiert, ist in der Nachkriegszeit selten geworden. Auch an den Zuckermärkten fehlen seit einigen Jahren richtige Corner. Dagegen weisen die Spekulationen in Reis, Kaffee, Tee und Ölsaaten, die an den Warenbörsen von Südamerika, Indien, Japan und Siam in größtem Umfange vor sich gehen, häufig Corner mit scharfen Kursdifferenzen auf, denen meistens rasch ebenso scharfe längere Baisseperioden mit entmutigter Spekulation folgen.

Spiel in Metallen

Das Spiel in Metallen ist, sowohl umsatz- als auch wertmäßig, bedeutend geringer als das Spiel in landwirtschaftlichen Rohstoffen. Es ist ja auch nicht als eine Spekulation auf das Wachstum oder auf die Natur im engeren Sinne zu betrachten. Hier sind vielmehr die ausschlaggebenden Spielgrundlagen anders geschichtet. Es wird da auch auf Naturschätze gespielt. In viel höherem Maße spielbeeinflussend sind aber die Metallproduktion und ihre Lagerhaltung in ihrem Verhältnis zum Verbrauch. Der Spielerkreis an den Metallbörsen ist auch kleiner als an den Börsen der landwirtschaftlichen Rohprodukte, weil es sich hierbei doch schon um ein großes und schweres Spiel für kapitalkräftige Leute, namentlich für industrielle Gruppen handelt. Außerdem ist es für die allgemeine Spekulation bedeutend leichter, in Metall-Shares zu spielen. Denn während die Wertpapierbörsen fast nirgends die Aktien von Getreide- oder Baumwollproduzenten in ihren Kurszetteln aufweisen, werden die Aktien aller bedeutenden Metallbergwerke seit Jahrzehnten börsenmäßig gehandelt. Und es ist schon ein Unterschied, ob man sich beispielsweise mit 100 Shares der International Silver für 1200 Dollar oder mit 25000 Unzen Standardsilber für 6200 Dollar ins Spiel begibt.

Alle Metallbörsen haben daher vorwiegend eine mit der Branche in engem Zusammenhang stehende Kundschaft, die vor den hohen Spieleinsätzen nicht zurückschreckt. Die Betätigung von Outsidern ist da, am Umsatz gemessen, noch geringer als an den Getreidebörsen. Die größten Spielobjekte der Metallbörsen stellen in Amerika Silber und Zinn dar, während die Kupferspekulation in New York durch die Preisregulierung des Kupferkartells nur geringe Betätigungsmöglichkeiten bietet. Größer in ihrem Umsatz und ihrer Bedeutung als die amerikanische Spekulation in Metallen sind die Spiele an der Londoner Metallbörse. In London werden alle nichteisenhaltigen Metalle terminmäßig gehandelt. Der englische Kupfermarkt und der von Zinn, Zink und Blei haben Weltbedeutung erlangt. In Nickel ist der Terminmarkt von Toronto (Kanada) tendenzführend in der Welt. In Gold gibt es keinen Terminmarkt, nur bedeutende Effektivmärkte in London und Bombay. In Silber übertreffen die Umsätze der Terminmärkte von Shanghai und Singapore die der New Yorker Börse. Eisen und Stahl sind merkwürdigerweise für die Börsen keine Metalle.

An den Metallmärkten haben einige bedeutende internationale Gruppen eine überragende Spekulationsbedeutung. So beeinflussen seit Jahrzehnten an den Kupfermärkten nicht nur Amerikas, sondern auch Londons Guggenheim & Sons, New York, die eine ganze Reihe von Kupferminen und Schmelzwerken kontrollieren, die Tendenz in starkem Ausmaße. Auch die Société Minière du Haut Katanga, die in Belgisch-Kongo große Kupferminen ausbeutet, übt einen beachtenswerten Einfluß auf die Kupferspekulation aus. Die Patino-Gruppe, die die Zinnvorkommen in Bolivien kontrolliert, daneben einige Zinnproduzenten der malaiischen Inselgruppen sind ausschlaggebend für die Tendenz am Zinnmarkt. Die Harriman-Gruppe ist wegen ihrer großen Interessen in der Zinkproduktion ein bedeutender Tendenzfaktor in der Zinkspekulation, und Sir Alfred Mond, nachmals Lord Melchett, spielte durch die Mond Nickel Co. eine große Rolle für den Nickelmarkt.

Von mächtigen Branchenaußenseitern gespielte Metallpartien haben sich in den letzten Jahren nur an den Silbermärkten von New York und London feststellen lassen. Diesen Spielen lagen jedoch meist über den reinen Börsenerfolg hinausgehende Absichten zugrunde. Verschiedene Haussesyndikate, zu denen Großaktionäre von Silberminen, aber auch Leiter großer Erdöltrusts gehörten, versuchten durch Bildung von Haussepools den Silberpreis zu heben, was ihnen nicht nur nicht gelang, sondern sehr große Verluste verursachte.

Spiel in Erdöl

Ein börsenmäßiges Rohstoffspiel mit Terminhandel hat sich bisher für das Erdöl nicht herausbilden können. Die direkte oder indirekte Beherrschung der Weltölproduktion durch einige wenige englische und amerikanische Trusts auf der einen Seite und durch die Sowjetunion auf der anderen Seite scheint die Schaffung solcher Zettelmärkte für Petroleum auch weiterhin zu unterbinden. Da jedoch mehr als 90 Prozent der Erdölproduktion der Welt in der Hand von Aktiengesellschaften liegen, so wählt hier die Spekulation die Aktie als Spielgrundlage. Es bleibt daher eine Spekulation auf Umwegen, weil ja, wie in jedem Aktienspiel, auch noch Finanzfragen der Gesellschaft, Geldmarktverhältnisse und andere Faktoren die Tendenz mitbestimmen. Nichtsdestoweniger erfreut sich das Spiel in Erdöl-Shares an allen Wertpapierbörsen besonderer Beliebtheit, und die Aktien der Standard Oil-Gesellschaften, sowie die der Royal Dutch oder der Shell Transport gehören mit zu den bekanntesten Spekulationspapieren der amerikanischen und der westeuropäischen Börsen. In der Vorkriegszeit zählten die hauptsächlich in Paris gehandelten Anteile russischer Erdölgesellschaften zu den wildesten Spekulationswerten der Bourse des Valeurs. Ganz große Kursschwankungen in diesen „Russenwerten“ gehörten selbst an ruhigen Tagen nicht zu den Seltenheiten. So kam es vor, daß die Anteile der Baku-Naphthagesellschaft im Jahre 1911 an einer sonst sich normal entwickelnden Börse bei einem Kurse von 3000 Goldfrancs einsetzten, innerhalb der gleichen Börse den Kurs von 6000 erreichten und zum Börsenschluß wieder 3000 notierten.

Die Erdölstatistik beeinflußt die Spekulation in Petroleum-Shares nur auf längere Sicht und wird vielleicht gerade aus diesem Grunde weniger „verschönt“, als das bei Statistiken für andere Rohstoffe der Fall ist. Der Rohstoffpreis ist den Spielern in Erdölaktien meistens weniger bekannt als die letzte Dividende, die das Unternehmen zahlte.

Ein Spiel mit der Natur im engeren Sinne hat sich aber in einer börsenähnlichen Form auch im Erdöl erhalten können. Es ist die heute noch in einigen Ölgegenden der Vereinigten Staaten mit Ausdauer gepflegte Beteiligung an Bohrungen nach Petroleum. Bei solchen Bohrunternehmen vereinigen sich in der Regel einige mittlere oder kleine Kapitalisten — es können auch Kinostars von Hollywood sein, in dessen nächster Umgebung ständig nach Öl gebohrt wird — zu einem Syndikat. Die Beteiligung daran ist höchst riskant, da sie sehr oft Nachschüsse auf den ursprünglichen Einsatz erfordert, und trägt eigentlich einen völligen Lotteriecharakter. Man kann, was selten vorkommt, ein Vielfaches seines Einsatzes gewinnen oder aber, was in der Mehrzahl der Fälle eintritt, seinen ganzen Einschuß verlieren. Die sporadischen Erfolge derartiger Bohrungen erhalten dieser Spielart jedoch einen ständigen Nachwuchs von Spekulanten.

Valorisierungen und Restriktionen

Einen ganz besonderen Spielanreiz bieten, ebenfalls auf statistischer Grundlage, Besprechungen, Pläne und Durchführungen zur Produktionsregelung von Rohstoffen. Bei der Valorisierung, die darin besteht, meist mit Regierungsgeldern Rohstoffe aufzukaufen und für längere Zeit einzulagern, orientiert sich die Spekulation in der Regel à la hausse. Im

Falle der Restriktion, die darauf hinausläuft, die Produktion landwirtschaftlicher Rohstoffe, in der Nachkriegszeit aber auch die von Metallen und Erdöl, einzuschränken, folgt die Spekulation nach beiden Tendenzrichtungen. Sie teilt sich in Haussiers mit Glauben an die Restriktion und in Baissiers, die die Restriktion bezweifeln. Und da man Restriktionen erst an ihren nach Monaten deutlich werdenden Erfolgen beurteilen kann, so ist das Spiel darauf weniger lebhaft als das auf Valorisationen, obwohl beide Maßnahmen den gleichen Zweck verfolgen, nämlich das Steigen der Preise.

Valorisationsspiele sind aber seltener als Restriktionsspiele. Bereits um 1800 wurden im Hafen von Bordeaux Kaffeeladungen ins Meer versenkt, um die Kaffeepreise zum Steigen zu bringen, was im Jahre 1931 in tausendfach größerem Maßstabe im Hafen von Santos in Brasilien zum gleichen Zwecke wiederholt wurde. Zu primitiven Valorisierungsmethoden zählte auch die Verwendung von Mais als Feuermittel für Lokomotiven in Argentinien, die Verbrennung von Weizen in den Vereinigten Staaten oder die einfache Verfütterung von Brotgetreide an das Vieh. Diese Maßnahmen haben aber nur eine lokale Preisauswirkung erzielt. Erst die großen Valorisierungen dieses Jahrhunderts ermöglichten an den Warenbörsen bedeutende Spielperioden.

Als erste wäre die Kaffeevalorisation des Jahres 1907 durch die Regierung von São Paulo in Brasilien anzuführen. Damals kaufte die Regierung im Laufe von 15 Monaten gegen 9 Millionen Sack Kaffee auf. Die dadurch erzielten Kurssteigerungen wurden von der Spekulation eifrig ausgenützt. Als die Spekulanten jedoch sahen, daß der Regierung die Mittel zu weiteren Ankäufen ausgehen würden, legten sie sich rasch entschlossen à la baisse und verdienten auch in dieser Richtung ansehnliche Summen, während die Regierung nur verlor. Ähnliche Versuche der Regierung von São Paulo, die dazu eigens sehr teure Anleihen aufnahm, wurden 1921 und 1930 mit gleich schlechtem Erfolge durchgeführt. Der Staat stand stets wieder als Verlierer einer gewinnenden Spekulation gegenüber.

Längere Zeit erfolgreich und das Spiel mit der Natur ungemein belebend wirkte sich die Kautschukrestriktion in

Britisch-Indien vom 1. November 1922 bis gegen das Jahr 1926 aus. Diese unter dem Namen Stevenson-Plan in die Wirtschaftsgeschichte eingegangene Operation brachte eine Kurssteigerung des Kautschuks von 6³/₄ d im Jahre 1922 auf 55³/₄ d im Dezember 1925, also von über 800 Prozent, mit sich. Die Weltspekulation folgte dieser Entwicklung nicht nur an den Terminbörsen für Kautschuk in London, New York, Paris, Bombay, Singapore und Soerabaja. Auch die Shares fast aller Kautschukgesellschaften, die in großer Anzahl in London und in Paris an der Wertpapierbörse notiert wurden, erlebten eine stürmische Hausse. Seit 1925 wurde jedoch die Restriktion des Kautschuks in Britisch-Indien nicht mehr vollständig wirksam. Neue Kautschukproduzenten in Niederländisch-Indien erhöhten das Angebot des Rohgummis auf den Weltmärkten, und die Spekulation zog sich gewinnreich aus ihren Verpflichtungen zurück. Ab 1926 legte sie sich an den Kautschukterminbörsen à la baisse, und am 1. November 1928 mußte der Stevenson-Plan bei einem Kurse von 8¹/₈ d außer Kraft gesetzt werden. Er hatte denen, die auf ihn spielten, große Gewinne eingebracht.

Weniger glücklich hat sich, nach ersten erfolgreichen Versuchen der Produktionsbeschränkung durch die Brüsseler Konvention von 1901, die Regulierung des Zuckerpreises in der Nachkriegszeit erwiesen. Bereits im Jahre 1927 versuchte Cuba mit dem Plane eines Weltzuckerpaktes, dem Tarafa-Projekt, die Zuckerpreise zu heben. Die Spekulation betrachtete das Projekt als nicht genügend wirksam.

Die Zuckerindustriellen und ihre Banken spielten, in der Hoffnung auf einen Erfolg der Restriktionspläne, à la hausse. Die amerikanische und nichtbranchenmäßig sehende Spekulation jedoch spielte à la baisse. Die Fachleute verloren in ihren Spekulationen von 1927 Geld, die nichtbranchenmäßigen Spieler dagegen erzielten Gewinne. Als an die Stelle des Tarafa-Planes im Jahre 1931 ein neuer Zuckerpakt, der Chadbourne-Plan, trat, folgte die Spekulation nur zögernd, da sie keine Wirkungsmöglichkeit des Plans in absehbarer Zeit vor sich sah. Und obwohl das Restriktionsprojekt erfolgversprechend schien, sank der Zuckerpreis trotzdem von 1931 bis 1932 um über 66 Prozent seines Wertes.

Völlig erfolglos blieben die Valorisierungsversuche der amerikanischen Regierung in Weizen und Baumwolle in den Jahren 1929 bis 1932. Zu ihrem Zweck wurde eine besondere Institution, der Federal Farm Board, gegründet. Dieser Farm Board kaufte in den Jahren von 1929 bis 1930 nicht nur einen großen Teil der nicht exportfähigen Überschüsse der amerikanischen Weizenproduktion auf, sondern auch ungefähr ein Fünftel der amerikanischen Baumwollernte des Jahres 1929. Außerdem aber benutzte er die ihm zur Verfügung stehenden Regierungsgelder zu großen Interventionen an den Terminbörsen für Weizen und Baumwolle. In den ersten Monaten seiner Aktivität folgte den Operationen des Farm Board die internationale Spekulation mit Hausse-engagements. Als sie sich jedoch von der ungeschickten Führung dieser Organisation überzeugte, legte sie sich in noch viel größerem Maße, als sie à la hausse gespielt hatte, à la baisse. Und der Farm Board, der seine Marktstützungen fortzusetzen versuchte, mußte nach einigen Monaten nutzloser Bemühung, wobei er hauptsächlich die von den Spekulanten gefixten Mengen erwarb, seine Operationen im Mai 1931 aufgeben. Seine Interventionen in Baumwolle und Weizen haben nach den Ende 1932 veröffentlichten Schätzungen über 600 Millionen Dollar gekostet. Die Effektivverluste an Weizen, den er bei 150 Cents kaufte und bei etwa 80 verkaufte, sowie an Baumwolle, die er bei 15 Cents erwarb und bei 6 Cents noch immer besaß, lassen sich noch nicht übersehen.

Eine der wenigen erfolgreichen Restriktionen bildete die Anbaureduktion ägyptischer Baumwolle im Jahre 1931/32. Sie wurde nur von einer lokalen Spekulation an der Baumwollbörse von Kairo ausgenutzt und konnte, weil sie sich mäßige Ziele steckte, auch den Erfolg einer etwa zwanzigprozentigen Preissteigerung innerhalb von wenigen Monaten verzeichnen.

Die Restriktionsbemühungen der Metallproduktion haben seit dem amerikanischen Krach von 1929 keine spekulationsbelebende Wirkung erzielt. Vor allen Verhandlungen zwischen den hauptsächlichen Produzentengruppen hoben sich wohl etwas die Kurse der betreffenden Metalle, über die man konferieren wollte. Aber die Spekulation glaubte da von vornherein nicht recht an einen Erfolg solcher Konferenzen. Tatsächlich zeitigten die verschiedenen Versuche zur Drosselung der Kupferproduktion keine Ergebnisse, die Zinnvalorisierung von 1929 in Banka und Billiton brachte ebenfalls keine Kursbesserung, auch die Versuche zur Hebung der Preise von Blei und von Zink verliefen im Sande. In der Nickelproduktion hat man gar nicht erst eine Produktionsregulierung versucht. Lediglich an den Effektenbörsen fanden alle Vorbereitungen von Restriktionskonferenzen für Metalle ein spekulatives Echo in den Marktgruppen der Metall-Shares.

Versuche zur Einschränkung der Erdölproduktion wurden von den großen Trusts seit 1927 unternommen. Zu irgendwelchen praktischen Erfolgen gelangten diese Versuche bis 1932 nicht. Die in den Vereinigten Staaten seit 1931 angewandte Politik der Petroleumrestriktion wirkte sich nur vorübergehend aus und fand kein Echo an der Börse. Die internationale Spekulation zweifelte an den Erfolgsmöglichkeiten und vernachlässigte aus diesem Grunde die sich ihr scheinbar bietenden Spielmöglichkeiten. Neue Konferenzen im Jahre 1932 wurden von der Spekulation ebenfalls kaum berücksichtigt. Die Börsenwirkung dieser Restriktionsversuche blieb auf ganz geringe Befestigungen verschiedener Öl-Shares an den Weltbörsen beschränkt und änderte nichts an dem Kursverfall, den die Rohölpreise wie auch die Erdölaktien von 1928 bis 1932 aufwiesen.

Sechstes Kapitel

SPIEL MIT DER TECHNIK

Die Spekulation bedarf der Phantasie. In der Frühzeit der Börse ist es das ferne Land, das die Phantasie der Spekulanten bewegt. Man spielt auf die noch unerschlossenen Kolonialländer. Die Ostindische und die Westindische Kompanie der Holländer, die englische East India, die

Hudson Bay, die South Sea Company, die französische Mississippi-Kompanie — allein schon die Namen der ersten großen Aktiengesellschaften eröffnen dem Spieler eine Welt kühnster Hoffnungen. Aus dem fernen Land, von dem man nicht viel mehr weiß als abenteuerliche Seemannsgeschichten, sollen die unermeßlichen Reichtümer kommen, die die Börse schon in ihren Kursen vorwegnimmt.

Mit dem Krach der South Sea Company und der Mississippi-Gesellschaft, um das Jahr 1720, ist diese erste Glanzzeit der Börse vorbei. Die Pariser und die Londoner Börse werden unter schärfere Kontrolle gestellt, und auch in Amsterdam wird man vorsichtiger. Die Spekulation versimpelt und verbürgerlicht sich, Staatspapiere und kleinere inländische Gesellschaften behaupten das Feld, voran, als letzte romantische Zuflucht der Börsenphantasie, die Fischereigesellschaften, die ja auch, wie die Kolonial-Kompanien, Beute von weit her bringen sollen, denen die Abenteuerlichkeit der Seefahrt anhaftet.

Eine neue große Spekulationsperiode hebt erst wieder an, als die Technik die Wirtschaft erobert. Die Dampfmaschine wird auch für die Börse die gewaltige Triebkraft. Fortschritte der Technik sind von nun an das Phantasieelement, das den Spekulantengeist von Hoffnungen zu Enttäuschungen führt und tags darauf schon wieder neue Hoffnungen in ihm weckt. Von den ersten Booms in Dampfboot-Shares, die in Wall Street schon zur Zeit der Napoleonischen Kriege vor sich gingen, bis zu den Käufen der Superklugen, die bei den Versuchen der Ozeanüberquerung durch französische Flieger gleich die Aktien der Flugmotorenfabrik an der Pariser Börse in die Höhe trieben, fand fast jede technische Leistung an der Börse ihren Widerhall. Die Spekulation, immer darauf bedacht, Zukünftiges vorwegzunehmen, möchte auch auf technischem Gebiet heute schon in bare Münze prägen, was morgen erst wirkliche Erträge bringen kann.

Die Börse liebt die Technik, sie sieht in ihr das Wunder, die Überraschung, das ewig Neue. Der größte Teil der Spieler, vom Amateur bis zum führenden Animator, ist technisch unkundig. Aber ebendeshalb erhöht es das

Selbstgefühl des Spekulanten, von den Wunderdingen der Technik wie von etwas ganz Vertrautem zu sprechen. An der Börse redet man gern von Kilowattstunden, von Walzstraßen, von chemischen Synthesen, von Polarisationsebenen. Je komplizierter der Begriff, desto selbstverständlicher geht das Wort über die Lippen des Spielers. Die technische Nomenklatur dient, auch wenn man nicht genau weiß, was damit gemeint ist, als Legitimation für eine noch so waghalsige Börsenverpflichtung. Denn der „Spieler auf technischen Fortschritt" glaubt sich dem gewöhnlichen Spieler weit überlegen.

Natürlich machen sich manche Gesellschaften, und erst recht die Börsenvermittler, diesen seltsamen Ehrgeiz des Spielers zunutze, indem sie mit technisch sehr ausführlichen Prospekten um das Vertrauen der Spekulation werben. Alle möglichen Betriebs- und Verwendungsdetails werden da, nicht gerade in besonders klarer, aber dafür sehr fachmännisch klingender Darstellung, als Haussemomente unterstrichen. Der technisch gewürzte Tip zieht besser als jede andere Spielempfehlung. Besonders der sich seriös gebende Spekulant reagiert eher auf einen Tip, der mit einer unkontrollierbaren Anzahl installierter Pferdekräfte eines Wasserkraftwerks ausgeschmückt ist, als auf den wohlmeinenden Hinweis, einem Syndikat in einer Warenhausaktie nachzuspielen. Denn die Technik imponiert eben dem Spieler.

Aus dieser besonderen Gedankenrichtung geht jedoch noch ein anderes wichtiges Argument der Spekulation hervor: Spiel auf Technik ist Operation auf lange Sicht, also schon beinahe „Anlage". Die meist völlig irrige Vorstellung, die das Publikum von technischen Erzeugnissen und ihrem Absatz hat, trägt dazu sehr viel bei. So hört man von Leuten, die Aktien einer Elektro-Gesellschaft besitzen, stets wieder die Begründung: elektrischer Strom wird doch jederzeit gebraucht. Die Spekulanten in Gaswerten oder in Shares von Wasserwerken sehen wieder in ihrem eigenen täglichen Verbrauch an Gas und Wasser eine Sicherung gegen die Baisse dieser Werte.

Schließlich aber gewinnt das technische Argument noch eine Bedeutung bei der irrationalen Börsenberechnung des

„inneren Werts“ einer Aktie. Wo Hochöfen emporragen, die Millionen gekostet haben, oder wo die größte Papierfabrikationsmaschine der Welt steht, wo Transformatorenwerke vorhanden sind oder Ferngasanlagen, da glaubt der Spieler irgendwie gegen das Wertloswerden seiner Aktien gesichert zu sein. Die letzte Krise hat in zahllosen Fällen die Gefahren dieser Logik erwiesen. Aber die bittersten Erfahrungen werden nicht verhindern, daß der technische Fortschritt ob seiner Mischung aus Zweckmäßigkeit und Mystik auch weiterhin ein wichtiges Spielargument der Börse bleiben wird.

Wer finanziert Erfindungen?

Obwohl an den Börsen so gern über Erfindungen oder Entdeckungen neuer Herstellungsverfahren gesprochen wird, ist es heute doch schwer geworden, technische Neuerungen direkt über die Börse zu finanzieren. Bei Erfindungen, die von Einzelpersonen gemacht werden, ist das in der Regel schon deshalb kaum möglich, weil die meisten Börsen durch die Strenge ihrer Zulassungsbedingungen für neue Werte die Notiz von Erfindungsaktien unterbinden. Der Weg, den eine Erfindungsfinanzierung durch Banken und Kapitalistengruppen nimmt, geht vielmehr über die Gründung einer sogenannten Studiengesellschaft. Lassen sich die praktischen Versuche günstig an, so bringen es die Aktien dieser Gesellschaft manchmal schon bis zum Freiverkehr, also bis zum inoffiziellen Börsenhandel. Zu bedeutenden Spekulationen in solchen Werten kommt es aber nur selten.

Dagegen sind Erfindungen im Rahmen einer bereits bestehenden Gesellschaft in der Regel Haussemomente für ihre Aktien. So löste beispielsweise die Vervollkommnung des Radioapparates, den die Radio Corporation of America im Oktober 1928 in den Handel bringen wollte, bereits im März des gleichen Jahres eine Hausse ihrer Aktien um über 30 Prozent aus. Ein großes Haussesyndikat und viele Nachläufer folgten dabei einem völlig unkontrollierbaren Tip. Ähnlich verhielt es sich mit einer allerdings ihrem Umfang nach viel geringeren Spekulation in den Aktien der schwedischen Elektrolux-Gesellschaft. An den Börsen von Stockholm und New York spielte man im Frühjahr 1929 auf die großen Gewinne, die das Unternehmen aus einem neuen Modell seines Staubsaugers erzielen sollte, und trieb die Kurse um 10 bis 15 Prozent in die Höhe. Auch der Kurs der Siemens-Aktien stieg zu verschiedenen Malen an der Berliner Börse auf Grund neuer Erfindungen.

Schon die bloße Erwerbung von Patenten oder Lizenzen durch bestehende Unternehmungen löst in günstigen Börsenkonjunkturen fast stets eine Hausse in den Aktien der Gesellschaft aus. In solchen Fällen ist es sogar möglich, die Finanzierung der Erfindungen oder der neuen Verfahren mit Hilfe der Spekulation vornehmen zu lassen: das Unternehmen erhöht sein Kapital und placiert die jungen Aktien über die Börse. So erhöhte eine Reihe von nordfranzösischen Kohlengruben-Gesellschaften in den letzten Prosperitätsjahren ihr Aktienkapital, um die von ihnen erworbenen Patente und Lizenzen zur Kohlenverflüssigung zu finanzieren. Die Spekulation folgte diesen Operationen rasch durch Haussepartien in den betreffenden Aktien. Sie konnte damals nicht voraussehen, daß all diese Investierungen später zu Verlustquellen für die Unternehmungen werden sollten.

Ein besonderes Motiv für langandauernde Haussespekulationen in I. G. Farben-Anteilen war in den Jahren 1926 bis 1927 die Erwerbung des Bergius-Verfahrens — „Benzin aus Kohle“, wie man damals hoffnungsfreudig meinte — durch die Gesellschaft. Obwohl sich die Spekulanten über die Kommerzialisierung dieses Verfahrens kein Bild machen konnten und seine Einzelheiten ihnen völlig verschlossen blieben, so entfachten sie doch auf Grund technischer Tips eine „Bergius-Hausse“ in Farben-Aktien, gegen deren Überspannung die Leitung der I. G. Fabenindustrie vergeblich ankämpfte. Weit über Deutschland hinausgehende Anlagekäufe mit technischer Motivierung erfolgten im Jahre 1928 in Aktien der Dessauer Gasgesellschaft. Diesen Käufen, an denen auch die Spekulation in Frankreich, England und den Vereinigten Staaten wacker teilnahm, lagen die großen Erwartungen des Ausbaus einer Ferngasleitung zugrunde. Der

Bau dauerte indessen länger als die dadurch angeregte Hausse, und mit dem Abebben der Hochkonjunktur verflüchtigten sich auch schnell wieder die Ferngas-Träume der Börse.

Die Jahreszahlen aller dieser Beispiele zeigen, daß Spekulationen auf neue Erfindungen eine Spezialität guter Konjunkturen sind. In Depressionsperioden kaufen die Gesellschaften zwar auch gelegentlich neue Patente auf, aber nur, um sie in feuersichere Safes zu legen. An ihre Verwertung wagen sie sich nicht so leicht heran, und tritt dieser Fall doch ein, so spielt man darauf nicht, auch wenn die Erfindungen noch so bedeutsam sein mögen. In Hausseperioden dagegen kann jedes unbedeutende neue Patent bei geschickter Lancierung der Tips durch ein Syndikat ein Heer von Mitläufern hinter sich herziehen.

Das Dampfboot schlägt Wellen

Der Eifer, mit dem die Börse auch in unserer Zeit jeder Erfindung folgt, erscheint aber doch matt und abgestumpft im Vergleich zu der Leidenschaftlichkeit, die vor hundert Jahren, beim Aufkommen der großen technischen Neuerungen, die Spekulanten erfaßte. Dampfschiffahrt und Eisenbahn hätten ohne den Motor der Spekulation sicherlich nicht so rasch die Welt erobert. Niemand wird der Börse das Verdienst absprechen, das sie sich — gleichviel aus welchen Motiven — um die Durchsetzung der neuen Verkehrstechnik erworben hat. Dabei war es für die meisten Spekulanten ein höchst dornenvoller, und gewiß war es auch kein sehr rationeller Weg, den da die Wirtschaft unter der Ägide der Börsenspieler einschlug. Die finanzielle Verlustliste jener Jahrzehnte kann sich durchaus mit den Einbußen der letzten Nachkriegskrise messen. Damals wie heute überschätzten die Spekulanten die Gewinnmöglichkeiten der Gesellschaften, die sich auf dem technischen Fortschritt aufbauten. Sie sahen bei den technischen Umwälzungen nicht die Schattenseiten der Technik und die Grenzen ihrer Verwertbarkeit.

Es ist wohl kein Zufall, daß das erste große Börsenspiel auf die Technik sich nicht an zeitlich vorangehende bahnbrechende Verbesserungen der Industrietechnik — an die Erfindung des mechanischen Webstuhls, der Spinnmaschine und der mit Dampf betriebenen Fabrik — knüpfte, sondern an das Dampfboot. Ein Schuß Romantik steckte darin. Unmittelbar nachdem im Jahre 1807 Fulton auf dem Hudson das erste brauchbare Dampfboot vorgeführt hat, bemächtigt sich die damals noch in ihren Anfängen stehende New Yorker Börse dieser Erfindung. Die Gründungen von Dampfschiffsgesellschaften jagen einander, und als 1819 die erste Versuchsfahrt eines Dampfbootes auf dem Atlantik gelingt, schäumt Wall Street über vor Begeisterung. Das Dampfboot wird gleichsam die Brücke über den Ozean bilden, auf der jährlich Hunderttausende aus Europa herüberkommen, um an dem großen Pionierwerk mitzuhelfen.

In diesem ersten Taumel fragt kein Mensch danach, ob die bestehenden Dampfbootgesellschaften denn auch schon rentabel arbeiten. Die Aktienkurse der Steam Ship Companies steigen zu schwindelhafter Höhe, ohne daß auch nur eine von ihnen Dividenden zahlen kann, und immer noch werden neue Gesellschaften gegründet. Als 1824 das Spekulationsfieber seinen ersten Gipfelpunkt erreicht, werden an der New Yorker Börse bereits für 52 Millionen Dollar Dampfbootaktien gehandelt. Das folgende Jahr bringt einen neuen gewaltigen Boom, und so geht es fort, bis in den dreißiger Jahren allmählich die Ernüchterung eintritt und der schwere Börsenkrach von 1837 den meisten amerikanischen Dampfschiffsgesellschaften ein jähes Ende bereitet. Nun endlich erkennt man auch in Wall Street, daß eine gute Erfindung noch ein sehr schlechtes Geschäft sein kann. Jahrzehnte vergehen, bis im Einwanderungsverkehr der Dampfer das Segelschiff verdrängt und die Dampfschiffahrt mehr wird als ein kostspieliges Luxusunternehmen. Vielleicht haben diese ersten peinlichen Erfahrungen mit dazu beigetragen, daß die Schiffahrt derjenige Wirtschaftszweig geblieben ist, um den sich die Amerikaner am wenigsten gekümmert haben. Bis zum heutigen Tage gibt es an der New Yorker Börse keine Schiffahrtsaktien von allgemeinem spekulativen Interesse.

Etwas später, aber dafür auf soliderer technischer und organisatorischer Grundlage, entwickelt sich auf der anderen Seite des Ozeans das Börsenspiel in Dampfbootaktien. Immerhin bestehen im Jahr 1824 in London, damals dem mächtigsten Börsenplatz der Welt, nicht weniger als 624 Dampfschiffahrtsgesellschaften mit einem Kapital von 379 Millionen Pfund. Auch von diesen überlebt, nach ein paar glücklichen Boom-Perioden, nur eine kleine Zahl das Krisenjahr 1837. Obwohl England in der Schiffahrt unumstritten die Führung behält und die englische Wirtschaft daraus großen Gewinn zieht, läßt doch auch hier das spekulative Interesse nach. Jedenfalls wird das Spiel in Reederei-Aktien zum üblichen Wirtschaftsspiel. Die technischen Vervollkommungen, etwa die Erfindung der Schiffsschraube, finden an der Londoner Stock Exchange kaum noch ein spekulatives Echo.

Erst im Weltkrieg und vor allem in den Jahren von 1919 bis 1921 bildeten Schiffahrtsaktien infolge der Frachtraumnot, die mit steigenden Gewinnen der Gesellschaften verbunden war, wieder ein beliebtes Spielobjekt. Durch die seit 1926 beinahe ununterbrochene Baisse der Frachtraten wurden jedoch fast alle Schiffahrtsgesellschaften passiv und auf staatliche Subventionierungen oder Sanierungen angewiesen, worauf die Spekulation nicht gern spielt. Lediglich einige technische Verbesserungen im Schnellverkehr über den Atlantik, wie die Verminderung der Fahrtdauer auf viereinhalb Tage durch die Norddeutschen Lloyd-Dampfer, führten Kurshaussen herbei. Im übrigen aber sind Schiffahrtsaktien für die Spekulation uninteressant geworden.

Eisenbahnfieber

Die amerikanische Spekulation hatte von 1820 bis 1830 an Spielen in Dampfbootaktien bedeutende Gewinne erzielt. Die Mode des Spiels auf technische Fortschritte war noch durch keinen Krach getrübt, als im Jahre 1830 die erste Eisenbahn dem amerikanischen Publikum vorgeführt werden konnte. Bereits im gleichen Jahre wurden die Shares der Mohawk-Hudson Railway in Wall Street eingeführt.

Damit war eine ganz große, mit kurzen Unterbrechungen bis zum Weltkrieg dauernde Spielepoche in Railroad Shares eröffnet. Die Finanzierung der amerikanischen Eisenbahnen ging ausschließlich auf dem Börsenwege vor sich und stellt eines der wildesten Kapitel im internationalen Börsenspiel überhaupt dar.

In England machte die Börsenfinanzierung der Eisenbahn anfangs langsamere Fortschritte. Die erste Eisenbahn von Stockton nach Darlington wurde schon im Jahre 1825 dem Verkehr übergeben. Erst gegen 1833 aber begann man in Eisenbahnaktien und hierauf schon sehr bald in Eisenbahnkonzessionen zu spielen. An spekulativem Überschwang ließen es auch die Engländer nicht fehlen. Im Mittelpunkt dieser Ära steht der große Spieler George Hudson, um dessen Namen sich nach erfolgreichen Spekulationen in Eisenbahn-Shares der Nimbus eines Eisenbahnkönigs legt. Mehrere hundert Millionen Pfund sind von 1830 bis 1845 von den Spielern in Railway Stocks gesteckt worden. Im Jahre 1846 wurden über die Londoner Börse der Eisenbahnfinanzierung noch einmal 132 Millionen Pfund zugeführt. Im Oktober 1847 folgte auf diese übertriebenen Finanzierungen und auf den gewaltigen Kursanstieg der Eisenbahnaktien der große englische Krach, in dem ein erheblicher Teil der in diesem Spiel mit der Technik investierten Gelder verloren wurde. Gesellschaften mit einem Kapital von insgesamt 75 Millionen Pfund brachen zusammen und verschwanden vollkommen.

Auch in Deutschland führte die Eisenbahnspekulation zu abenteuerlichen Börsenbooms, die mit einem schweren Krach endeten. Die Spekulationsbewegung gründete sich auf die Eisenbahnunternehmungen Henry Bethel Strousbergs, der in den sechziger und anfangs der siebziger Jahre des vorigen Jahrhunderts ein halbes Dutzend großer Bahnstrecken baute. Der Gründerkrach von 1873, der die gesamte Börse umwarf, führte zur Verstaatlichung der deutschen Eisenbahnen, so daß seit 1879 die Eisenbahnaktien als großes Spielobjekt der deutschen Börsen ausschieden.

Frei von gewaltigen Rückschlägen blieb die Eisenbahnkonjunktur in Österreich und Frankreich. Auch hier wurden die Bauten zum Teil über die Börse finanziert, aber die damals übermächtige Bankgruppe Rothschild hielt die Spekulation in gewissen Grenzen. In Österreich nahmen die Rothschilds mit Hilfe der Börse im Jahre 1836 den ersten Eisenbahnbau auf der Strecke Wien—Bochnia in Angriff und gründeten dazu die erste moderne Aktiengesellschaft der alten Doppelmonarchie. Der Spielanreiz für Eisenbahnaktien war damals in Österreich schon so stark, daß die dem Publikum überlassenen Aktien siebenmal überzeichnet wurden. In Frankreich finanzierten die Rothschilds seit dem Bahnbau der Linie Paris—St. Germain (1837) und der Chemins de Fer du Nord (1845) die Bahnbauten vollständig über die Börse.

Das wechselvolle Schicksal der Eisenbahnaktien hat — im Gegensatz zu den Schiffahrtswerten — ihrer Börsenbeliebtheit keinen Abbruch getan. Der rein spekulative Anreiz verblaßte auch hier nach und nach. Aber seit Ende des vorigen Jahrhunderts bis in die Nachkriegszeit galten Eisenbahnanteile als beste Anlagewerte, weil ihre Besitzer davon überzeugt waren, daß man in Eisenbahnen ja stets fahren würde. Bis mit der zunehmenden Verbreitung des Automobils eine fast jahrhundertalte Spieltradition ihrem Ende zuneigte. Seit 1930 herrscht in Europa und in Amerika die große Eisenbahnkrise, die durch den zunehmenden Staatseinfluß bei den Gesellschaften zum Ausdruck kommt — und auch da wollen die Spieler nicht Associés des Staates sein. Jede Eröffnung eines Staatskredits für eine Eisenbahngesellschaft wird von den Baissiers zum „Spiel auf überholte Technik" benutzt.

Auto und Flugzeug

Während die Börsen das Dampfboot und die Eisenbahn sehr rasch zum Spielobjekt in Aktienform machten, dauerte das beim Automobil bedeutend länger. Das erste praktisch verwendbare Auto wurde 1880 gezeigt. Vor 1900 kann man jedoch noch von keiner Aktiengesellschaft mit spielbaren Auto-Shares an den Börsen sprechen. Die Spekulation traute dieser Erfindung, die zuerst nur dem Sport und dem

Vergnügen der reichen Leute zu dienen schien, nicht. Die Autowerke von Daimler, Berliet, Peugeot, Fiat wurden gegen Ende des vorigen Jahrhunderts gegründet, aber nicht von der Börse her finanziert. In Amerika begann sich bei den Packard Werken um die Jahrhundertwende die Spekulation auf lange Sicht einmal vorsichtig durch Aktienerwerb zu engagieren. Aber auch in den Vereinigten Staaten war das Spiel in Auto-Shares ohne Bedeutung bis zum Krieg.

Erst nachdem im Weltkriege das Auto als Massenbeförderungsmittel sich erprobt hat, hält es Wall Street für wert, darauf zu spielen. Seit 1916 erfreuen sich die Aktien der General Motors Corporation und der Nash Motors Co. zunehmender Beliebtheit, während Ford als erbitterter Börsengegner seine Gesellschaft Wall Street fernhält. Nach dem Kriege folgt auch Europa der Spekulation in Autowerten. Die Fiat-Aktien in Mailand, die Citroën-Aktien in Paris, die Anteile der Bayrischen Motorenwerke und andere werden von den Spielern bald als ausgezeichnete Spekulationswerte angesehen. Ihrer Kursbildung legt man mit der wachsenden Verbreitung des Automobils eigene Bewertungsmaßstäbe zugrunde. Man spekuliert auf den Absatz der Werke, der sich in Wall Street sogar zum allgemeinen Tendenzelement entwickelt hat. Man spielt auf die erhöhten Absatzmöglichkeiten des jeweils neuesten Automodells, man spekuliert auch auf Ausstellungserfolge der Fabriken. Der alljährlich im Herbst in Paris stattfindende Auto-Salon wird mit Vorliebe von kleinen oder größeren Syndikaten zur Erzielung eines Kursauftriebs der Citroën-Aktien benützt. Ähnliche Vorgänge lassen sich an der Stock Exchange gelegentlich der alljährlichen Londoner Automobilausstellung feststellen.

Wenn auch die Erfindung und die erste Einführung des Automobils nicht über die Börse finanziert worden sind, so haben die Spekulanten doch den überwiegenden Teil der Summen, die nötig waren, um das Automobil technisch zu vollenden, der Industrie durch ihre Aktienerwerbungen zur Verfügung gestellt. Die Autoaktien haben sich an allen Börsen der Welt, trotz Krise und größten Kursverlusten, als sehr beliebte Spielpapiere erhalten. Beim ersten Aufflackern der Hausse im Jahre 1932 wurden Autowerte wieder munter in die Höhe getrieben, in der Erwartung, daß die Krise sich dem Ende zuneige.

Schneller als auf die ungefügen, ratternden Autodroschken hat die Börse auf die ersten Flugzeuge reagiert. In den „Luftdroschken" schien mehr Phantasie, mehr Zukunftswert zu stecken. Solange Fliegen noch ein halbes Akrobatenkunststück todesmutiger Erfinder war und die längsten Flugzeiten nach Minuten zählten, brachte freilich auch die Börse dafür nur Bewunderung und kein Geld auf. Die Vorführungen der Brüder Wright und die erste Kanalüberquerung im Flugzeug durch Blériot wurden noch nicht von Börsenspielen begleitet. Aber vom ersten Streckenflug im Jahr 1907 bis zur Gründung der ersten Flugzeuggesellschaft in den Vereinigten Staaten, der Curtiss Flying Service Inc., vergingen nur drei Jahre. Die Aktien dieser Gesellschaft wurden bereits durch öffentliche Zeichnung abgesetzt.

Während des Krieges übernahm allenthalben der Staat die Finanzierung und den Ausbau des Flugwesens, und nachdem so der Grundstein zu einer Großindustrie gelegt und die Technik hinlänglich vervollkommnet war, begann nach dem Weltkriege das Börsenspiel in Flugzeugaktien sich einzubürgern. Den Anfang machte wiederum Wall Street. Die Shares der Curtiss-Wright Corporation, der Bendix Aviation Co. und vor allem der United Aircraft wurden begehrte Spekulationsobjekte.

Der Krach von 1929 hat zwar auch die Kurse der Flugzeugaktien dezimiert und eine Reihe von Gesellschaften völlig vernichtet. Aber einige Flugzeug-Shares hielten sich auch in der schwersten Krisenzeit in der Gunst der Spekulanten. Nur spielte man jetzt nicht mehr auf neue Modelle, sondern auf den Absatz, mochte er sich auch in noch so engen Grenzen halten. Eine Bestellung der brasilianischen Regierung auf 40 Flugzeuge, für die die Zahlung erst nach Ablieferung zu leisten war, entfachte 1932 eine Sonderhausse in United Aircraft. Die fortschreitende Popularisierung des Flugzeugs scheint dem Spiel in Flugzeugaktien, das sich außerhalb Amerikas noch nicht recht entwickelt hat, beträchtliche Möglichkeiten mit Booms und Breaks für die Zukunft vorzubehalten.

Das Elektro-Wunder

Das große Börsenspiel auf die Technik ist seit der zweiten Hälfte des neunzehnten Jahrhunderts das Spiel in Elektrowerten. Man kann hierbei nicht sagen, daß die Börse ihrer Zeit vorausgeeilt wäre, daß sie etwa aus spekulativem Geist den Erfindern den Weg geebnet hat. Sie hilft erst mit, sobald die Wissenschaft konkrete Erfolge vorweisen kann. Dann aber spannt die Spekulation die finanziellen Kräfte des Landes gewaltig ein und führt sie jedesmal zu einer Überanstrengung, die in einem akuten Nervenchok, im Börsenkrach, mündet. Dreimal im Lauf der letzten siebzig Jahre hat sich dieses Elektro-Schauspiel wiederholt, fast genau in den gleichen Formen und in den gleichen Zeitabständen: beim elektrischen Telegraphen, beim elektrischen Licht und schließlich in unseren Tagen bei der elektrischen Kraft, beim Ausbau der großen Überlandzentralen.

Der erste Elektro-Boom kommt mit der Errichtung der Fernkabelleitungen. Hier ist die Börse ja unmittelbarster Interessent. Denn sie braucht die „Nachricht", und wenn schon keine anderen, so doch die Kursnachrichten der ausländischen Börsen. Als der amerikanische Kaufmann Cyrus W. Field sich daran machte, das erste Ozeankabel zu legen, stellte ihm denn auch, während die Regierungen noch streikten, das englische Spekulantenpublikum mehrere hunderttausend Pfund zur Verfügung. Das Gelingen der ersten Kabellegung über den Atlantik nach elfjährigen unendlichen Mühen im August 1866 wird zu einem Festtag für die Londoner Stock Exchange, ebenso wie für Wall Street. Denn von nun an kann man beinah zur selben Stunde erfahren, was jenseits des Ozeans an der Börse vorgeht, von nun an gibt es erst im eigentlichen Sinne des Wortes Weltbörsen.

Im Jubeltaumel über den technischen Erfolg stürzte sich die Spekulation auf Kabel-Shares, als ob künftig die ganze Menschheit von morgens bis Mitternacht mit fremden Erdteilen telegraphieren wollte. Als Werner von Siemens 1868 zur Finanzierung der ersten Kabelleitung von England nach Indien die Indio-European Telegraph Company gründet, wird das Aktienkapital von 450000 Pfund in Deutschland und Rußland spielend gezeichnet. Siemens braucht zur Durchführung der Emission nicht einmal die Banken zu bemühen. In England reißt man sich zu gleicher Zeit um die neuen Aktien für das Rote Meer-Kabel. Die Kabelhausse bringt die ganze Londoner Stock Exchange in Aufwallung, bis in den siebziger Jahren der erste Elektro-Boom zusammenbricht.

Das nächste Elektro-Wunder, das die Börsen fasziniert, vollzieht sich in Amerika. Am Neujahrstage 1880 führt Edison einem Kreis prominenter New-Yorker Geschäftsleute in Menlopark die erste Glühlampen-Illumination vor. In dem Wald, der das Laboratorium umgibt, leuchten plötzlich aus der Dunkelheit siebenhundert geheimnisvolle Lichter auf. Tags darauf steigen die Aktien der Edison Electric Light Company, für die vorher kein Käufer zu finden war, in Wall Street von 106 auf 3000 Dollar. In Europa brauchte die Edisonsche Glühbirne, so rasch sie sich auch technisch durchsetzte, längere Zeit, um an der Börse gebührend beachtet zu werden. Die von der Gründerkrise schwer durchgeschüttelte Spekulation hatte noch keine rechte Courage, um sich an die Finanzierung neuer Erfindungen zu wagen. Zudem kamen äußere Hemmungen, die noch vom ersten Elektro-Boom herrührten. Um eine Wiederholung der Überspekulation zu verhindern, wie sie beim Spiel in Kabelwerten aufgetreten war, entschloß sich die englische Regierung zu einem radikalen Schritt: sie erließ 1880 die Electric Lighting Act, wodurch die elektrischen Beleuchtungsanlagen für 20 Jahre zum Staatsmonopol erklärt wurden.

In Deutschland erschienen solche Vorbeugungsmaßnahmen nicht nötig. Die von Emil Rathenau begründete Deutsche Edison-Gesellschaft, die Vorläuferin der AEG, mußte sich jahrelang mit der Finanzierung durch Bankkonsortien begnügen, bevor sie sich an den freien Kapitalmarkt wenden konnte. Erst 1889, als schon die ganze Berliner Innenstadt mit elektrischem Licht versehen war, konnte die AEG eine Aktienemission zur öffentlichen Zeichnung auflegen, und unmittelbar darauf wurden die

Aktien an der Berliner Börse eingeführt. Nun aber war der Bann gebrochen. Noch im selben Jahr stiegen die AEG-Aktien von 165 auf über 200 Prozent. Die anderen Elekro-Firmen wurden auch flugs in Aktiengesellschaften umgegründet und rückten, unter ständigen Kapitalerhöhungen, an die Börse nach. Bis zur Jahrhundertwende waren bereits mehrere hundert Millionen Mark in Elektrizitätsaktien investiert. Aber das war fürs erste denn doch zuviel des Guten. Die Spekulation hatte sich auch hier übernommen. 1901 kam der Rückschlag, der der Börse ebenso wie der jungen Elektro-Industrie schwerste Einbußen brachte. Mehrere der kleineren Gesellschaften brachen vollkommen zusammen, die größeren mußten aneinander Anlehnung suchen. In treffender Selbstkritik erklärte damals die AEG in einem Geschäftsbericht, „daß die elektrische Krisis eher eine der Ursachen als eine Folge der wirtschaftlichen Gesamterkrankung darstellt".

Public Utilities

Die Lehre, die die Spekulation diesmal erhalten hatte, war wiederum nur von beschränkter Dauer. Der Siegeszug der Elektrizität war so offenkundig, daß sich überall Geld in beliebigen Mengen fand, als man unmittelbar vor dem Kriege und in verstärktem Maße nach dem Kriege daran ging, von großen Zentralstationen aus ganze Provinzen einheitlich mit elektrischer Kraft zu versorgen. In den meisten europäischen Ländern wurden diese Anlagen unter staatlichem oder städtischem Patronat errichtet, und das gab auch der Finanzierung der neuen Elektro-Gesellschaften für Krisenzeiten einen starken Rückhalt. In Amerika dagegen vollzogen sich die Neugründungen als reine Privatunternehmungen in der üblichen Weise über die Börse.

Der Name „Public Utilities" für die Elektro-, Gas- und Wasserwerke änderte nichts daran, daß diese „öffentlichen Nützlichkeiten" in finanzieller Hinsicht ganz auf private Vorteile abgestellt waren und daß zum Teil die Leitung der Gesellschaften in die Hände höchst zweifelhafter Spekulanten geriet. Über den eigentlichen Produktionsunternehmungen wurden zur bequemeren Finanzierung luftige Dachgesellschaften errichtet und ihre Shares sofort an die Börse gebracht. Die meisten allerdings gelangten in New York nur an den Curb Market und nicht an die exklusivere Stock Exchange. Das Publikum aber hatte jedenfalls jetzt die schöne Gelegenheit, auf das gleiche Kraftwerk zwei- und womöglich dreimal zu spielen.

Solange der allgemeine Prosperity-Glaube die Börsen beherrschte, erreichten auch die Kurse dieser Shares dreistellige Phantasieziffern. Vom Einbruch der Krise aber wurden die Elektro-Holdings am stärksten getroffen. Die Kurse sanken vielfach auf den Bruchteil eines Dollars, Gesellschaften, die sich eines Kapitals von mehreren hundert Millionen Dollar rühmten, schmolzen förmlich in nichts zusammen, übrig blieb nur ein hochtrabender Firmenname. Die Aktionäre waren ruiniert. Es ist nur folgerichtig, daß der größte und gröbste amerikanische Finanzskandal der Krisenjahre, der Krach des Insull-Konzerns, sich gerade auf dem Gebiet der Public Utilities abgespielt hat.

Die Börse spielt Grammophon

Ein Sonderfeld für das Spiel auf die Technik bildeten in den Nachkriegsjahren die sogenannten „jungen Industrien". Das verheißungsvolle Wort traf, streng genommen, nur für die Radioindustrie zu, die in der Tat, kaum geboren, schon der Börse liebstes Kind geworden war. 1920 gelang es der Westinghouse Electric and Manufacturing Company in Pittsburgh, die erste brauchbare Rundfunkanlage zu schaffen, wenige Jahre später schon waren die Aktien der Radiogesellschaften die populärsten Haussepapiere in Wall Street. Die Kursentwicklung in den Shares der Radio Corporation von 32 bis 420 und von da zurück auf 2½ Dollar zeigt, wieviel Hoffnungen und Enttäuschungen die neue Erfindung an der Börse hervorgerufen hat.

Die beiden anderen Industrien aus diesem Spielkreis sind nur im Börsensinne „jung". Das Grammophon und die Kunstseide sind als Erfindungen Altersgenossen der elektrischen Glühlampe. Edison hatte den ersten Phonographen schon hergestellt, als er sich 1878 den Fragen der elektrischen Beleuchtung zuwandte. Zehn Jahre lang ließ er selbst seinen Sprechapparat völlig unbeachtet, und auch dann ging es noch sehr langsam vorwärts. Die Gründung der beiden ersten großen Grammophongesellschaften, der Grammophone Company und der Victor Talking Machine, erfolgten im Jahre 1900, und von da an dauerte es nochmals ein Vierteljahrhundert, bis die Großspekulation sich der Grammophonaktien bemächtigte. Die technische Vervollkommnung, so der elektrische Antrieb, die Verbesserung des Klanges, die Abschaffung des unförmigen Schalltrichters, machte das Grammophon nicht nur gesellschaftsfähig, sondern auch erst im wahren Sinne börsenfähig. Man spielte in Wall Street auf die Shares der Radio Corporation, die die Victor Talking kontrollierte, in London auf Grammophone Co. und British Columbia, in Berlin auf Polyphon, in Paris auf Industries Musicales.

Das Grammophonspiel der Börse schien wirtschaftlich sehr begründet. Bei der Grammophone Company hatten sich in den Jahren 1922 bis 1927 die Gewinne fast verzehnfacht, die Dividende war — ein seltener Fall in England — kontinuierlich von 15 auf 40 Prozent gewachsen, so daß eine Kurssteigerung von 15 auf 195 Schilling nur für angemessen galt. Noch im November 1927 rühmte der Vorsitzende der Gesellschaft vor den Aktionären die großen technischen Fortschritte: im nächsten Jahre würde man einen neuen elektrischen Apparat mit auswechselbaren Platten herausbringen, der die Zuhörer ohne Unterbrechung anderthalb bis zwei Stunden unterhalten würde. Neue Begeisterung an der Börse — die Grammophone Shares stiegen auf 304 und schließlich auf 371 Schilling. Aber auch die schönsten technischen Verlockungen änderten nichts daran, daß schon ein Jahr später Grammophone Shares nur noch 70 Schilling notierten und in den folgenden Jahren auf 18 sanken, da sich nicht genug Kunden fanden, die die vervollkommneten Apparate auch kaufen konnten. Die Börsenverluste der Grammophonspieler gingen in die Millionen Pfund.

Bedeutend größer aber waren die Verluste der Weltspekulation im Spiel mit Kunstseide. Die Erfindung der Kunstseide durch den Grafen Chardonnet geht auf das Jahr 1885 zurück. Die Gründung der bedeutendsten Kunstseidenfabriken erfolgte um die Jahrhundertwende. Die Vereinigten Glanzstoffwerke in Elberfeld wurden 1899 und die Soie Artificielle de Tubize 1900 in Betrieb gesetzt. Das über Pfund- und Dollarmillionen gehende Spiel in Kunstseidenaktien begann jedoch erst 1926 unter der Führung des großen Spekulanten Alfred Loewenstein von Brüssel und von Paris aus. Ab 1927 war Kunstseide einer der grandiosen Börsentips, der dadurch eine besondere technische Würze bekam, daß man den Schwerhörigen als letztes und unwiderstehliches Argument erklärte: Jede Kunstseidespindel kann in wenigen Minuten auf die Erzeugung von Schießbaumwolle umgestellt werden. Kunstseide schien also für Krieg und Frieden gleich einträglich zu sein.

Die Kurse der Kunstseiden-Shares stiegen in einer wahren Börsenpsychose damals auf schwindelhafte Höhen. Mit Loewensteins Selbstmord im Mai 1928 wurde das Kursgebäude in London ebenso wie in Brüssel und Berlin rissig, eine unaufhaltsame Abwertung der bisherigen Spielfavoriten setzte ein. Die Trümmer dieser Spiele ersieht man aus folgenden Kursen:

Kunstseidengesellschaften	Währung	Höchster Kurs 1928	Kurs Ende 1931
American Bemberg	Dollar	166	1¹/₄
Tubize	Francs	2 100	90
A. K. U.	Gulden	597	20
British Celanese.	Schilling	135	6¹/₃

Trotz dieser Verluste scheinen die Spieler in Kunstseide nicht völlig entmutigt zu sein, und in den ersten Anläufen der Konjunkturbesserung im Herbst 1932 bildeten sich bereits neue Syndikate zum Auftrieb der Kurse einiger Kunstseidenaktien.

Rationalisierungs-Hausse

Auch wo nicht bahnbrechende Erfindungen die Spielerphantasie beflügeln, wirkt die Technik als das große Stimulans der Börse. Mit jedem technischen Fortschritt verband sich bereits in der Vorkrisenzeit der Glaube an Gewinnerhöhungen des Unternehmens. Gelang es etwa, den Rohrfabrikationsprozeß zu beschleunigen, so war das für viele Spieler ein Grund, sich Mannesmann- oder Pont à Mousson-Anteile zu kaufen. Die Börse sagte sich, daß bei kürzerer Arbeitszeit das Unternehmen Löhne und Zinslasten einsparen würde. Die Spielerkonzeption sah daraufhin gleich höhere Dividenden. Diese Spekulation auf die technische Verbesserung des Arbeitsvorganges hat in den Nachkriegsjahren an allen größeren Börsen die Industrieaktien in die Höhe getrieben. Man spielte auf die Anlage von Walzstraßen in den Stahlwerken Indiens, so den Bengal Iron Works, ebenso wie auf die Anwendung von Verpackungsmaschinen in der Lebensmittelindustrie. Es kam häufig vor, daß ein Spieler sich Aktien einer Spinnerei kaufte, weil er von dem bekannten „Gutinformierten", etwa vom Vetter des Generaldirektors, hörte, daß das Werk seine alten Spindeln durch die neuesten Modelle ersetzte.

Der Hang zum Spiel auf den technischen Ausbau der Industrie wirkte sich zu einer größeren Bewegung im Jahre 1926 an der Berliner Börse aus. Damals erlebte die Burgstraße eine ausgesprochene Rationalisierungshausse, mit bedeutenden Kurssteigerungen aller Schwerindustriewerte. Ohne sich über die Kosten und über die sozialen Rückwirkungen der Rationalisierung Rechenschaft zu geben, erlag die Spekulation einer wahren Maschinen-Psychose. In den Vereinigten Staaten suchte man das Spiel in Industrie-Shares unter dem Schlagwort „Efficiency" technisch zu rechtfertigen. Schwerindustrieaktien schienen in den Jahren 1926 bis 1928 durch die technischen Verbesserungen einfach gegen jegliche Baisse gefeit. Jeder Spieler hätte damals mit Entrüstung die Feststellung zurückgewiesen, daß er nicht auf technischen Fortschritt, sondern auf eine recht ungewisse Zukunft spekulierte.

Ein ebenfalls technisch umrahmtes Spielargument lieferte den Börsen im letzten Jahrzehnt vor der Krise in den Vereinigten Staaten und in Deutschland die vielgepriesene Vertikalproduktion. Daß ein Unternehmen durch eine Reihe von Untergesellschaften den vollständigen Produktionsvorgang vom Rohstoff bis zum Fertigfabrikat beherrschte, etwa wie der Stinnes-Konzern „vom Erz bis zur fertigen Maschine“ oder wie die Autoreifenfabriken, die sich in den Tropen eigene Kautschukplantagen zulegten, imponierte dem Laien ebenso wie dem erfahrenen Spieler und wurde daher in den Emissionsprospekten dreifach unterstrichen. Deutschland war in dieser Hinsicht seit dem Zusammenbruch des Stinnes-Konzerns schon etwas skeptisch geworden, in Amerika hat sich, gemeinsam mit dem Glauben an die Börsenwirkung der Rationalisierung, der Glaube an die Vertikalproduktion in allen Spielerkreisen bis zum Krach von 1929 erhalten. Er hat seitdem an Spielanreiz bedeutend eingebüßt.

Der technische Fortschritt im Ausbau von elektrischen Wasserkraftwerken hatte, wie schon erwähnt, an fast allen Börsen seine Spielära von 1919 bis 1929. Den Anreiz zu solchen Spekulationen bildete die eigenartige Spielerlogik, nach der ja Wasser als Betriebsstoff die Werke nichts kosten kann. Die Verzinsung der Anlagekosten, die höher sind als bei thermoelektrischen Werken, wurde fast niemals berücksichtigt. Dem Spiel auf „weiße Kohle“ hatte man mit diesem Namen ein schönes Mäntelchen umgehängt, das technisch und ernst aussah, aber eine Rentabilität des Werkes nicht garantieren konnte.

Das Krisen-Ungewitter hat dem Spiel mit der Technik auf allen großen Spekulationsgebieten ein Ende gemacht, denn es ist ein spezifisches Spiel für gute Zeiten. Einzelne technische Neuerungen haben sich aber auch in der Depression haussegünstig an den Börsen ausgewirkt. So wurde die Herstellung nichtsplitternden Autoschutzglases durch den französischen Glastrust St. Gobain von der Spekulation, die die Gewinne aus dieser Erzeugung gleich auf einige Jahre im voraus zu eskomptieren schien, als Vorwand für ein Haussespiel in St. Gobain-Aktien benutzt. Die Verbesserung eines neuen Präparierverfahrens von Holz durch den Kuhlmann-Konzern gab einer Spielergruppe in Paris die Möglichkeit zur geschickten Abwicklung eines Haussesyndikates in Kuhlmann-Aktien. Einige Wochen später hatten die Börsen dieses Intermezzo aber schon vergessen.

Neue Wege

Die älteste Form des Spiels auf die Technik ist wohl das Spiel auf Verkehrswege. Bereits im South Sea Bubble, dem Londoner Börsen-Boom von 1720, gab es Spekulationen in Aktien von Kanalbau-Kompanien, die nie ihre Pläne durchführen konnten, weil sie schon vorher bankrott waren. Das moderne Spiel in Verkehrswegen ist in drei Etappen zu scheiden: in das Spiel auf die Konzession, in das Spiel auf die Baudurchführung und in das Spiel auf den Verkehrsertrag.

Das Spiel auf die Konzession, das schon elf Jahre vor Fertigstellung des Suezkanals die Spekulation bewog, sich Aktien des neuen Unternehmens zu kaufen, und das drei Jahrzehnte später zu der weniger glücklichen Spekulation in Panamakanal-Aktien führte, kann auch andere Formen annehmen. So können die Aktien einer bestehenden Gesellschaft, die eine Konzession erwirbt, im Kurse steigen, wenn sich dadurch dem Unternehmen neue Arbeitsgebiete eröffnen. Es ist vorgekommen, daß die Aktien von Banken, die die Konzessionen von Hafenbauten in Südamerika erhielten, nur auf diese Tatsache hin durch Spekulationskäufe stiegen. Denn das Wort „Konzession" hat an der Börse einen eigenartigen Hausse-Klang. Es wird von den Spielern gedanklich unlösbar mit Konzessionsgewinnen verbunden.

Auch das Spiel auf die Baudurchführung geht unter verschiedenen Formen vor sich. Man versucht, die Aktien der Gesellschaft, die bauen läßt, dadurch kursmäßig zu beeinflussen, daß man bei jeder Baisse des Papiers neueste Schätzungen über die definitive Beendigung des Baues in Umlauf setzt. Solche Spiele können Jahre dauern und bei der Fertigstellung des Baues einen niedrigeren Kurs als beim Baubeginn zeitigen. Neben ihnen her aber laufen die Spiele in den Aktien der Firmen, die den Bau technisch durchführen und deren Gewinn aus der Baudurchführung meist vorbehaltlos kursmäßig eskomptiert wird. An der Berliner Börse riefen Bau-Aufträge, die die Julius Berger Tiefbau A.-G. bekommen sollte oder bekam, regelmäßig kleine Haussespiele in ihren Aktien hervor. In Frankreich trieb jeder neue Bau-Auftrag für einen Hafen- oder Straßenbau die Aktienkurse der Cie Générale des Entreprises in die Höhe. In England und Amerika liegen die Dinge ebenso.

Ist der neue Verkehrsweg fertiggestellt, so wird das Spiel in seinen Aktien mit statistischer Methode betrieben. Ein klassisches Beispiel dafür ist die Spekulation in Suezkanal-Aktien, bei denen das ganze Jahr über auf die täglichen Abgaben des Transitverkehrs gespielt wird. Steigen diese Einnahmen, so steigt der Kurs der Aktie, fallen sie eine Zeitlang, so finden sich Fixer der Suez-Shares.

In diese Spielkategorien einzureihen sind schließlich noch die längeren Spielpartien, die in Aktien einiger Erdölgesellschaften auf den Bau von Pipe Lines (Rohrleitungen für Rohöltransport) gespielt werden. Die Verbilligung des Transports und der dadurch für die Gesellschaft entstehende Gewinn bilden hier das Spielargument. Andererseits aber wurde nur auf das Projekt einer Pipe Line von den Erdölfeldern um Mossul bis zum Mittelmeer im Jahre 1931 eine große Baissepartie in Suezkanal-Aktien gespielt, weil die Öltransporte von Mossul durch den Suezkanal für die Kanalgesellschaft eine wichtige Einnahmequelle bilden.

Kunstprodukt gegen Naturprodukt

Obwohl der Begriff „technischer Fortschritt“ in der Vorstellung des Spielers zunächst ein Haussemoment bedeutet, kommt es gar nicht so selten vor, daß der Ausbau einer Technik oder eine neue Erfindung eine Baisse an den Börsen bewirkt. Es handelt sich in der Regel darum, daß die neuen technischen Erzeugnisse einen Preisdruck auf die entsprechenden Naturprodukte ausüben. So bildete einen der großen Baissefaktoren in der ungeheuren Seiden- und Baumwollbaisse von 1926 bis 1932 das Vordringen der Kunstseidenerzeugung auf der ganzen Welt. Das Vordringen des künstlichen Stickstoffs auf Kosten der natürlichen Nitrate löste bei einer gleichzeitigen Hausse der Aktien aller bedeutenden Stickstoffwerke, insbesondere der I. G. Farben, einen scharfen Preisrückgang für Chilisalpeter aus. Es zog auch eine Baisse in chilenischen Werten, vor allem eine Baisse der chilenischen Staatsanleihen nach sich, deren Verzinsung und

Rückzahlung auf den Ausfuhrabgaben der Chilinitrate basiert war. Die Versuche zur billigen Herstellung von künstlichem Kautschuk drückten in früheren Jahren wiederholt auf die Börsennotiz des Kautschukpreises in London und dadurch auf die Kurse der Kautschuk-Shares. Nur die katastrophale Kautschuk-Baisse nach Aufgabe des Stevensonschen Restriktionsplanes setzte hier der Technik und ihrer börsenmäßigen Auswertung eine Schranke, weil der Herstellungspreis des Fabrikationskautschuks mit dem Kurs des Naturprodukts nicht mehr konkurrieren konnte.

Die in Japan erzielten Erfolge auf dem Gebiet der Perlenzucht bewirkten im Jahre 1928 eine schwere Baisse am Markt für Naturperlen, die innerhalb von wenigen Monaten um fast 50 Prozent sanken. Infolge dieser Baisse geriet sogar die Pariser Banque Nationale de Crédit, die über 100 Millionen Francs in Juwelierswechseln diskontiert und dafür zum Teil Naturperlen als Sicherheiten erhalten hatte, in die großen Schwierigkeiten, die 1931 zu ihrem Zusammenbruch führten. Die technischen Fortschritte der Margarineindustrie haben zu einem fortwährenden Kurssturz der Butterpreise in aller Welt geführt, sie konnten aber baissemäßig an den Börsen nicht ausgenutzt werden, weil es noch keine Terminmärkte für Butter gibt.

Junge gegen alte Technik

Die Technik verdrängt nicht nur die Natur, die Technik überflügelt sich selbst, und auch dieser Vorgang spiegelt sich an der Börse wider. Es ist vielleicht die einzige Gelegenheit, bei der sich die Spekulation eines selbstverständlichen, aber wenig beachteten Vorganges bewußt wird: nämlich des Wirtschaftssterbens. Auch Wirtschaftsunternehmungen blühen und vergehen, selbst die langlebigen unter ihnen sterben, mit wenigen Ausnahmen, nach zwei bis drei Menschenaltern eines natürlichen Todes. Eine der häufigsten Todesursachen ist die Überholung durch neue Techniken.

Die Börse spielt, wenn sie den Niedergang eines Unternehmens oder einer ganzen Branche kommen sieht, à la baisse der Todeskandidaten. Hätte es beim Aufkommen der Eisenbahnen Postkutschen-Shares an den Börsen gegeben, so hätte man sie sicher gefixt, während man in Eisenbahnaktien à la hausse spielte. Tatsächlich vollzog sich solch ein Doppelspiel beim Aufkommen der Elektrizität. Die erste Vorführung der Glühlampe brachte nicht nur den Edison-Shares eine Verdreißigfachung der Kurse, sondern diese Hausse war sofort von einer Baisse in den Aktien der Gasgesellschaften begleitet, weil das Publikum nun auf den Sieg der Elektrizität zu spielen begann und vom Niedergang der Gaskompanien völlig überzeugt schien.

Das Spiel auf neue Technik gegen alte kann aber auch einseitig vor sich gehen, indem die Spekulanten sich nur à la baisse der bisherigen Technik legen, ohne auf das erfolgreich vordringende System zu setzen. Ein derartiges Beispiel mit bedeutenden Folgen lieferte im Jahre 1898 der Sturz des britischen Spekulanten Hooley. Ernest Terah Hooley, der ein Alles-Spieler war und unter anderen auch die heute noch bestehenden angesehenen Gesellschaften Bovril Limited und Schweppes Limited gründete, engagierte sich 1896 in Aktien einer Fahrradfabrik, der Humber Cycle Company, die zahlreiche Untergesellschaften in Amerika, Spanien, Portugal und Rußland ins Leben rief. In den Aktien der Muttergesellschaft wurde damals an der Stock Exchange sehr viel spekuliert, sie erreichten hohe Kurse und schienen noch höher steigen zu wollen. Die technische Ausstattung der Fahrräder, die die Werke in England auf den Markt brachten, blieb jedoch hinter den neuen Modellen zurück, die die amerikanische Fahrradindustrie nach dem Inselreich einführte. Einige Leute begannen aus diesem Grunde ihre Humber-Shares abzustoßen, etwas Baissepropaganda beschleunigte die Verkäufe, und im Sommer 1898 kam es zu einem Börsenkrach. Die Aktien wurden wertlos, und die Spekulationsverluste in Fahrrad-Hoffnungen erreichten 10 Millionen Pfund Sterling.

Einen eigenartigen Spekulationsfall neuer Technik gegen alte brachten die wissenschaftlichen Arbeiten in den Laboratorien der Handelsvereeniging „Amsterdam“ auf Java hervor. Den Botanikern der Gesellschaft, deren Aktien unter dem Namen Havea in Amsterdam notiert werden, gelang die

Aufzucht einer besonders ertragreichen Rohrzuckerpflanze, die unter der Chiffre „POJ 2878“ im Jahre 1926 in Fachkreisen viel Aufsehen erregte. Die Publizierung dieser Entdeckung, die sofort ihren Eingang in alle Exposés über die Gesellschaft fand, bewog die Spekulation, Aktien der Havea zu erwerben. Der technisch versüßte Tip zog auch da, obwohl die meisten Käufer der Aktie, die sie auf Grund von POJ 2878 erwarben, von der Entdeckung nur ganz unbestimmte Vorstellungen hatten. Sie sahen schon die Zuckergewinne des Unternehmens sich vervielfachen und wurden dann arg enttäuscht. Denn die Gesellschaft produzierte zuviel Zucker und konnte ihn nicht mehr absetzen, als die große Krise auf dem Zuckermarkt eintrat, die sie selbst zum Teil mit POJ 2878 verursacht hatte. Die Aktien, die von der Spekulation im Jahre 1928 auf 822 Prozent getrieben waren, notierten 1931 wieder unter 150 Prozent.

In der Auswirkung neuer Technik gegen alte ist auch nicht die schwere Baisse zu übersehen, die die Verbreitung von Radio und Grammophon in den Aktien verschiedener Klavierfabriken nach sich zog.

Patentspekulanten

Der Kampf um die Durchsetzung einer neuen Technik geht selten ohne Rechtsstreitigkeiten vor sich. Edison hat in seinem Leben 1500 Patentprozesse führen müssen. Auch in Deutschland sind die Anfänge der Elektrizitätsindustrie voll von Patentkämpfen, und bei der Einführung des Radio und des Tonfilms haben sich die gleichen Vorgänge wiederholt. Es sind Prozesse, von deren Ausgang häufig die Existenz des einen oder anderen Unternehmens abhängt.

Die Börse hat also allen Grund, diese Auseinandersetzungen aufmerksam zu verfolgen. Sie geben der Spekulation gelegentlich Anlaß zu Sonderspielen, die sich, wie die Prozesse selbst, jahrelang hinziehen können. Jeder neue Termin bewirkt Kurssteigerungen oder Kurssenkungen. Solche Spekulationen auf Gerichtsverhandlungen lieferten den Börsen in den letzten Jahren die Patentstreite zwischen Philips Glühlampenfabriken und der von Siemens und der AEG kontrollierten Telefunken-Gesellschaft, auf die man in Amsterdam und Berlin spekulierte; der Prozeß der I. G. Farben gegen die Gewerkschaft Mont-Cenis, auf den in Berlin gespielt wurde; der Prozeß der British Celanese gegen die Tubize, der in London und Brüssel seine Kursauswirkungen fand. Es kommt vor, daß die Spieler sich so in die Materie einleben, als wären sie selbst die Erfinder oder mindestens eine Prozeßpartei, obwohl sie die Aktien eigens auf den Prozeß hin erwarben und sie nach der Entscheidung wieder abstoßen wollen. Denn das Spiel auf die Technik hat seine eigenen suggestiven Reize.

Spielpartien dieser Art umgeben den Spieler mit dem Nimbus des „Kenners". Sie scheinen zu den raffiniertesten, geistig besonders anziehenden Spekulationen zu gehören. Tatsächlich aber gleichen sie der einfachen, unkomplizierten Wette. Im Grunde genommen spielt man auf ein Gerichtsurteil. Das fachmännische Drumherum ist, wie bei dem ganzen Spiel mit der Technik, nur eine Fassade, mit der der Spekulant seinen eigenen Ruhm erhöhen möchte.

Siebentes Kapitel

SPIEL MIT DER POLITIK

Im Anfang war die Politik. Die Börse hätte sich niemals so frei und ungehemmt entwickeln können, wenn der Staat sie nicht als ein wichtiges Hilfsinstrument für die öffentlichen Finanzen betrachtet hätte. Im Jahre 1696 gibt die englische Regierung Schatzscheine aus und versucht, sie im Publikum unterzubringen. Ein Jahr darauf erhalten die Londoner Makler, die bis dahin ein ziemlich obskures Dasein geführt hatten, die Erlaubnis, öffentlich Geschäfte in Wertpapieren zu betreiben. Mit diesem Dekret ist die Londoner Effektenbörse geschaffen. Zwanzig Jahre später bringt der Schotte John Law nach Paris die famose Idee, staatlich konzessionierte Bankaktien auszugeben, um damit den französischen Staatsfinanzen auf die Beine zu helfen. Eine der tollsten Kurstreibereien bricht an, wobei die Krone und die

Lenker des Staates eifrig mitspekulieren und mitverdienen. Nach ein paar Jahren bricht der Boom zusammen. Aber der Staat zieht daraus nicht die Konsequenz, von nun an Börsengeschäfte überhaupt zu verbieten, sondern an Stelle des unorganisierten Börsenhandels richtet er 1724 in Paris eine reguläre Effektenbörse ein, in der die Staatspapiere von Anfang an den Vorrang haben.

Auch Wall Street ist aus den Bedürfnissen des Staates entstanden. 1790 beschließt der erste Kongreß in der Federal Hall in Wall Street, für die im Unabhängigkeitskriege entstandene Staatsschuld eine Anleihe über 80 Millionen Dollar auszugeben und den Versuch zu machen, sie im Publikum zu placieren. Das ist der Grundstein der New-Yorker Börse. In Berlin beginnt der offizielle Effektenhandel in den ersten Jahren des neunzehnten Jahrhunderts ebenfalls mit der Notierung öffentlicher Wertpapiere. Die Aktien der Preußischen Seehandlung (Staatsbank), der Staatlichen Tabakregie und Provinzial-Pfandbriefe machen hier den Anfang.

Die Formen des Börsengeschäfts haben sich zwar schon vorher, ohne Mitwirkung des Staates, namentlich in Amsterdam bei den holländischen Kolonialgründungen herausgebildet. Der moderne Großstaat mit seinem ständig wachsenden Finanzbedarf gibt der Börse aber erst den Inhalt und sanktioniert sie zu einer öffentlichen Einrichtung. Er nutzt den spekulativen Anreiz des Börsenhandels für seine Zwecke. Auswattiert mit Staatsanleihen, kann sich die Börse ungestört der Spekulation in privaten Wirtschaftswerten widmen. Als Hilfsorgan des Staatskredites darf sie sich manchen Exzeß leisten.

Kapitalmäßig nehmen die öffentlichen Anleihen auch heute an allen Weltbörsen einen großen, an vielen europäischen Börsen den überwiegenden Teil der gesamten offiziell notierten Effekten ein. In Frankreich übertreffen die Staatsrenten sogar umsatzmäßig häufig die privaten Wertpapiere. An allen Börsen werden die Anleihen des eigenen Landes gehandelt, in London und Paris dazu noch Dutzende ausländischer Anleihen. Schon dadurch ist die Börse gezwungen, sich mit Politik zu beschäftigen, denn von der Politik hängt ja weitgehend die Bewertung der öffentlichen Anleihen ab.

Bei dem Einfluß, den die Politik auf die Privatwirtschaft ausübt, muß die Börse aber auch bei der Kursbildung der übrigen Effekten politische Maßnahmen mit in Rechnung stellen.

Politische Unkenntnis

Hierbei nun ergibt sich ein unlösbarer Widerspruch. Politik ist eine höchst komplexe Angelegenheit, eine Mischung von rationalen und irrationalen Faktoren, ein Strudel, in dem die verschiedenartigsten Strömungen sich treffen. Wenn es in der Politik heute auch zum sehr großen Teil um wirtschaftliche Dinge geht, so sind es doch zumeist Fragen, die die Börsenwerte nur indirekt berühren. Bei einzelnen politischen Entscheidungen, etwa bei der Abschaffung der Prohibition, liegen die unmittelbaren Rückwirkungen auf bestimmte Börsenwerte klar zutage. In der Hoffnung auf das Ende des Alkoholverbots entstand im Herbst 1932 in Wall Street eine Sonderhausse in „feuchten“ Werten, in Aktien von Spritwerken, von Flaschenfabriken, von Unternehmungen, die die Einrichtung von Brauereien durchführen könnten, während die „trockenen“ Werte, Aktien alkoholfreier Getränke, im Kurse sanken.

Wie aber soll die Börse Parteikämpfe bewerten, die um ein Schulgesetz gehen, wie soll sie Wahlen einschätzen, die sich um eine Verfassungsreform drehen, wie Konflikte zwischen der militärischen und der zivilen Gewalt, wie diplomatische Auseinandersetzungen über irgendeinen Grenzzwischenfall? Alle Vorgänge dieser Art können in ihren Folgen schwerste Rückwirkungen auf den Staatskredit und auf die Privatwirtschaft haben, aber sie börsenmäßig zu eskomptieren und daraufhin die Kurse fallen oder steigen zu lassen, heißt nichts anderes, als der freien Phantasie Tür und Tor öffnen.

Die Börse betreibt dieses politische Phantasiespiel mit der gleichen Leidenschaft, mit der sie sich wirtschaftlichen Spekulationen hingibt, nur mit viel geringerer Sachkenntnis. In wirtschaftlichen Fragen ist die Spekulation zwar auch meistens recht unkundig, aber durch die Insiders sickern doch an die Börse Informationen und Erkenntnisse durch, die der Wahrheit nahekommen. Auf dem Felde der Politik urteilt und spekuliert die Börse völlig dilettantisch und ahnungslos. Die politischen Unterhaltungen, mit denen die Börsenbesucher einen erheblichen Teil der Börsenstunden ausfüllen, zeichnen sich gewöhnlich durch eine Uninformiertheit, durch einen Mangel an Tatsachen- und Personenkenntnis, an psychologischem Gefühl, an Vertrautsein mit parlamentarischen und Massenströmungen aus, wie man ihn bei Menschen, die darauf geschäftliche Kalkulationen aufbauen, nicht für möglich halten sollte.

Aus Unwissenheit in politischen Dingen ist die Börse leichtgläubiger als irgendeine Volksversammlung. Sie nimmt, wenn auch nur für Minuten, die unwahrscheinlichsten Gerüchte für bare Münze. In der Phantasie der Börse werden jährlich zehnmal soviel Attentate verübt, Kabinette gestürzt, Putsche versucht, Kriegsgefahren heraufbeschworen als in Wirklichkeit. Doch auch an weniger sensationellen Gerüchten entzündet sich die Einbildungskraft der Börse in der seltsamsten Weise. Sie spielt mit Regierungskombinationen, kolportiert Ministerkandidaten, spekuliert auf Gesetzesvorlagen, an die kein politisch Kundiger denkt. Und gerade in wirtschaftlich stillen Zeiten muß die Politik oft als Stimmungsmoment herhalten, um das Börsenrad zu beflügeln und eine bestimmte Tendenz zu schaffen.

Politik und Börse sind ihrem Wesen und ihrem Temperament nach entgegengesetzt. Die Politik sucht, auch wenn sie sich scheinbar noch so sehr im Zickzack-Kurs bewegt, gewisse große Linien einzuhalten, sie wird von Prinzipien bestimmt und rechnet mit Zielen auf lange Sicht. Politik ist Willenssache. Die Börse darf, wenn sie sich nicht verrennen will, keinen eigenen Willen haben, ihre Aufgabe ist es, zu reflektieren, die Willensrichtung der anderen zu beobachten und abzuschätzen. Sie rechnet mit viel kürzeren Zeitspannen als die Politik. Sie ist sprunghafter und, da für sie die Politik nur einer von vielen Tendenzfaktoren ist, nicht geneigt, sich in jedem Augenblick der politischen Lage zu erinnern.

Die Börse entdeckt plötzlich politisch wichtige Vorgänge und läßt sie ebenso rasch wieder aus ihrem Gesichtskreis verschwinden. Von der schweren Krankheit Stresemanns, beispielsweise, nahm die Berliner Börse wochenlang kaum

Notiz. Eines Mittags aber gab es, ohne daß sich das Befinden Stresemanns geändert hatte, einen Kurssturz mit der Begründung: wenn Stresemann stirbt oder auch nur infolge seines Leidens demissionieren muß, würde das für die deutsche Wirtschaft sehr nachteilig sein. Dieses geschah an einem Mittwoch, mittags um ein Uhr. Gegen Schluß der Börse kam eine günstige Dividendennachricht, die Kurse stiegen wieder, und am nächsten Tage war Stresemanns Krankheit vollends vergessen, obwohl sich sein Zustand nicht im geringsten gebessert hatte. So skurril sieht häufig die Politik im Spiegel der Börse aus.

Börsenliberalismus

Die politische Urteilsfähigkeit der Börse wird noch durch einen anderen inneren Widerspruch beeinträchtigt. Als Institution ist die Börse parteilos. Die berufsmäßige Spekulation neigt jedoch im allgemeinen liberalen Anschauungen zu. Der Liberalismus ist der Boden, auf dem die Börse gewachsen ist. Politische, wirtschaftliche und geistige Bewegungsfreiheit sind die Prinzipien, aus denen die Börse ihre Daseinsberechtigung ableitet. Sie sind das Bollwerk, hinter das sie sich zurückzieht, wenn sie öffentlich angegriffen wird. Auch die private Weltanschauung des Börsenmannes ist meistens liberal-individualistisch. Gerade weil er wegen seines Gewerbes so häufig attackiert wird, ist er selbst für „leben und leben lassen". Wie alle Spieler, pflegt auch der Börsenspekulant privatim eine leichte Hand zu haben. Er ist meistens gutmütig und hat für die Menschen, denen es schlechter geht als ihm, soziales Verständnis. Auf der anderen Seite liebt er nicht die Autorität, er ist gegen den Polizei- und Obrigkeitsstaat. Das alles führt ihn politisch in die Reihen der bürgerlichen Linken. Er ist selten ein enragierter Parteimann, aber bei den Wahlen gibt er gewöhnlich den gemäßigten Linksparteien — in Amerika den Demokraten, in England den Liberalen, in Frankreich den Radikalen — seine Stimme.

In der Ausübung seines Berufs, an der Börse selbst, sieht die Politik für ihn ganz anders aus. Dort hat er sich zu fragen, welches Regime für die Anleihen und für die Aktien, in denen er spekuliert, am förderlichsten ist, unter welcher Regierung wohl die höchsten Dividenden herausgewirtschaftet werden können, welche Partei den Unternehmungen am wenigsten Steuern und Sozialverpflichtungen auferlegt. So entsteht das Paradox, daß die Börse sozusagen rechts von sich selbst steht. Erfolge der Linksparteien werden in der Regel als Baissefaktor angesehen, Erfolge der Rechtsparteien dagegen als Haussemoment.

Von der Annäherung der bürgerlichen Linken und der gemäßigten Sozialisten, die sich in den meisten europäischen Ländern vollzogen hat, will die Börse nichts wissen. Sie zieht einen scharfen Trennungsstrich zwischen den Parteien, die den Kapitalismus bejahen, und denen, die ihn verneinen. Sie ist überall sozialistenfeindlich. In sozialen Konflikten stellt sie sich entschieden auf die Seite des Unternehmertums und ist dann auch für den autoritären Staat. Sie liebt in solchen Fällen forsche Regierungen und starke Männer.

Wahlspekulation und Wahlwetten

Das politische Börsenbarometer funktioniert am sichersten bei Wahlen. Auf Rechtswahlen steigen die Kurse, auf Linkswahlen fallen sie. Der große Wahlsieg der englischen Arbeiterpartei im Frühjahr 1924 wurde von der Londoner Börse mit einer scharfen Baisse beantwortet. Auch als im gleichen Jahr in Frankreich das Linkskartell der Radikalen und Sozialisten bei den Kammerwahlen siegte, reagierte die Pariser Börse mit einem Kurssturz. Der Wahlerfolg der französischen Rechtsparteien im Mai 1928 spornte dagegen die Pariser Börse zu einer Haussebewegung an. In Amerika kann man zwar nicht eigentlich von einer Linken und einer Rechten sprechen. Doch wurden auch dort die Wahlsiege der konservativen Republikaner Coolidge (1924) und Hoover (1928) mit wahren Haussestürmen begrüßt. Im November 1932 nach dem Wahlsieg des Demokraten Roosevelt ließ die Börse zunächst einen Tag lang die Kurse sinken. Erst als das Publikum seine Zuversicht zu Roosevelt durch größere Kaufordres bekundete, kam in Wall Street eine kurze

Nachfeier der Wahl zustande. In Deutschland wurden, solange die Sozialdemokratie noch aktiv um die Macht kämpfte, sozialistische Wahlerfolge regelmäßig mit Baissen, sozialistische Stimmverluste mit Haussen quittiert.

Es ist charakteristisch, daß die Börse meistens sehr prompt auf die Wahlergebnisse reagiert, daß sie sich aber vor den Wahlen Zurückhaltung auferlegt. Die berufsmäßige Spekulation traut sich doch nicht so recht, die vielfältigen Volksstimmungen, die in einer Parlaments- oder Präsidentenwahl zum Ausdruck kommen, vorher kursmäßig abzuschätzen, und das Publikum riskiert es noch weniger, sich auf politische Spekulationen dieser Art einzulassen. Das Börsengeschäft vor Wahltagen ist daher gewöhnlich durch unbestimmte Tendenz und kleine Umsätze gekennzeichnet. Der Spieltrieb der Professionells lebt sich auf harmlosere Art aus. Anstatt sich auf waghalsige Hausse- oder Baisse-Engagements einzulassen, wettet die Börse gern darauf, wer bei den Wahlen als Sieger hervorgehen wird. Die Beträge, die bei diesen Wetten aufs Spiel gesetzt werden, sind gewöhnlich gering, sie steigen bei der einzelnen Partie selten über 500 Dollar. Am verbreitetsten sind die Wahlwetten in Amerika, wo man sie ganz regulär im Brokerbüro aufgeben kann und die Zeitungen täglich in größter Aufmachung darüber berichten, wie die Wahlchancen für die einzelnen Kandidaten in Wall Street bewertet werden. Bei den Präsidentschaftswahlen im Herbst 1932 „stieg“ Roosevelt gegenüber Hoover im Laufe des Wahlkampfs von 3:1 auf 5½:1; das heißt, wer noch auf Hoover einen Dollar setzte, hätte im Falle seines Sieges 5½ Dollar von dem Roosevelt-Spieler herausbekommen. Auch in England und Deutschland haben sich Wahlwetten an der Börse in bescheidenem Umfange eingebürgert.

Während die Börse sich also vor den Wahlen im ganzen passiv verhält, suchen die politischen Parteien und vor allem die Regierungen häufig die Börse zur politischen Stimmungsmache zu benutzen. Die regierenden Gruppen bemühen sich, Börsenhaussen zu erzeugen, um die Wählerschaft von der Güte des bestehenden Regimes zu überzeugen. Die Opposition legt dagegen Konterminen oder enthüllt die Börsenmanöver der anderen Seite, wenn ihr zur eigenen Aktion die Mittel fehlen. Als eine Wahlhausse ganz großen Stils wird der Wall Street-Boom vom Sommer 1932 angesehen, an dem die öffentlichen Kassen mit Hunderten von Millionen Dollar mithalfen. Der Erfolg hielt aber nicht lange genug vor. Zwei Monate vor der Wahl brach die Hausse zusammen.

Eine ungewöhnliche Aktion der entgegengesetzten Art wurde bei den französischen Wahlen im Mai 1932 beobachtet. Im ersten Wahlgang hatte die von Herriot geführte Opposition bereits beträchtliche Fortschritte gemacht, aber die Entscheidung war doch noch ungewiß. In der Woche vor dem zweiten Wahlgang hörten nun plötzlich die öffentlichen Kassen auf, an der Börse Staatsrenten zu kaufen, wie sie es sonst regelmäßig taten. Die Kurse dieser wichtigsten französischen Anlagewerte bröckelten ab, und in den Versammlungen der Regierungsparteien wiesen die Redner zart darauf hin, daß die Rentenbaisse bereits die erste Folge des Vormarsches der Linken sei. Was mit Renten geschehen würde, wenn die Linke im zweiten Wahlgang endgültig siegte, könne sich jeder Sparer allein ausmalen. Auch dieses Manöver verfehlte aber seine Wirkung, die Kleinrentner ließen sich dadurch nicht abschrecken, links zu wählen, und der Skandal, den die Sache hervorrief, führte der Opposition noch neue Stimmen zu.

Sozial- und Finanzpolitik

Grundsätzlich liebt die Börse Wahlkämpfe überhaupt nicht, ebensowenig wie innerpolitische Vorgänge, die in der Bevölkerung Unruhe hervorrufen. Die Börse hält an dem nicht immer schlüssigen Satz fest, daß die Politik die Wirtschaft beunruhigt, und folgert daraus: je weniger Politik, desto besser ist es für die Kurse. Besonders heftig reagiert die Börse natürlich auf revolutionäre sozialistische Bewegungen, obwohl sie sich da von Eintagsdemonstrationen gewöhnlich nicht sehr beeindrucken läßt, sondern im Vertrauen auf die Polizei die Kursfahnen so lange hochhält, bis unmittelbare Gefahr im Verzuge ist.

Ein Baissemoment sind auch fast stets Lohnkämpfe. Die Börse nimmt da, wie gesagt, immer den Unternehmerstandpunkt ein, aber wenn die Betriebe einmal geschlossen sind, läßt sie doch bald die Kurse fallen, gleichviel ob es sich um einen Streik oder um eine Aussperrung handelt. Langanhaltende Streiks, die an den Börsen des eigenen Landes zu schweren Kurseinbußen führen, können sich freilich an den ausländischen Märkten auch in der entgegengesetzten Richtung auswirken. So war es der Fall bei dem großen englischen Bergarbeiterstreik im Jahre 1925, der den deutschen Kohlenzechen mehr Beschäftigung brachte und den schwerindustriellen Werten an der Berliner Börse dadurch einen kräftigen Auftrieb gab.

Der Ausgang von Lohnbewegungen wird von der Börse unter die Lupe genommen, doch macht sie sich ihr Urteil ziemlich leicht. An den europäischen Börsen gilt die Regel, daß Lohnerhöhungen, namentlich wenn sie durch staatliche Schiedsgerichte erzwungen werden, ein Baissegrund, Lohnkürzungen dagegen ein Haussemoment sind. In Wall Street hatte man sich in den Prosperity-Jahren allmählich, wenn auch viel zögernder als in der Industrie, zu der Anschauung durchgerungen, daß hohe Löhne für die Wirtschaft und deshalb auch für die Börsenkurse günstig seien. In der Krise aber haben sich auch in Amerika die Ansichten darüber etwas gewandelt. Als im April 1932 die Eisenbahngesellschaften die Löhne um 10 Prozent herabsetzten, gab es in Wall Street eine Sonderhausse in Eisenbahn-Shares.

Wenn an den europäischen und amerikanischen Börsen auch Meinungsverschiedenheiten darüber bestehen, wie man die Löhne der Arbeiter und Angestellten bemessen soll, so sind sich doch alle Börsen der Welt darüber einig, daß man den Staat so kurz wie möglich halten muß. Die Börse hütet finanzpolitisch das altliberale Ideal des Nachtwächterstaates: daß der Staat nur für Ruhe und Ordnung zu sorgen hat und sich im übrigen keinerlei Funktionen, die Geld kosten, anmaßen soll. Da es aber heute keinen Staat dieser Art mehr gibt, so ist die Börse mit der öffentlichen Finanzverwaltung fast immer unzufrieden. Der Staat soll keine Steuern erheben, das schädigt die Wirtschaft. Der Staat soll aber auch keine Anleihen aufnehmen, denn das beengt den privaten Kapitalmarkt. Entsteht im Staatshaushalt ein

Defizit, so sieht die Börse auch das als einen Baissefaktor an, denn nun eskomptiert sie, daß über kurz oder lang doch neue Steuern oder Anleihen ausgeschrieben werden müssen. Unter den Steuern wirken selbstverständlich am ungünstigsten Abgaben, die die Börse unmittelbar berühren, Kapitalverkehrssteuern und Couponsteuern. Wenn es politisch um ihre eigenen Interessen geht, verschmäht die Börse auch die Anwendung gewerkschaftlicher Mittel nicht. Als die Finanzkommission der französischen Kammer im Januar 1933 die Abschaffung der Inhaberaktien beschloß, veranstalteten die Angestellten der Kursmakler einen Proteststreik und legten die Pariser Börse still. Nur selten kann die Börse aus fiskalischen Gründen auch einmal eine Hausse veranstalten, so bei der Aufhebung der Kapitalertragssteuer in Deutschland.

Die etwas primitive Abneigung der Börse gegen alle öffentlichen Lasten hindert sie natürlich nicht daran, günstig auf staatliche Subventionen für die Wirtschaft zu reagieren, vorausgesetzt, daß der Staat dafür keine Besitzrechte beansprucht. Die Börse fragt nicht viel, woher der Staat die Mittel zu solchen Hilfsaktionen nimmt, sie treibt erst einmal die Kurse der subventionierten Unternehmungen in die Höhe, und wenn der Segen des Staates sich gar über die ganze Großwirtschaft ergießt, so zündet sie vor Freude ein helles Haussefeuer an. Die Gründung der zu Subventionszwecken geschaffenen, mit 500 Millionen Dollar ausgestatteten Reconstruction Finance Corporation im Winter 1931—32 und die Kapitalerhöhung dieser Gesellschaft im Sommer 1932 riefen in Wall Street sprunghafte Haussebewegungen hervor.

Viel zurückhaltender zeigt sich die Börse gegenüber der staatlichen Zollpolitik. Im Prinzip ist die Börse auch hier liberal, eher freihändlerisch als protektionistisch. Doch wenn besondere Zollschutzmaßnahmen für einzelne Wirtschaftszweige, zum Beispiel für die Schuhindustrie, getroffen werden, so steigen sofort die Aktienkurse der betreffenden Branche. Bei der Einführung umfassenderer Zolltarife verhält sich die Spekulation vorsichtiger und wartet erst einmal den Erfolg ab. Diese Zurückhaltung rührt wohl nicht so sehr von liberalen Prinzipien her als vielmehr von der

Unübersichtlichkeit solcher komplizierten Gesetzesvorlagen. Allenfalls wissen ein paar gewiegte Branchenspekulanten, was der neue Zolltarif bringt, aber auch sie kennen gewöhnlich nur zwei von den zweitausend Positionen. Zudem bedeutet der Zollschutz für eine Branche meistens einen Nachteil für eine andere, so daß die Börse schwer daraus eine einheitliche Tendenz ableiten kann.

Rüstungsspiele

In der Außenpolitik hat die Börse ihre festen Grundsätze, von denen sie nur selten abweicht: im Frieden ist sie für den Frieden, im Krieg ist sie für den Krieg. Die Börse ist, ihrer politischen Gesinnung nach, durchaus friedliebend. Sie ist auch außenpolitisch der Ansicht, daß Ruhe die erste Bürgerpflicht ist, und betrachtet daher alle diplomatischen Verwickelungen, die zu einer Störung des Weltfriedens führen können, als Baissemotiv. Wenn die politischen Komplikationen sich zuspitzen und ein Kriegsausbruch droht, gibt es panikartige Kursstürze. Eine solche Panik bewirkte 1895 der amerikanisch-englische Konflikt um Venezuela. Ist aber der Krieg da, dann stellt sich bald heraus, daß gerade im Kriege viele Unternehmungen große Gewinne einheimsen, und das genügt, um die Börsenkurse wieder scharf in die Höhe zu treiben. So entsteht das nicht sehr logisch erscheinende Bild, daß Kriegsgefahren Baissen, Kriege aber Haussen auslösen.

Die Bewertung der Kriegsgefahren spiegelt sich im Kurszettel allerdings nicht gleichmäßig wieder. Sobald auch nur von fern ein Kriegsbrand aufleuchtet, steigen die Rüstungswerte. Als beispielsweise im Herbst 1931 der Ostasien-Konflikt sich verschärfte und ein Krieg zwischen Japan und China fast unvermeidlich erschien, begannen prompt an der Pariser Börse die Aktien der Kanonenfirma Schneider-Creusot und einiger anderer schwerindustrieller Werke zu steigen.

Auch ohne den Anlaß kriegerischer Verwickelungen bildet die Rüstungspolitik ein Sondergebiet der Börsenspekulation. Als im Jahre 1922 auf der Flottenkonferenz in Washington Amerika, England und Japan übereinkamen, ihren Marinerüstungen gewisse Schranken aufzuerlegen, und die britische

Regierung daraufhin den Bau einiger neuer Kriegsschiffe einstellte, entstand an der Londoner Börse eine wahre Abrüstungspanik. Die Aktien der großen Rüstungsfirmen Armstrong und Vickers stürzten von einem Tag auf den anderen in die Tiefe, und die Londoner Stock Exchange behielt mit dieser Abwertung recht, denn bald darauf mußte die Vickers-Gesellschaft ihren Aktionären mitteilen, daß sie trotz der angesammelten Kriegsgewinne keine Dividende mehr zahlen könnte.

Die internationale Politik der folgenden Jahre hat auch der Börsenwelt vor Augen geführt, daß sie sich durch Friedensresolutionen und Abrüstungsbekenntnisse nicht gleich ins Bockshorn zu jagen lassen braucht, daß vielmehr die Rüstungsindustrie bis auf weiteres ein ansehnlicher Geschäftszweig bleibt. Es war für die Politiker gewiß nicht schmeichelhaft, daß die Börsen von der großen Genfer Abrüstungskonferenz des Jahres 1932 kaum noch Notiz nahmen.

Wandlungen der Kriegsspekulation

Ganz andere Dimensionen nimmt die politische Spekulation im Kriege an. Kolonialexpeditionen und militärische Konflikte in fernen Ländern gehören seit den Anfängen der Börse zu den stärksten Antriebskräften der Spekulation. Die Börsengeschichte des siebzehnten und achtzehnten Jahrhunderts ist voll von solchen Kriegsspekulationen. Einen Höhepunkt erreicht das Kriegsspiel der Börse zur Zeit der Napoleonischen Feldzüge. Man spielt auf den Ausgang ganzer Kriege oder einzelner Schlachten. Entscheidend für das Gelingen derartiger Börsenspekulationen ist aber nicht nur der politische Instinkt, sondern die Nachrichtenübermittlung vom Kriegsschauplatz. Es dauert oft Wochen und Monate, bis die Börse erfährt, was sich auf dem Schlachtfelde zugetragen hat. Wer sich auch nur einen Tag früher als die anderen die Kenntnis von den militärischen Vorgängen verschaffen kann, hat gewonnenes Spiel. Die großen Börsenmatadore gehen deshalb vor allem darauf aus, die Möglichkeiten der Verkehrstechnik auszunutzen und dann streng geheimzuhalten, was sie als erste in Erfahrung gebracht haben.

Der bekannteste Fall dieser Art ist der Börsencoup des Londoner Rothschild nach der Schlacht bei Waterloo. Nach einer alten Version soll sich Nathan Rothschild in eigener Person zur englischen Armee nach Belgien begeben haben, um den Entscheidungskampf gegen Napoleon aus nächster Nähe zu verfolgen. Sobald die Niederlage Napoleons bei Waterloo gewiß war, sei Rothschild nach Brüssel davongaloppiert, von dort in einer Kalesche nach Ostende gerast, bei stürmischem Meer auf dem ersten besten Fischerkahn über den Kanal geeilt, um am nächsten Morgen stumm und unbeweglich auf seinem gewohnten Platz an der Londoner Börse zu stehen. Als ihn die anderen Börsenbesucher fragten, was es auf dem Festland gäbe, habe er nur mißmutig die Achseln gezuckt. Da jedermann wußte, daß die Rothschilds die erbittertsten Gegner Napoleons waren, so hätten die Spekulanten daraus auf einen Sieg Napoleons geschlossen und die englischen Aktien zu jedem Preise auf den Markt geworfen. Rothschild soll die Aktien durch seine Agenten in aller Heimlichkeit aufgekauft und, als einige Tage später der englische Sieg und die Vernichtung Napoleons allgemein bekannt wurde und die Baisse in eine Jubelhausse umschlug, eine Million Pfund Sterling an diesem Spiel verdient haben.

Ganz so romantisch hat sich die Geschichte in Wirklichkeit wohl nicht zugetragen. Nach neueren Forschungen ist Rothschild selbst gar nicht auf dem Festland gewesen. Vielmehr wartete einer der Agenten, die die Rothschilds in der ganzen Welt unterhielten, in Ostende auf die neuesten Nachrichten vom Kriegsschauplatz. Dieser Agent, Rothworth, erwischte eine holländische Zeitung mit der Siegesnachricht von Waterloo unmittelbar vor der Abfahrt eines Schiffes nach England, und durch ihn erhielt Nathan Rothschild als erster, früher noch als die englische Regierung, Kunde von der entscheidenden Niederlage Napoleons. Doch auch in dieser nüchterneren Fassung bleibt der Vorgang erstaunlich genug. Es war keineswegs ein einmaliger Spekulantentrick, sondern die Rothschilds hatten sich zur rascheren Information für ihre Bank- und Börsengeschäfte ein eigenes Nachrichtennetz geschaffen. Sie zahlten den Kapitänen der Seeschiffe Honorare für die Übermittlung von

Neuigkeiten, sie besoldeten, wenn es besonders eilig war, Stafettenläufer und bedienten sich einer eigenen Flugtaubenpost zwischen ihren Häusern in London, Paris und Frankfurt.

Die moderne Form der Kriegsspekulation bildet sich erst fünfzig Jahre später heraus: während des amerikanischen Bürgerkrieges, der ja trotz seiner nationalen Begrenzung einer der längsten und grimmigsten Kriege des neunzehnten Jahrhunderts war. Auf Schnelligkeitsrekorde kommt es nun nicht mehr so sehr an, denn der Telegraph, der seit 1862 schon quer über den ganzen amerikanischen Kontinent läuft, hat nicht nur alle anderen Nachrichtenmittel für die Spekulation überflüssig gemacht, er hat auch die Nachrichtenverbreitung demokratisiert. Über den äußeren Verlauf des Krieges ist in New York jeder Börsenmann zur gleichen Stunde im Bilde. Aber die militärischen Ereignisse interessieren gar nicht mehr so sehr. Viel wichtiger für die Spekulation sind fortan die wirtschaftlichen Begleiterscheinungen des Krieges. Man spielt nicht mehr auf den Ausgang einer Schlacht, sondern auf Heereslieferungen, auf das Anziehen der Warenpreise, auf die Ausnutzung von Transportmitteln, kurz auf die Kriegskonjunktur.

Im amerikanischen Bürgerkrieg zeigen sich bereits all die Konjunkturelemente, die ein halbes Jahrhundert später die Wirtschaftsführung des Weltkrieges kennzeichnen: ein ungeheurer Materialverbrauch mit entsprechender Warenknappheit und wilder Preissteigerung, ein Aufblähen des Staatskredits — im Laufe von fünf Jahren wachsen die Staatsanleihen von 65 Millionen auf $2^3/_4$ Milliarden Dollar — mit schweren inflationistischen Rückwirkungen auf die Währung. Daneben wird aber auch der Produktionsapparat gewaltig ausgebaut, neue Verkehrswege werden geschaffen, ganze Industrien aus dem Boden gestampft. Hinzukommt als amerikanische Spezialität ein Run auf die eben erschlossenen Goldfelder.

Wall Street begleitet alle diese Vorgänge mit einer fieberhaften Hausse. Den Handel in Staatsanleihen muß man der Regierung zuliebe wohl schon mitmachen, aber viel lohnender erscheint die Spekulation in Aktien der Tuch- oder Gewehrfabriken, die auch die mangelhaftesten Erzeugnisse zu

Phantasiepreisen an die Armee absetzen. Und dann sind da die Eisenbahn-Shares, die bisher keinen Cent Dividende abwarfen und nun infolge der Kriegstransporte 8 Prozent bringen. Was für ein Geschäft. Die Aktien der Hudson River-Bahn steigen während des Krieges von 31 auf 164, die der Erie von 17 auf 126, die der Illinois Central Railroad gar von 6 auf 132 Dollar. Der alte exklusive Börsensaal des Stock Board reicht für den Andrang der Spekulation nicht aus, neue Börsen entstehen, auf der Straßenbörse in Wall Street werden von morgens acht Uhr bis in den späten Abend hinein Effekten gehandelt, und des Nachts ziehen die Spekulanten in die obere Stadt, um in den Korridoren des Fifth Avenue Hotel das Börsengeschäft fortzusetzen. Wie alle Kriegskonjunkturen, schließt auch dieser Boom mit einem Krach. Von dem aufgetürmten Kursgebäude bleibt nicht viel übrig.

Die Börsen im Weltkrieg

Der sich immer wiederholende Rhythmus der Kriegskonjunktur — Mobilmachungs-Chok, Lieferungs-Hausse, Nachkriegskrise — war den Regierungen trotz langen Friedensjahren doch so fest in Erinnerung geblieben, daß sie zu Beginn des Weltkrieges es fast überall für geboten hielten, sofort die Börsen zu schließen, und sich mehr oder minder mit dem Gedanken trugen, diesmal während der ganzen Dauer des Krieges die Börsenspekulation zu unterbinden. Als erste wurden merkwürdigerweise einige Börsen geschlossen, die weit weg vom Schuß lagen: die kanadischen Börsen in Montreal und Toronto und die gewiß nicht weltbewegende Börse von Madrid, die bereits am 28. Juli 1914 ihre Tore verriegelten. In den nächsten achtundvierzig Stunden aber taten alle großen kontinentaleuropäischen Börsen das gleiche, und ein besonderes Ereignis war es, als am 31. Juli Wall Street ganz überraschend für die meisten Börsenbesucher sich dem europäischen Beispiel anschloß. Als letzter Platz folgte am 1. August London. Damit schien das Räderwerk der Effektenspekulation zum Stillstand gekommen zu sein.

In den großen kriegführenden Ländern wurde der offizielle Börsenhandel tatsächlich auch während des ganzen Krieges vollkommen oder teilweise unterdrückt. Die Börsen blieben viele Monate geschlossen, und auch dann wurden in Paris und London nur Kassageschäfte zugelassen, während der Terminhandel bis zum Ende des Krieges untersagt war. In Berlin waren die Vorschriften noch strenger. Erst vom Dezember 1917 ab wurde unter schärfster amtlicher Aufsicht eine Effektennotierung vorgenommen. Da es als einigermaßen ehrenrührig galt, andere Papiere zu kaufen als Kriegsanleihen, so hielten sich die Umsätze in außerordentlich engen Grenzen. Immerhin waren die Kurssteigerungen beträchtlich. Die Aktien erreichten vielfach das Doppelte der Vorkriegskurse, was nicht verwunderlich war, denn alle Gesellschaften, die auch nur indirekt an Kriegslieferungen beteiligt waren — und das war allmählich der überwiegende Teil der Industrie —, strotzten vor Geldüberfluß. Obwohl die Verwaltungen bemüht waren, ihre Kriegsgewinne nicht allzu sichtbar in Erscheinung treten zu lassen, war doch eine Verdreifachung und Vervierfachung der Dividende gegenüber dem letzten Friedensjahr keine Seltenheit. Der Anreiz, solche Gewinnchancen mitzunehmen, war stärker als alle Gesetze und Verordnungen. Schon lange bevor es wieder amtliche Kursnotizen gab, hatte sich ein freier Effektenmarkt herausgebildet, auf dem die wildesten Kurstreibereien vorkamen. Auch die großen Banken nahmen eifrig an diesem inoffiziellen Effektenhandel teil und leiteten namentlich die Aktien aus der Hand der Kleinaktionäre an einzelne Konsortien weiter. Auf diese Weise wurde schon im Kriege der Grundstein zu dem Otto-Wolff-Konzern und anderen großindustriellen Zusammenballungen gelegt.

In England verhinderte die schärfere Preiskontrolle der Kriegslieferungen und die frühzeitige Einführung hoher Kriegsgewinnsteuern das allzu stürmische Anwachsen der Kurse, doch spiegelte auch dort die Börse das Wohlergehen der Industrie wider. Und selbst in Frankreich, dessen wichtige Industriegebiete von den Deutschen besetzt waren, wiesen die Effektenkurse Steigerungen um 30 bis 50 Prozent auf. Die üppigste Kriegskonjunktur aber erlebten die Börsen der neutralen europäischen Länder und vor allem Amerika. Als Wall Street nach viereinhalb Monaten unfreiwilliger Ruhe im Dezember 1914 wieder seine Pforten öffnete, war der erste Schrecken des Krieges dort bereits überwunden. In fünftausend Kilometer Entfernung konnte man auch im Weltkriege recht friedlich leben und verdienen. Ein paar Monate hielt sich die Spekulation noch etwas zurück, vom Frühjahr 1915 an aber ging es fast geradlinig aufwärts. Im Laufe eines halben Jahres hatten sich die Aktienkurse bereits verdoppelt, und nach einem kleinen Rückschlag ging 1916 der Boom weiter. Das Kriegsglück hätte in Wall Street vielleicht noch länger angehalten, wenn die Amerikaner nicht selbst in den Krieg gegangen wären. Darin sah die Börse aber mit Recht eine Beeinträchtigung der Kriegsgewinne. Denn es war doch etwas anderes, ob die Industrie als „neutrale“ Rüstungswerkstätte fremde Länder oder ob sie das eigene Land und seine Alliierten belieferte. Von nun an konnte sie doch nicht mehr die Preise so beliebig in die Höhe schrauben. Die Gewinne unterlagen patriotischen Rücksichten, und die sorgsamen Rechner in Wall Street sahen sich daraufhin veranlaßt, die Kurse wieder auf die Hälfte herabzusetzen.

In keinem der kriegführenden Länder aber hat sich die Börse jemals Rechenschaft darüber abgelegt, was der Krieg eigentlich für die Wirtschaft bedeutet. Man sah nur die Profite des nächsten Tages. Was am übernächsten Tage geschehen würde, ging schon über den Börsenhorizont. Man spielte auf die Zertrümmerung unermeßlicher Kapitalien, auf die Vernichtung wertvollsten Materials, auf den sinnlosesten Verbrauch aller Wirtschaftskräfte. Weil bei diesem Zerstörungsprozeß in der Form hoher Dividenden vergoldete Splitter abfielen, baute sich die Börse Luftschlösser auf. Vom Standpunkt der Spekulation aus war der Kriegs-Boom gewiß ebenso berechtigt wie irgendeine andere Hausse. Denn die Spieler unterscheiden nicht zwischen reinen Profitkonjunkturen und Aufbaukonjunkturen, zwischen produktiver und destruktiver Wirtschaftsführung, solange sie privatwirtschaftliche Gewinne sehen. Die ungeheuren volks- und weltwirtschaftlichen Verluste, die durch den Krieg entstanden waren, bemerkte die Börse erst nach dem Kriege. Überall, auch in den Siegerländern, brachen in den Jahren 1919 bis 1921 die Kurse zusammen.

Von nun an ist die Börse der Ansicht, daß man den Krieg so rasch und so gründlich wie möglich liquidieren muß. Zwar ist sie vergeßlich, wie alle Spieler, und wenn sie aus irgendwelchen anderen Anlässen eine Haussebewegung inszeniert, läßt sie sich durch die noch ungelösten Nachkriegsprobleme die gute Laune nicht verderben. Aber in Baisseperioden erinnert sie sich wieder der politischen Kriegsfolgen und begründet damit ihre schlechte Stimmung. Reparationen und interalliierte Schulden sind ein permanentes Baissemotiv, nicht nur in den Schuldnerländern, sondern auch an den Börsen der Gläubigerstaaten. Die Verkündung des Hoover-Moratoriums im Juni 1931 wird daher an allen Börsen mit Kurssprüngen um 20 bis 30 Prozent begrüßt. Auch das Lausanner Abkommen vom Juli 1932, das den Reparationen ein Ende macht, findet an den Börsen ein günstiges Echo. Am liebsten würden die Börsen mit einem Federstrich alle politischen Schulden beseitigt sehen.

Spekulanten als Politiker

So groß das politische Interesse der Börse ist, so gering ist im allgemeinen die Neigung der Börsenspekulanten, aktiv in die Politik zu gehen. Am ehesten findet man noch in England Fälle, wo die Börse als Durchgangsstation für spätere Staatsmänner dient. Cecil Rhodes, der Eroberer Südafrikas, macht sich als Zwanzigjähriger ein Millionenvermögen mit der Spekulation in Diamanten-Shares. Mit geringerem Glück versucht sich der junge Disraeli an der Börse in südamerikanischen Werten, ehe er sich der Politik zuwendet und zum Leiter des Britischen Weltreichs aufrückt.

Das Gros der Spekulanten begnügt sich damit, über Politik zu sprechen. Selbst die großen Börsenstars stehen den Politikern meistens mit einer gewissen Scheu, einer Mischung aus Abscheu und Überschätzung, gegenüber. Sie suchen in Salons mit ihnen in Berührung zu kommen, um sich politische Tips zu holen, lieber noch wählen sie aber den Weg über die Hintertreppe. In vereinzelten Fällen bemühen sie sich, Politiker für eine bestimmte Transaktion zu interessieren. So setzten der französische Spekulant Oustric und der italienische Spekulant Gualino Minister und Botschafter in Bewegung, um einen Börsen-Coup, die Notierung der Snia Viscosa-Aktien an der Pariser Börse, durchzuführen. Im ganzen sind diese Spekulationsgeschäfte, bei denen die politische Aktion einen Bestandteil der Börsenoperation bildet, nicht häufig. Die Börsenprofessionells sind darin sehr viel zurückhaltender als irgendein anderer Berufszweig der Großwirtschaft. Sie machen weder Jagd auf Subventionen noch auf Konzessionen, um darauf eine Spekulation aufzubauen, die ihnen im Handumdrehen Millionengewinne abwerfen könnte.

Die Distanzierung der Börse von der aktiven Politik kommt auch darin zum Ausdruck, daß Börsenprofessionells fast nie dem Parlament angehören. Diese Enthaltsamkeit entspringt freilich nur zum Teil dem eigenen Antriebe. Auch wenn sie es wollten — sie würden nicht so leicht gewählt werden. Selbst für Parteien, die sich noch so offen zum kapitalistischen System bekennen, wären sie eine Belastung. Das Volk will nicht von „Börsianern" regiert werden.

Politiker als Spekulanten

Die Völker entgehen dem Regiertwerden durch Börsenspekulanten freilich noch nicht, indem sie die Börsenprofessionells nach Möglichkeit von der aktiven Politik ausschalten. Denn es gibt kein absolut sicheres Mittel, um zu verhindern, daß die Berufspolitiker sich nebenher noch recht eifrig an der Börse betätigen. In der Zeit des Absolutismus, in der es eine scharfe Trennung zwischen dem Vermögen der Krone und den Staatsfinanzen nicht gab, war auch eine Vermengung zwischen Staatsgeschäften und Privatgeschäften der regierenden Familie unvermeidlich. Es versteht sich von selbst, daß der ganze Versailler Hof mitspekuliert, als der Schotte John Law die Kunst, aus Aktien Gold zu machen, nach Frankreich bringt.

Die Doppelstellung des Hof- und Staastbankiers, der dem Staat Anleihen beschafft, zugleich aber auch für die rentable Verwertung der fürstlichen Vermögen zu sorgen hat, bleibt bis in die zweite Hälfte des neunzehnten Jahrhunderts bestehen, und Reste davon haben sich bis auf unsere Tage erhalten. Man kennt die freundschaftlichen Beziehungen zwischen Eduard VII. und dem aus Köln gebürtigen Londoner Bankier Sir Ernest Cassel, zwischen dem König Leopold II. von Belgien und seinem Bankier Philippson, zwischen dem letzten Spanierkönig Alfons XIII. und seinem aus Deutschland stammenden Finanzberater Sternberg. Ein ähnliches Verhältnis besteht vielfach zwischen den leitenden Staatsmännern und ihren Bankiers. In der Regel wird es sich dabei um die Anlage des Privatvermögens handeln, aber da es ja nicht so sehr auf die feste als auf die beste Form der Vermögensverwaltung ankommt, so sind hier wie überall die Grenzen zwischen Anlage und Spekulation schwer zu ziehen. Besonders vorsichtige Staatsmänner bemühen sich, jede Kollision zwischen Staats- und Privatinteresse dadurch zu vermeiden, daß sie ihrem Bankier eine Generalvollmacht für ihre Vermögensverwaltung erteilen und sich persönlich nicht um die einzelnen Transaktionen kümmern. So hat es Bismarck mit dem Berliner Bankier Gerson von Bleichröder, der zugleich auch der Hof- und Staatsbankier Wilhelms I. war, gehalten.

Das Vorbild Bismarcks fand in der neuen Reichshauptstadt aber wenig Nachahmung. Die Hofgesellschaft zog es vor, unter Verwertung der politischen Informationen, die ihr natürlich leicht zugänglich waren, selbst fleißig zu spekulieren. Der Hochadel traf sich vor Beginn der Börse bei dem Hoffriseur Gilbert und tauschte dort freundschaftlich und bisweilen auch unfreiwillig, durch die Vermittlung des redseligen Figaro, die neuesten politischen Tips aus. Versorgt mit der nötigen Kenntnis, begab man sich dann gleich zu den Börsenbankiers, zu dem alten Nathan Helfft oder zu dem Geheimrat Meyer-Cohn, der die ganz feudalen Herren zu seinen Kunden zählte. Auch in der hohen Beamtenschaft, die sich ja vornehmlich aus den Kreisen des Adels rekrutierte, war man hie und da dem Börsenspiel nicht abgeneigt, zumal man ja da an der Quelle der politischen Informationen saß und daher gewissermaßen den Gang der Weltgeschichte im voraus kannte.

Die politische Spekulation hatte ihre besonderen Börsenfavoriten. In den siebziger Jahren waren es die staatlich konzessionierten Eisenbahnaktien, später die von der Politik stark abhängigen Russenwerte. Der Leitstern der Börse war der Eisenbahnkönig Strousberg, dessen kühne Gründungen die Spekulation jahrelang in Atem hielten. Strousberg liebte es, die Verwaltungsräte seiner Gesellschaften mit den nobelsten Namen der Aristokratie und mit hohen Ministerialbeamten auszustaffieren. Das Publikum zögerte selbstverständlich nicht, in Unternehmungen mit so prunkvollen Firmenschildern sein Geld anzulegen, und sogar auf dem Preußischen Eisenbahnministerium hielt man die Bahnbauten zwar nicht für sehr solide, die Strousberg-Aktien aber für recht profitabel. Die sachkundigen Herren im Ministerium rieten selbst ihren besten Freunden, Strousberg-Werte zu kaufen. Aber ihre Prophetengabe war nicht größer als die anderer Fachleute: in dem großen Gründerkrach von 1873 brachen mit als erste die Strousbergschen Unternehmungen zusammen, die Aktionäre verloren auf Nimmerwiedersehen Hunderte von Millionen Mark, während die von Strousberg gebauten Bahnen später unter staatlicher Regie sehr rentabel weiterfuhren.

Der Fall Holstein

Bei den Strousbergschen Bahngesellschaften hatte auch der berühmteste politische Spekulant der Epoche, der mächtige Geheime Rat im Auswärtigen Amt Friedrich von Holstein an der Börse debütiert und, wie alle anderen, dabei schwere Verluste erlitten. Holstein, der von Haus aus ein stattliches Vermögen besaß, ließ sich durch diesen ersten Mißerfolg aber nicht abschrecken, sondern blieb während seiner ganzen langen Amtslaufbahn der Börse treu. Fast täglich versah er seinen Bankier Meyer-Cohn mündlich und schriftlich mit den vorzüglichsten politischen Informationen und erteilte ihm, unter Berufung darauf, seine Börsenaufträge. Ob es sich um Wirren in China, um den Tod des Sultans von Marokko, um Balkankonflikte oder um den Burenkrieg handelte, es gab kaum einen Vorgang der großen Politik, den Holstein nicht zum Anlaß seiner Börsenspekulation nahm.

Seine Lieblingsspekulationen aber waren, der allgemeinen Mode entsprechend, die Spiele in Rubeln und russischen Anleihen. Die russische Währung befand sich seit dem Krimkriege in Unordnung, und auch die russischen Staatsanleihen waren zu einem Spielball der internationalen Spekulation geworden. Die deutsche Regierung übte aus politischen Gründen zu wiederholten Malen einen starken Druck auf die Russenwerte aus. Im Sommer 1887 erließ Bismarck ein Dekret, das der Reichsbank und der Preußischen Seehandlung die Lombardierung russischer Anleihen untersagte, mit dem Erfolg, daß die Russenanleihen an der Berliner Börse einen panikartigen Sturz erlitten. Zwei Jahre später bestand Kaiser Wilhelm II. darauf, daß das Auswärtige Amt eine Pressekampagne gegen die geplante russische Konvertierungsanleihe unternahm. Als Bismarck, diesmal in der richtigen Erkenntnis, daß die Russen dann mit ihren Anleihen von Berlin nach Paris abwandern würden, gegen die kaiserliche Aktion Einspruch erhob, schickte Wilhelm II. einen Adjutanten ins Preußische Finanzministerium und gab kurzerhand den Befehl, die Leitung der Berliner Börse müsse angewiesen werden, die Russenanleihe zu verhindern.

Holsteins Bankier Meyer-Cohn war der einzige Privatmann, der über die amtliche deutsche Russenpolitik im voraus genau Bescheid wußte, und er und sein prominenter Kunde verdienten daran erkleckliche Summen. Trotz solchen vereinzelten gelungenen Fischzügen hat der Baron Holstein, wie alle Dauerspieler, im Endergebnis an der Börse nicht gewonnen, sondern verloren. Er gehörte in gewissem Sinne in die Reihe der Branchenspekulanten. Er spielte mit der Politik und nur mit der Politik. Was außerhalb seiner „Branche“, des politischen Metiers, vor sich ging, sah er nicht oder wollte es nicht sehen. Als echter Branchenspekulant überschätzte er seine Spezialkenntnisse und die Bedeutung seines Fachgebietes für die Börsentendenz. Er glaubte an die politische Logik der Börse und ging damit, wie alle Börsenlogiker, häufig in die Irre.

Der Fall Holstein stellt insofern ein Unikum dar, als man durch die lange nach seinem Tode veröffentlichte Geheimkorrespondenz mit seinem Bankier über seine Börsengeschäfte bis in die kleinsten Einzelheiten orientiert ist. Im übrigen aber kennt man ähnliche Spekulantentypen bis in die jüngste Zeit in allen Ländern. Eine genaue Parallele zu Holstein bilden in England die Devisenspekulationen John Duncan Gregorys, der als stellvertretender Unterstaatssekretär im britischen Auswärtigen Amt in der Nachkriegszeit ganz große Geschäfte in belgischen und französischen Francs und in italienischen Lire machte. Im Laufe von drei Jahren kaufte und verkaufte er 250 Millionen Francs. Aber auch Gregory war mit allen seinen diplomatischen Sonderinformationen zum Schluß der Dumme, er wurde von der französischen Franc-Stabilisierung überrascht und blieb bei seinem Bankier mit einem Spielverlust von 39000 Pfund sitzen, den er nicht abdecken konnte. Die Folge war 1928 ein peinlicher Prozeß und seine Verjagung aus dem Amte.

Es liegt im Wesen derartiger politischer Spekulationen, daß die Öffentlichkeit meistens nur dann von ihnen erfährt, wenn sie schiefgehen. Zweifellos operieren manche Politiker und politische Beamte an der Börse auch glücklicher, denn es gibt Staatsaktionen — Anleihekonvertierungen, Valorisierungen, Währungsstabilisierungen und dergleichen —, die den Eingeweihten mit fast mathematischer Sicherheit Gewinnchancen bieten. Im ganzen gilt von den Politikern aber dasselbe wie von den Bankiers: diejenigen, die im Laufe ihrer Karriere zu Geld gekommen sind, haben sich ihr Vermögen durch „Kommissionen“ und „Provisionen“, durch „Beteiligungen“ und „Konsortialgeschäfte“ erworben, selten aber durch Börsenengagements auf eigene Rechnung und Gefahr.

Der Staat spielt mit

Die großen Interessen, die den Staat mit der Börse verbinden, bringen es mit sich, daß der Staat mit den Allüren des Großspekulanten selbst am Markt auftritt und oft die

Tendenz entscheidend beeinflußt. Als Anleiheschuldner hat er den Kurs der Staatsanleihen und damit seine Kreditfähigkeit an der Börse zu verteidigen. Als Gläubiger oder Garant ausländischer Anleihen hat er auch an den Kursbewegungen dieser Werte ein direktes Interesse, und bisweilen greift er aus politischen Gründen, wie die Beispiele der Russenanleihen zeigten, in die Kursgestaltung ausländischer Werte wirkungsvoll ein. In jüngster Zeit ist der Staat auch wieder, wie in der Frühzeit der Börse, in wachsendem Maße Großaktionär von Unternehmungen geworden, deren Aktien an der Börse notiert werden, so das Deutsche Reich und Frankreich bei den Großbanken und alle europäischen Großmächte an Schiffahrtsgesellschaften. Sogar die Sowjetunion ist an den Börsen der kapitalistischen Länder keineswegs uninteressiert. Als Exporteur und Importeur von Rohstoffen, die börsenmäßig gehandelt werden, sucht die sowjetrussische Regierung die Preisbildung auf den Rohstoffmärkten zu beeinflussen. Um günstige Gelegenheiten für sich auszunutzen und Verluste zu vermeiden, verfährt sie dabei nicht anders als irgendein privater Großhändler. Sie geht Terminengagements ein, bei denen zwischen Effektivgeschäften und Spekulationen nicht immer zu unterscheiden ist.

Die kapitalistischen Staaten lassen ihre Börsengeschäfte durch Staatsbanken, häufiger aber noch, um die einzelnen Transaktionen zu kaschieren, ebenso wie es private Großspekulanten tun, durch kleinere Banken und Maklerfirmen durchführen. Sie bedienen sich dabei aller markttechnischen Kniffe, legen sich à la hausse und à la baisse, führen Scheinmanöver auf, arbeiten mit Überraschungseffekten, um zu ihrem Ziel zu gelangen. In Frankreich unterhält der Staat einen eigenen Börsenmakler: die staatliche Caisse des Dépôts et Consignations ist der 71. Agent de Change der Pariser Börse und darf genau so wie die klassischen 70 Agents de Change der Napoleonischen Börsenverfassung alle Börsengeschäfte ausführen. Das hindert aber nicht, daß auch in Paris der Staat sich bisweilen anderer Börsenmittler bedient.

Selten nur kann der Staat ohne bestimmte Nebenzwecke Kapital über die Börse anlegen und dadurch die Kursbewegung beeinflussen. Denn die modernen Staaten leiden im allgemeinen nicht an Geldüberfluß und brauchen sich deshalb keine Gedanken zu machen, wo und wie sie ihr mobiles Kapital langfristig investieren sollen. Bei besonderen Anlässen ergeben sich aber auch solche Situationen. Den prägnantesten Fall dieser Art bildeten in jüngster Zeit die Effektenkäufe des Vatikans nach der Wiederbegründung des Kirchenstaates. Beim Abschluß der Lateran-Verträge im Februar 1929 erhielt der Vatikan vom italienischen Staat rund 1½ Milliarden Lire, die Hälfte in italienischen Staatsanleihen, die Hälfte in bar. Zum Schutz des italienischen Rentenmarktes übernahm der Vatikan die Sperrverpflichtung, die Anleihen — nominal 1 Milliarde Lire, die nach dem damaligen Kurs aber nur 850 Millionen wert waren — während einer Reihe von Jahren nicht zu verkaufen. Auch die Überweisung des Barbetrages von 750 Millionen erfolgte mit möglichster Vorsicht, um jede Erschütterung der Staatsfinanzen und des Geldmarktes zu vermeiden. Der Vatikan durfte das Geld nur in Monatsraten von 40 Millionen von der italienischen Staatsbank abheben. Doch auch die Verwendung dieser Teilbeträge und der inzwischen angelaufenen Anleihezinsen zu Effektenkäufen reichte schon aus, um eine Haussebewegung zu entfachen.

Der Finanzberater des Vatikans, der Direktor der Banca Commerciale, Nogara, legte das Geld in italienischen Anleihen und Industrie-Aktien an, daneben auch in polnischen Anleihen. Für den Ankauf der Polenwerte waren vielleicht kirchenpolitische Gründe, vielleicht die hohe siebenprozentige Verzinsung, vielleicht aber auch die engen Beziehungen der Banca Commerciale und ihres aus Warschau stammenden Leiters Toeplitz zur polnischen Wirtschaft maßgebend. Da diese Ankäufe der Öffentlichkeit natürlich nicht unbekannt blieben, so kaufte das Publikum eifrig mit. Namentlich die italienischen Effektenmärkte erfreuten sich einer Aufwärtsentwickelung, die unter dem seltsamen Namen „Papst-Hausse" in die Börsengeschichte eingegangen ist. Der Rückschlag, der bald einsetzte, hat auch das Vatikanische Vermögen etwas in Mitleidenschaft gezogen.

Achtes Kapitel

DIE SPIELKOSTEN

Jedes Börsenengagement beginnt mit einem Verlust, mit einem sicheren, unvermeidlichen Verlust, nämlich mit den Spielgebühren. Die Börse muß, ebenso wie alle Spielkasinos und Spielklubs, Gebühren erheben, um sich selbst erhalten zu können. An größeren Börsenplätzen sind Organisationen vorhanden, die Tausende von Angestellten beschäftigen, um die Spekulationstriebe und -betriebe zu regulieren. Neben einem Heer von Vermittlern verlangt aber auch noch der Staat Abgaben für die Konzessionierung des Spielbetriebs. Das Geld, das dafür erforderlich ist, muß aus den Börsentransaktionen selbst herausgeholt werden. An allen Börsen bestehen darüber feste Vorschriften oder Usancen. Es gibt offizielle Courtage- oder Provisionstarife der Vermittler, es gibt die dazu noch aufgerechneten Kommissionssätze der Banken, es gibt auch nicht immer ganz stimmende Abrechnungen. Die Summe dieser Beträge stellt einen unbedingten Grundverlust des Spiels dar.

Wie hoch die Verluste sind, die durch die bloßen Börsenkosten entstehen, soll versuchsweise für die Pariser Börse in einem halbwegs guten Spekulationsjahr aufgezeichnet werden. Die Aktivitätsperiode der Jahre 1926 bis 1929 dient hier als Grundlage der in der Tabelle auf Seite 217 festgelegten Schätzungen.

Die Lebenskosten der Börse in guten Zeiten sind nicht gering. Sie erreichen im Laufe eines Jahres den Betrag von 1690 Millionen Francs, was auf jeden einzelnen der 270 jährlichen Börsentage verteilt die stattliche Summe von 6,25 Millionen ausmacht. Nimmt man diesen Betrag unter die Zeitlupe, so ergeben sich für jede Minute der zweistündigen Börsensitzung über 52000 Francs, die einfach verloren werden müssen, damit die Börse funktionieren kann.

Diese Kosten sind aber elastisch. Sie sind vor allem von der Höhe der Umsätze abhängig. Sie waren 1931 und 1932 bedeutend geringer als in den Jahren, in denen die Hausse die Spieler aller Formate an die Börsen zog, denn auch die

Börsenorganisationen strecken sich nach der Decke. Aber niemals konnten die Börsenkosten anders als aus den Börsenspielen herausgeholt werden. Es ist im übrigen auch möglich, die Höhe der Börsenkosten von einer anderen Seite her zu ermitteln. Man kann sich dazu der Umsatzziffern bedienen, die leider in Europa noch von keiner Börse vollständig und von Paris nur für einige Werte geliefert werden.

Betriebskosten der Pariser Börse	Millionen frs.
1. Reine Börsenspesen	
20000 Bank- und Börsenangestellte à 18000 frs. jährlich . . .	360
Umsatzsteuern	650
Telephonspesen und Kabelverkehr	40
Börsenbeiträge, Syndikatsabgaben, Mieten usw.	30
Zeitungen und Reklame	50
Emissions- und Einführungskosten	50
Versicherungen	20
Verschiedene Unkosten	60
Ticker	5
Reine Spesen	1265
2. Zusätzliche Börsenspesen	
Einkommen der Chefs der Börsenhäuser	
70 Agents de Change, jährlich etwa 400000 frs.	28
110 Coulissiers, jährlich etwa 200000 frs.	22
Kursschnitt (Carotte) bei etwa 1000 Stellen, die täglich 500 Francs schneiden	125
Bankenreingewinne aus dem Börsengeschäft, aus doppelten Courtagen, Sonderkommissionen, Zinsen usw.	250
Gesamtspesen der Börse	1690

Die durchschnittliche Belastung eines Engagements an den europäischen Börsen ist unter Einbeziehung der Steuersätze, der Courtagen oder Kommissionen sowie der von den Banken noch verschiedentlich berechneten Sondergebühren und einschließlich des oftmaligen Kursschnitts kaum unter einem halben Prozent des Kurses zu veranschlagen. Beim Kauf und beim Verkauf entstehen jedesmal die gleichen Spesen. Die Jahresumsätze in Paris erreichten für die Periode 1926 bis 1929 im Parkett, in der Coulisse und dem freien Markt zusammen, nach verschiedenen Schätzungen, mehr als 300 Milliarden Francs oder 12 Milliarden Dollar, während in Wall Street zu gleicher Zeit gegen 36 bis 40 Milliarden Dollar im Jahre umgesetzt wurden. Bei 300 Milliarden Francs Umsatz aber ergibt ein halbes Prozent an Spesen auch hier ein Minimum von anderthalb Milliarden Francs an Börsenkosten im Jahre.

Was kostet Wall Street?

In ganz anderen Dimensionen bewegt sich die Börsenrechnung von Wall Street. Bei den immensen Schwankungen der Kurse und der Umsätze kann man hier von durchschnittlichen Spielkosten nicht sprechen. Um ein der Wirklichkeit nahekommendes Bild zu geben, muß man vielmehr zwischen den stürmischen und den stillen Jahren der New Yorker Börse unterscheiden. Als Beispiele seien hier die extremen Jahre 1929 und 1932 einander gegenübergestellt.

Die unvermeidlichen Spielkosten waren in Wall Street in dem Boom- und Break-Jahr 1929 mehr als zwanzigmal so hoch wie in den lebhaften Jahren der Pariser Börse. Dabei kann diese Aufstellung noch keinen Anspruch auf Vollständigkeit erheben. Die amerikanische Business-Publizität legt keinen Wert darauf, der Öffentlichkeit mitzuteilen, welche Summen die Aufrechterhaltung des Spielbetriebs erfordert. In keiner amerikanischen Statistik über die verschiedenen Wirtschaftszweige findet sich eine Analyse der Börsenkosten. Man erfährt zwar in vorbildlicher Weise die Kursschwankungen der einzelnen Werte über Jahrzehnte zurückverfolgt, die Höhe der Spielkredite, sogar die Erfassung der schwebenden Baisse-Engagements wird versucht. Man ergeht sich im Rausch der astronomischen Milliardenziffern aneinandergereihter Jahresumsätze, multipliziert zum höheren Ruhme der Börse die Kurse auch mit denjenigen Aktien, die in Safes schlummern und noch nie den Gegenstand einer Börsentransaktion bildeten, und gelangt so zu pompösen Kapitalisierungen des Börsenwertes, den es in Wirklichkeit nicht gibt. Aber von den höchst realen Ziffern der unwiederbringlich verlorenen Börsenspesen steht in all diesen Statistiken nichts. Auch die Universitätswissenschaft, die sich gerade in Amerika so liebevoll der theoretischen Rechtfertigung der Börse annimmt, hat die Kostenfrage des Spiels nicht ihrer Beachtung für würdig befunden. So überrascht es denn auch nicht, daß die Organisation der New York Stock Exchange ihre Verwaltungskosten als Clubgeheimnis betrachtet. Das Volk soll eben nicht wissen, was es verspielen muß, um spielen zu können.

Betriebskosten der New Yorker Börse	Millionen Dollar	
	1929	1932
1. Reine Börsenspesen		
40000 Angestellte à 2000 Dollar jährlich	80	—
30000 „ à 1500 „ „	—	45
Börsenverkehrssteuern	78	45
Telephon und Telegraph	4	2
Zeitungen und Reklame	50	10
Emissionskosten und Einführungsspesen	25	2
Versicherungen	4	2
Verschiedene Unkosten, Mieten und Sachspesen	15	10
Ticker	1	1
	257	117
Hierzu:		
Call Money (Zinsen für Spielkredite)	460	8
	717	125
2. Zusätzliche Börsenspesen		
Einkommen der Chefs der Börsenhäuser	400	25
Kursschnitt	480	125
Gesamtspesen	1597	275

Trotzdem bedarf es keiner schwarzen Künste, um die wirklichen Kosten der Börse wenigstens der Größenordnung nach zu errechnen. Die Einzelaufstellung der Börsenkosten, die in großen Spieljahren weit über eine Dollarmilliarde und auch noch in der schwersten Depression eine Viertelmilliarde erreichten, enthält neben den unzweifelhaften Spesen wohl nur einen zweifelhaften Posten: den Kursschnitt. Daß auch in Wall Street beim Kauf nach oben und beim Verkauf nach unten abgerundet wird, liegt in der Natur des Börsengeschäfts, und selbst die sorgfältige Registrierung jedes einzelnen Abschlusses durch den Ticker ändert an diesem Jahrhunderte alten Brauch nicht viel. Fraglich dagegen mag sein, ob der Kursschnitt in Wall

Street zur Deckung der Betriebskosten notwendig ist oder einen Sondergewinn der Vermittler darstellt. Sicherlich bestreiten die Broker in schlechten Konjunkturen damit einen Teil ihrer eigenen Spesen.

Auch eine Gegenrechnung von der Seite der Börsenumsätze her ergibt, daß ohne den Kursschnitt Wall Street in spielbewegten Jahren über eine Milliarde Dollar und in schlechtesten Zeiten ein Sechstel bis ein Achtel dieser Summe als Existenzminimum beansprucht. Nimmt man auch hier wieder die Zahlen unter die Zeitlupe, so ergibt sich, daß 1929 pro Tag 5,5 Millionen Dollar und pro Börsenminute 20000 Dollar verloren werden mußten, damit das Spiel funktionierte. 1932 war trotz allen Kriseneinbußen ein „billiges" Jahr. Die Börsenminute kostete nur noch rund 3000 Dollar.

Schätzungen für andere Börsenplätze lassen sich infolge der mangelhaften Börsenstatistik heute nicht aufstellen. Man kann nur feststellen, daß in Europa im allgemeinen der Satz gilt: Jemand, der beispielsweise eine Aktie bei einem Kurs von 1000 kauft, kauft sie in Wirklichkeit bei 1005. Wer aber glaubt, diese gleiche Aktie bei 1000 verkauft zu haben, der hat sie in Wirklichkeit bei 995 verkauft, so daß selbst ein Kauf und Verkauf bei gleichem Kurse, also ein scheinbar verlustloses Geschäft, in Wirklichkeit einen Verlust darstellt.

Es gibt wohl auch Spesennuancen, die sich auf die Geschäfte der Broker unter sich erstrecken, auf denen außer der Steuer in der Regel keine andere Gebühr lastet. Die Vermittler machen auch den Banken und den Bankiers als Engroskunden Spesenrabatte. Die Detailspekulanten aber haben im allgemeinen, je kleiner ihre Spielverpflichtungen sind, um so höhere Gebühren zu bezahlen, besonders wenn sie ihre Aufträge auf dem Umwege über eine Bank an die Börse gehen lassen. In solchen Fällen kennt oft die Phantasie der Banken im Ausdenken von Börsenspesen keine Grenzen. Doch auch die kostspieligsten Abrechnungen vermögen weder dem kleinen noch dem großen Spieler klarzumachen, daß das bloße Eingehen einer Börsenverpflichtung schon einen Verlust bedeutet.

Die Reports

„Und wenn es nicht gleich steigt, so werden wir ganz einfach Ihr Engagement reportieren.“ Dieser Satz gehört zum ständigen Repertoir der für die Börsen reisenden Remisiers, der Bankbeamten am Effektenschalter und auch der den Kunden mit Tips versehenden Bankiers. Der Kunde gewinnt dadurch die Möglichkeit, in einer schier unbegrenzten Zeit scheinbar doch mit Gewinnchancen zu spielen. Der Vorschlag klingt so plausibel, daß der Kunde meist darauf eingeht. Das Engagement wird reportiert. Das bedeutet: Der Form nach übernimmt ein Geldverleiher die à la hausse gekauften Aktien des Spielers und hält sie bis zum nächsten Liquidationstermin für ihn. Juristisch erwirbt der Geldverleiher die Effekten und verkauft sie sofort zum nächsten Stichtag wieder an den Spieler zurück. Tatsächlich handelt es sich jedoch nur um ein Kreditgeschäft. Der Geldverleiher finanziert das Durchhalten der Position für den nächsten halben Monat, läßt sich dafür einen Zins zahlen, den Report, und behält die Effekten als Sicherheit. Der Spieler bleibt im Spiel, er kann jederzeit bestimmen, wann und zu welchem Kurse er die Effekten verkaufen will, er bekommt auch die eventuell fälligen Kuponerträge. Das Ganze ist also ein rein administrativer Vorgang, der am Spiel nichts ändert.

Bei Baisse-Engagements wickelt sich die Prolongation, die man hierbei Deportierung nennt, etwas anders ab. Da benötigt der Spieler für die eingegangene Lieferungsverpflichtung wirkliche Effekten. Er leiht sie sich dazu von Effektenbesitzern, die auch Banken sein können, aus. Je nach der Nachfrage nach solchen Effekten schwankt die Leihgebühr, der Deport. Auch hier tritt ein Geldgeber zur Finanzierung der Transaktion ein, und der Vorgang spielt sich dann praktisch so ab, daß der Spekulant die von ihm gefixten Effekten zu einem bestimmten Kurs am Stichtage kauft und sofort zur Lieferung für den nächsten Stichtag und zu einem niedrigeren Kurse wieder verkauft.

Reports wie auch Deports lassen sich, abgesehen von Ausnahmesituationen in Boom- oder in Krachperioden, beliebig oft verlängern. Alle Spieler sehen in diesen Verlängerungsmöglichkeiten ihrer Partien eine bedeutende Spielerleichterung. Daß aber diese Spielerleichterung, wie alle anderen Zugeständnisse, die die Börse in ihren Spielregeln macht, auch teuer bezahlt werden muß, steht einem großen Teil der Spielerschaft nicht vor Augen.

Jedes Report- oder Deportgeschäft stellt nämlich gleich zwei Börsentransaktionen dar: einen Verkauf und einen Kauf. Für jede der Transaktionen ist Courtage mit verschiedenen Kommissionen und auch noch die Transaktionssteuer zu bezahlen. Über diesen beiden Gebührensätzen steht aber außerdem noch die Report- oder die Deportgebühr. In Paris, in London, in Wien, in Brüssel gibt es zwei Liquidationen im Monat. In Berlin findet die Liquidation nur einmal im Monat statt. Diese Liquidationsnormierung hat zweifellos für den gesamten Effektenmarkt ihre Vorteile. Sie zwingt Käufer und Verkäufer alle vierzehn Tage oder wenigstens an jedem Monatsultimo, ihre Spielkonten zu kontrollieren und Verluste zu begleichen.

Liegt ein Spieler am Terminmarkt à la hausse und steigen die Kurse nicht, so prolongiert er so lange, bis er dessen überdrüssig wird oder durch zu große Verluste die Partie aufgeben muß. Steigen die Kurse aber, so prolongiert er oft, um möglichst einen noch höheren Gewinn in der nächsten Liquidationsperiode zu erzielen. Beim Baissier ist es umgekehrt. Obwohl die Prolongationsspesen allein den Spieler kaum ruinieren können, sind sie doch ganz beträchtlich. Das bemerkt man, wenn man untersucht, was es kostet, ein Börsenengagement sechs Monate lang an den Terminmärkten durchzuhalten. Es gibt auch da zumindest zweierlei Spieltarife: den für die Professionells und den für die Kunden im weitesten Sinne.

In Paris, wo die Courtagen und die Geldsätze niedriger zu sein pflegen als an den anderen europäischen Börsen, kostet die Prolongation einer Spielverpflichtung an Courtagen und Steuern etwa 6 Prozent in sechs Monaten. Dazu kommen noch in normalen Zeiten die Reportsätze von mindestens 3 Prozent jährlich, also 1,5 Prozent im Halbjahr, wodurch der Minimalspesensatz eines halbjährigen Engagements auf 7,5 Prozent steigt. Die Kundschaft, die noch Sonderkommissionen zu bezahlen hat, dürfte eine halbjährige Prolongation kaum unter 9 bis 10 Prozent Spesen erhalten. In London erreichen die gleichen Spesen im allgemeinen auch 7 bis 9 Prozent im Semester. In Deutschland sind sie infolge der meist höheren Zinssätze der Reportgelder, obwohl nur sechs Liquidationen im Halbjahr stattfinden, auch nicht unter 8 Prozent zu veranschlagen, wenn man die zahlreichen Nebenspesen des Abrechnungsverfahrens mit in Betracht zieht.

Auf Grund solcher Tatsachen ergibt sich, daß der gewöhnliche Kunde, der eine Terminverpflichtung eingeht und sie sechs Monate lang hält, nur dann verlustlos aus ihr herauskommen kann, wenn die Kurse inzwischen mindestens um 10 Prozent gestiegen sind. In außergewöhnlichen Hausseperioden steigen aber auch die Zinssätze für das Reportgeld weit über das „justum pretium" des heiligen Thomas von Aquino hinaus. Reportsätze von 10 bis 30 Prozent pro Jahr sind bei völlig intakten Währungen in den Jahren 1927 bis 1929 an den führenden Börsen der Welt keine Seltenheit gewesen. Sie erreichten ein Vielfaches der reinen Transaktionsspesen und verteuerten das Spiel noch mehr, ohne allerdings die Spekulation in ihrer Jagd nach Gewinn erheblich zu beeinträchtigen.

Denn wer reportiert, spielt auf Kredit. Wer spielt, hofft zu gewinnen, und wer zu gewinnen glaubt, sieht, solange er noch nicht die Verlustabrechnung in seinen Händen hat, nicht auf die „Nebenspesen", die er durch seine künftigen Gewinne für reichlich aufgewogen hält. Erst wenn er verliert, schimpft er über sie, um sie bei der nächsten Spekulation ebenso wieder in Kauf zu nehmen. Die von vornherein gewinnvermindernde Funktion der Reportspesen schreckt keinen Spieler. Über solche Dinge wird an der Börse auch fast nie gesprochen.

Gibt es einen Börsianer?

Der Glaube, daß man an der Börse gewinnt, spiegelt sich vielleicht am deutlichsten in dem Begriff des „Börsianers" wider. Der Börsianer ist ein Lebewesen, dem man in unzähligen Gesprächen begegnet. In Haussezeiten redet man von ihm neidisch-bewundernd, in Baisseperioden mitleidig-höhnisch, aber immer gleich unklar. Geht man der Idee, die man sich allgemein vom Börsianer macht, einmal nach, so gelangt man ungefähr zu folgender Definition: Börsianer sind Leute, die mit relativ geringem Eigenkapital ein regelmäßiges Einkommen aus der Ausnutzung von Kursschwankungen beziehen. Diese Ansicht ist ebenso irrig wie viele andere Ansichten, die man sich außerhalb der Börse über die Gewinnmöglichkeiten der Spekulation macht. Je näher man nämlich das Börsenvolk betrachtet, um so deutlicher kommt man zur Erkenntnis, daß es wahrscheinlich keinen Börsianer im Sinne der herrschenden Meinung gibt. Denn Gewinnen ist ohnehin schon eine außerordentlich schwierige Sache, Gewinnen mit Regelmäßigkeit ist ein Wunschtraum, aber keine Tätigkeit, die man zum Beruf stempeln könnte. Glück am laufenden Band gibt es nur bei Wahrsagerinnen und nicht in den Kursen.

Es ist gewiß schon vorgekommen, und es wird sich auch noch oft ereignen, daß jemand durch Börsenspiel zu Vermögen kommt. Es handelt sich aber da immer wieder nur um Einzelfälle. Regelmäßige Einkommen aus Kursdifferenzen lassen sich nur beim gefahrlosen Kursschnitt als Dauererscheinung nachweisen. Infolgedessen kann man als Börsianer im wirklichen Sinne eigentlich nur den Vermittler betrachten. Auch der vielerwähnte Börsenprofessionell ist hauptberuflich Vermittler, und wenn er in dieser Funktion, aus der er ein regelmäßiges Einkommen beziehen kann, auch selbst mitspielt, so ist seine pekuniäre Basis doch der Vermittlergewinn. Als Vermittler im weitesten Sinne sind ebenso die Banken und Bankiers wie die Broker, Jobber, Makler, Agents de Change, Coulissiers und nicht zuletzt auch das Börsenpersonal zu betrachten. Da alle diese Berufskategorien den Dauergewinn aus dem Spiel für möglich halten oder zumindest nicht verneinen, werden sie sich nur selten klar darüber, daß sie eigentlich von Kommissionen leben und nicht vom Spiel. Wenn sie den sehr verbreiteten Irrtum begehen, ihre Spielgewinne im Januar im voraus bereits mit zwölf zu multiplizieren, um ihr „Wunscheinkommen“ für das Jahr zu berechnen, so bemerken sie meist schon im März, daß man Börsengewinne nicht multiplizieren darf, sondern addieren muß. Sehr häufig aber enden solche Additionen mit einem dauernden Minuszeichen. Man könnte sich sogar versucht fühlen, die irrtümliche Vorstellung vom Börsianer mit regelmäßigem Gewinn durch die wirklich vorhandenen Gestalten der Spekulanten mit regelmäßigem Spielverlust zu ersetzen.

Die Gilde der Verlierer ist an der Börse ein ebenso großer wie anonymer Verein, zu dem sich die Spieler nur ungern bekennen wollen, auch wenn sie ihm tatsächlich schon angehören. Unter den Verlierern befinden sich die Vertreter aller sozialen Schichten und aller Kategorien der Börsenfiguranten. Die ständig schwankenden Börsenkurse und die mit den Kursschwankungen ständig wechselnden Spekulationsverpflichtungen bringen es mit sich, daß man die Börsengewinne in ihrer Gesamtheit niemals genau ermitteln kann. Ebensowenig kann man die Gesamtheit der Börsenverluste für einen bestimmten Zeitraum exakt errechnen. Lediglich beim Zusammenbruch einer Gesellschaft oder einer Spielergruppe, so bei den Krachs von Oustric, Gualino, Kreuger, Insull, werden Verlustschätzungen publiziert, die der Wahrheit nahekommen.

An den Grundtatsachen jedoch besteht kein Zweifel. Es gibt keinen Spekulanten, der im Börsenspiel noch nicht verloren hätte, aber es gibt unzählige, die dort noch nicht gewonnen haben. Die zu Anfang dieses Kapitels aufgestellte Rechnung von den zwangsläufig aus dem Spiel herausgeholten Kosten der Börse bestätigt diese Beobachtung. Man kann beinah als feststehende Regel annehmen, daß die Verluste im Quadrat zur Entfernung des Spielers von der Börse steigen. Wer unmittelbar am Markt ist, hat das geringste Verlustrisiko. Wer erst mehrerer Vermittlerstellen bedarf, um seine Börsenaufträge durchführen zu lassen, ist der Verlustgefahr am stärksten ausgesetzt. Das gilt, auch wenn die Provinzspekulanten, die einmal gewannen, diese Ansicht mit Entrüstung zurückweisen. Kleine und unerfahrene Kunden, die an allen Börsen der Welt die Herde der

Mitläufer darstellen, werden im Börsenjargon bezeichnend die „Hammel“ (moutons, lambs) — hier vom Scheren abzuleiten — genannt. Da der Kleinspekulant nicht nur durch seine Unkenntnis im Nachteil ist, sondern noch durch die relativ höheren Spesen, die man ihm für seine Spiele berechnet, ist er das eigentliche Börsenopfer. Kleine Kaufleute, Gastwirte, Ärzte, Beamte, Pfarrer, Künstler, Handwerker, Hausangestellte, sie alle tragen ihr Scherflein zum Börsenbestand bei. Und sie werden es stets wieder tun, denn die Gewinnmöglichkeit lockt sie auch nach Verlusten in den Bann der Kurse.

Gewinn und Verlust ungleich

Da an der Börse gleichzeitig — durch Käufer und Verkäufer, durch Haussiers und Baissiers — Geld verloren und gewonnen werden kann, ist die Auffassung verbreitet, daß der eine gewinnt, was der andere verliert. Tatsächlich ist es ja auch so bei allen anderen Formen des Spiels um Geld. In jedem Spielkasino und an jedem privaten Spieltisch gibt es einen realen Spielfonds, der aus der Gesamtheit der Einsätze besteht. Ist die Partie vorüber, so findet, den Spielregeln gemäß, die Verteilung der Einsätze statt. Bei öffentlichen Spielen verlangt die Verwaltung — und meistens auch noch der Staat — ihren Anteil vorweg. Der Rest geht an die Gewinner. Gewinn plus Verwaltungsgebühren und Steuern auf der einen Seite, Verlust auf der anderen Seite müssen sich stets ausgleichen. So ist es beim Roulette und beim Baccara, bei der Lotterie und beim Renntotalisator. An der Börse ist es anders. Abgesehen davon, daß hier nicht eine gemeinsame Partie innerhalb einer bestimmten Frist gespielt wird, sondern unzählige Partien zeitlich und finanziell unabhängig voneinander im Gange sind, gibt es auch für die einzelne Partie keinen fest umrissenen Spielfonds. Die Einsätze fließen nicht in eine gemeinsame Kasse.

Auch der Herkunft nach unterscheiden sich die Einsätze beim Börsenspiel von den Einsätzen bei allen anderen Spielen. Die Einsätze der Börse kommen aus zwei wirtschaftlichen Bezirken. Sie stammen einmal von Leuten, die sich außerhalb der Börse Geld gemacht haben. Ein anderer Teil aber stammt aus Krediten, die auf dem Wege über die Banken und Broker die Notenbank dem Börsenspiel zur Verfügung stellt. Auf diesen ganz verschiedenartigen Finanzgrundlagen also wird gespielt.

Betrachtet man die einzelne Spielpartie isoliert, so hat es zwar in normalen Zeiten, wo die Kurse etwas herauf- und dann wieder etwas heruntergehen, den Anschein, als ob auch an der Börse der Verlust des einen zum Gewinn des anderen wird. Wer zu einem niederen Kurs Papiere kauft und sie zu einem höheren Kurs wieder verkauft, hat gewonnen, während derjenige, der zu einem höheren Kurs gekauft hat, zunächst das Verlustrisiko trägt, das zu einem wirklichen Verlust wird, wenn der Kurs wieder sinkt und der Besitzer gezwungen ist, zu einem niedrigeren Kurse zu realisieren. Es wäre demnach so, daß nur der Käufer zum höchsten jemals erreichten Kurs einen absoluten Verlust, und der Käufer zum niedrigsten jemals erreichten Kurs einen absoluten Gewinn davonträgt, während alle anderen Gewinne oder Verluste sich im Laufe einer gewissen Zeit ausgleichen.

Durch den Mechanismus der Spielkredite kann aber diese Gewinn- und Verlustrechnung vollkommen über den Haufen geworfen werden. Mit Hilfe der regulären Spekulationskredite ist es in der Tat möglich, an der Börse Gewinne zu erzielen, ohne daß jemand verliert. Nehmen wir einen extremen Fall an: Ein Besitzer von Aktien mit einem Kurswert von 100000 Mark beleiht diese Aktien bei einer Bank oder in westlichen Ländern bei einem Broker, erhält darauf 30000 Mark Kredit und kauft dafür Aktien einer anderen Gesellschaft. Infolge der stärkeren Nachfrage, die dadurch hervorgerufen wird, muß er für die neuen Aktien, die bisher 100 notierten, einen Kurs von 103 zahlen. Der Verkäufer dieser Aktien, der sie selbst zu 100 gekauft hatte, hat also einen Kursgewinn von drei Prozent erzielt, ohne daß jemand an der Transaktion — außer dem unvermeidlichen Spesenverlust — etwas verloren hat. Wiederholt sich dieser Fall zur selben Zeit an hundert verschiedenen Stellen, so können — theoretisch — rein auf dem Kreditwege schon erhebliche Kursgewinne entstehen. In Wirklichkeit fließen jedoch, sobald solch eine Kursentwicklung in Gang kommt, der Börse auch stets neue Gelder aus dem Publikum zu, von Leuten, die die Hausse „mitnehmen" wollen. Immerhin hat es schon starke Kursbewegungen gegeben, die sich im wesentlichen auf Kreditbasis aufbauten.

Die Gefahr derartiger Bewegungen ist allerdings für alle, die zu höheren Kursen „eingestiegen" sind, ungemein groß. Denn sobald die Notenbank die Kreditunterlage verkürzt, auf der gespielt wird, bricht das Kursgebäude zusammen und begräbt unter sich nicht nur die auf Kredit entstandenen Engagements, sondern auch diejenigen, die durch echte Zufuhr von Geld zustandegekommen sind. Einige der schärfsten Baissen der Börsengeschichte, namentlich der „Schwarze Freitag" der Berliner Börse vom Mai 1927, rührte, wie schon in anderen Zusammenhängen gezeigt wurde, von derartigen Kreditrestriktionen her.

Viel häufiger sind indessen die Fälle, in denen an der Börse Verluste entstehen, ohne daß jemand gleichzeitig oder vorher im Spiel gewonnen hat. Auch dafür ein extremes Beispiel: Eine Gesellschaft hat ihre Aktien im Wege der Zeichnung zu einem Kurs von 100 ins Publikum gebracht. Bald darauf erfolgt die Börseneinführung des Papiers am Kassamarkt, wo nicht auf Termin gehandelt, also auch nicht gefixt werden kann. Schon bei der ersten Notierung erreicht das Papier, was gar nicht so selten geschieht, nicht mehr den Emissionskurs. Es kommt vielmehr nur auf 95. Da die Gesellschaft ungünstig arbeitet, vielleicht aber auch ohne spezielle Gründe, infolge eines allgemeinen Konjunkturumschlags, sinken die Aktien weiter auf 90, auf 70, auf 50. Für die Gesellschaft, die ebenfalls von dem Konjunkturumschlag betroffen ist, werden die Dividendenaussichten immer geringer, ein Teil der Werke wird stillgelegt, und schließlich muß das Unternehmen liquidieren. Die Kurse sind inzwischen auf Null oder annähernd auf Null gesunken. In diesem Fall hat niemand gewonnen. Das Geld, das die ersten Zeichner in diesen Aktien investiert haben, ist in Fabriken gesteckt worden, die sich als unrentabel erwiesen und nur noch den Wert eines alten

Schuppens irgendwo auf dem Lande haben, also so gut wie gar keinen Wert mehr repräsentieren. Das Geld der Aktionäre ist unwiederbringlich verloren.

In der Praxis wird es auch in solchen krassen Fällen, die die Börsengeschichte zu Hunderten aufweist, immer noch kleine Gewinnchancen gegeben haben. Denn auch die stürmischste Baissebewegung vollzieht sich, wie wir gezeigt haben, in Zickzacklinien. Es gibt stets kleine Hausseintervalle, die einzelne Käufer mit Geschicklichkeit und Glück ausnutzen können. Die überwiegende Mehrzahl der Aktienbesitzer verliert aber in derartigen Fällen einen wesentlichen Teil ihres Einsatzes, ohne daß dem entsprechende Gewinne gegenüberstehen.

Im ganzen ergibt sich aus dieser Betrachtung: Der Börsenkurs wird zunächst bestimmt durch das Geld, das die Zeichner und die Käufer bei der Börseneinführung des Wertpapiers dafür angelegt haben. Kurssteigerungen und Gewinne sind nur möglich, wenn von außen her, sei es durch Barzahlung oder durch Spielkredite, neues Geld über die Börse geleitet wird. Kursabwertungen und Verluste sind indessen immer möglich, auch ohne daß die Spielkredite verringert werden.

Die Fiktion des Börsenwertes

Untersucht man die täglichen Umsätze der einzelnen Wertpapiere einmal näher, so kommt man zu dem Ergebnis, daß in normalen Zeiten bei führenden Werten ein Tagesumsatz von ein bis zwei Prozent des Aktienkapitals schon ein „lebhaftes Geschäft“ ist. Bei weniger spekulativen Werten wird im Laufe eines Jahres nicht einmal das ganze Kapital des Unternehmens börsenmäßig umgesetzt. Es kann hier auf Grund der vorhandenen Umsatz-Statistiken der Börse von New York abgeleitet werden, daß der gesamte Börsenwert der notierten Aktien allenfalls einmal im Jahr durchgespielt wird.

In New York erreichte 1929 der höchste „Börsenwert“ sämtlicher Aktien der Stock Exchange rund 89 Milliarden Dollar. Die Gesamtheit der Aktienumsätze in diesem

Ausnahmejahr betrug bei einem durchschnittlichen Tagesumsatz von 3 Millionen Shares mit einem Mittelkurs von 90 Dollar, bei 300 Börsentagen, rund 81 Milliarden Dollar. Im Jahre 1932 standen einem durchschnittlichen Börsenwert der Aktien von etwa 22 Milliarden Dollar nur Gesamtumsätze von etwa 10 Milliarden Dollar gegenüber. An den anderen großen Börsen liegen die Dinge im Verhältnis analog.

Im Durchschnitt betragen die Tagesumsätze ein Drittel Prozent des an den Börsen zugelassenen Aktienkapitals. Dieses Dreihundertstel, oft auch nur Tausendstel des Aktienkapitals wird aber, wenn auch nur für einen Tag, zum Bewertungsmaßstab für die Gesamtheit der Aktien. Bei näherem Hinsehen ist das nichts anderes als eine Fiktion. Freilich eine Fiktion, die zu einem gewichtigen Bestandteil nicht nur des modernen Wirtschaftslebens, sondern auch seiner wissenschaftlichen Theorie geworden ist. Diese relativ kleinen täglichen Effektivumsätze in einzelnen Aktienkategorien werden heute, gleichgültig, ob sie durch Kreditspiele hervorgerufen sind oder durch reguläre Käufe, von allen Finanzleuten und sogar von den Notenbanken als Unterlage zur Gesamtbewertung des Kapitals eines Unternehmens herangezogen. Die Selbstverständlichkeit, mit der das geschieht, ändert nichts an der hier vollkommen fehlerhaften Logik.

Wird beispielsweise durch den Umsatz von 500 Aktien eines Unternehmens, das 100000 Aktien ausgegeben hat, eine Kurssteigerung der Aktien von 100 auf 110 erzielt, so steigt in jeder ernsten wirtschaftlichen Betrachtung der Börsenwert des Unternehmens von zehn Millionen auf elf. Die an der Börse nicht umgesetzten restlichen 99500 Aktien steigen nach der herrschenden Meinung dadurch mit, ohne vielleicht jemals durch den Börsenhandel gegangen zu sein. Zu gleicher Zeit braucht sich in der Lage des Unternehmens überhaupt nichts verändert zu haben. Würden nun einige Besitzer der restlichen 99500 Aktien, durch die Kurssteigerung des vorhergehenden Börsentages angeregt, versuchen, sich ihrer Aktien zu diesem Kurse von 110 zu entledigen und dadurch mit größeren Aktienangeboten, beispielsweise 1000 Stücken, nach Käufern suchen, so könnten sie sie wahrscheinlich nur bei einem Kurs von 90 finden. Und damit würde dann der Börsenwert des Unternehmens wieder, ohne daß sich seine wirtschaftliche Lage geändert hat, von elf auf neun Millionen gesunken sein.

Auf derartige Fiktionen des Börsenspiels gründen sich aber, da die Wirtschaft sie völlig ernst nimmt, zwei Gruppen äußerst weittragender und oft weltbewegender ökonomischer Probleme:

1. Kreditreduktion und Kreditschöpfung;
2. Konsumbeschränkung und Konsumförderung.

Seit seinem Aufkommen, also seit über einem Vierteljahrtausend, ist das Wertpapier ein anerkanntes Pfandobjekt bei Krediterteilungen. Das Kreditsystem auf der Grundlage von Effektenhinterlegung (Lombardierung) bemißt die Höhe des Kredits nach dem jeweiligen Börsenkurs des Wertpapiers. Steigen die Kurse des hinterlegten Effekts, so ziehen sie automatisch eine Erhöhung der Kreditmöglichkeit mit sich. Auf diese Weise kann bei der Hausse einer Aktie der Gesamtwert des Unternehmens steigen. Auf dem Umwege über die Lombardierung von Aktien, die gar nicht im Spiele sind, kann zusätzliches Geld in irgendein anderes Unternehmen hineingelangen, ja es kann auch zusätzliches Geld in neue Börsenspiele geführt werden. Die letzte Erscheinung kommt oft vor, da Effekten eine beliebte Sicherung für Spielkredite an den Börsen sind. Bei jeder Hausse dieser als Spielkreditunterlage dienenden Wertpapiere steigt der Spielkredit ihres Besitzers.

Daß solche Kreditschöpfung in Hausseperioden einen reinen Inflationscharakter besitzt, hat die Wirtschaftswissenschaft aber erst nach dem amerikanischen Krach von 1929 erkannt. Ohne dieses Problem zuspitzen zu wollen, kann man sagen, daß durch einen gewöhnlichen Spekulationskauf irgendeines Spielers der Kredit eines an dieser Transaktion völlig uninteressierten Industriellen steigt, der ein Aktienpaket, das er von seinem Vater erbte und das nie den Gegenstand einer Börsentransaktion bildete, bei einer Bank als Kreditsicherheit hinterlegt hat. Sowohl der Spieler, der den Kurs trieb, als auch der Bankier, der den Kredit gibt, und der Fabrikant, der ihn verwendet, sind sich der Fiktion, die ihrer Transaktion in jedem Sinne als Grundlage dient, nicht bewußt.

Börse und Konsum

Noch viel augenfälliger aber sind die Auswirkungen der Hausse in der Konsumförderung. Da führt die Kursfiktion zu ganz gefährlichen Konsequenzen. Man nehme hier einen Fall an, wie er sich jeden Tag ereignen kann:

Jemand erwirbt ohne spekulativen Hintergedanken im Wege der Zeichnung hundert junge Aktien eines Unternehmens zu ihrem Nennwert, also zu einem Kurs von 100. Sobald die Aktien an der Börse zugelassen sind, verfolgt er ihre Kursentwicklung. Steigt der Kurs auf 120, so wird es keinem Zweifel unterliegen, daß der Besitzer dieser hundert Aktien glaubt, zwanzig Prozent an seiner Anlage gewonnen zu haben. Und ohne daß er zu dem für ihn erfreulichen Kurse verkauft hat, verbucht er im Geiste diesen nicht realisierten Gewinn bereits auf der Aktivseite seiner Gedächtnisbuchhaltung. Der Schritt von dieser Fiktion in die wirtschaftliche Wirklichkeit ist dann nur noch ganz kurz. Derjenige, der so „auf dem Papier“ einen Scheingewinn erzielt hat, befindet sich augenblicklich in einem psychologisch veränderten Zustand. Er sieht die Welt durch die Hausse-Brille und zögert nicht, auf den Scheingewinn hin die bekannte Flasche Champagner zu trinken oder aber irgend jemandem einen Silberfuchs zu kaufen, wenn es immer noch der Kurszettel zu erlauben scheint.

Diese Art der Verbrauchsanregung durch nur errechnete, aber nicht verwirklichte Gewinne spielt im wirtschaftlichen Leben eine erhebliche Rolle, und es ist eine bekannte Erscheinung, daß bei jeder Börsenhausse, also bei jeder fiktiven Schaffung von „Gewinnen auf dem Papier“, der Verbrauch bestimmter Warengattungen zunimmt. Mit jeder stärkeren Hausse geht eine Steigerung des Juwelenabsatzes parallel. Auf ihre Scheingewinne hin entschließen sich die glücklichen Aktionäre leichter zum Kauf eines Autos. Kurz, der Absatz von Erzeugnissen, die über die Lebensnotwendigkeiten hinausgehen, ist in starkem Maße von der Schaffung der fiktiven Börsengewinne abhängig. Die Bedeutung imaginärer, weil eben nicht realisierter Gewinne ist daher für die Wirtschaft und Gesellschaft sehr groß.

Tritt der umgekehrte Fall ein, geht die Börse in Zickzacklinien herunter, so setzt sich auch dabei wieder die Fiktion des Börsenkurses in der Wirtschaft durch. Nur daß sie hier nicht mehr aufbauend, sondern zerstörend wirkt. Die Gesamtheit der nicht im Spiele stehenden Wertpapiere verliert oft durch kleinste Börsenumsätze — es kann eine einzige Aktie sein — mit jedem Kursabstrich an Wert. In Baisseperioden kann ein Fixgeschäft über 1000 Aktien einer Gesellschaft, von der 100000 zur Börse zugelassen sind, Millionenbeträge einfach vernichten, während es dem Spieler nur relativ geringe Gewinne einbringt. Wobei man meistens nicht mehr überlegt, daß diese Millionen, die scheinbar verloren werden, manchmal auch nur auf dem Papier entstanden waren.

Während sich aber die Schöpfung von Fiktionskredit durch die Hausse wirtschaftsfördernd und technisch reibungslos vollzieht, geht die Kreditrestriktion durch die Baisse lawinenartig vor sich. Die Herabsetzung der Beleihungsgrenze für Wertpapiere erfolgt nämlich viel schneller als die Heraufsetzung. Jede Baisse an den Börsen bestärkt zuerst einmal den „Willen zur Flüssigkeit" bei allen Banken, die sich nicht der Gefahr aussetzen möchten, mit ihren Effektenkrediten hängenzubleiben. Da die Banken und andere Kreditgeber auf Wertpapiergrundlage sich selbst näherstehen als dem Kunden, fordern sie meist in allerkürzester Frist vom Kreditnehmer eine Vervollständigung der Sicherheiten, also einen Nachschuß auf den Kredit. Diesen Nachschuß kann der Kunde, gleichviel, ob er ein regelmäßiger Spekulant ist oder gutgläubig sein Geld in Aktien angelegt hat, in der Baisse aber nicht immer leisten. Die Bank verteidigt sich und zwingt ihn dann einfach, die als Kreditsicherheit hinterlegten Effekten sofort zum Verkauf zu bringen. Dadurch werden nach jedem ersten großen Kurseinbruch an der Börse spätestens nach acht Tagen neue und in der Regel große

Zwangsverkäufe durchgeführt, die natürlich die Baisse nur verschärfen und das Kartenhaus der Kreditinflation vollends in sich zusammenfallen lassen. Solche Vorgänge gab es nach allen Börsenkrachs stets in der gleichen Art und Weise.

Aber selbst der Wertpapierbesitzer, der seine Effekten nicht lombardiert hatte und sie vollständig bezahlt hat, wird von der Baisse psychologisch scharf mitgenommen. Der gleiche Mann, der seine Aktien von 100 auf 120 steigen sah und ihre Hausse durch zusätzliche Ausgaben auf noch nicht einkassierte Gewinne, mit der erwähnten Champagnerflasche und dem Geschenk eines Silberfuchses, feierte, hört sofort auf, an Ausgaben zu denken. Selbst wenn die Aktien nur von 120 auf 110 sinken, also noch 10 Punkte über seinem Kaufpreis notieren, fühlt er sich durch die eigenartige Spielerlogik „im Verlust“. Denn alle Spielerrechnungen gehen in der Baisse stets wieder vom höchsten erzielten Kurs aus, der die Spielergehirne mit eigentümlichen magnetischen Wellen zu durchziehen scheint. Beim ersten entstehenden Papierverlust reagiert der Spieler daher mit Abbau der Ausgaben, mit Personalentlassungen, mit Wassertrinken anstatt des Trinkens von Hausse-Champagner, kurz mit Deflationsphänomenen. Sogar die Ästhetik des äußerlichen Lebens der Spieler erfährt durch die Baisse ihre Deflationierung: plötzlich finden sie altmodisch gewordene Automobile oder unmoderne Abendkleider schöner als die neuesten Modelle. Die vielfältige wirtschaftliche Rückwirkung solcher Vorgänge verstärkt die Depression und bildet einen der Gründe, weshalb die großen Baissen sich in viel kürzeren Zeiträumen abspielen als die Haussen, von denen sie ausgingen.

Leute, die weder in der Hausseperiode noch in der Baisseperiode ihre Aktien verkauften, also eigentlich einen Verlust darauf in Wirklichkeit nicht zu verzeichnen haben, leben Hausse und Baisse in ihrer Rolle als Konsumenten gewissenhaft mit. Wie eigentümlich ein derartiges Kursmiterleben bei genauer Betrachtung aussieht, verdeutlicht ein nicht börsenmäßiges Beispiel. Jemand erwarb einen Rembrandt um 100000 Mark. Bald darauf bot ihm ein

Händler für dieses Bild 200000 Mark. Er verkaufte es aber nicht. Nach einiger Zeit, in einer schlechteren Konjunktur, bietet ihm ein anderer Händler 100000 Mark. Der Besitzer des Bildes verkauft es nun erst recht nicht, aber er glaubt 100000 Mark daran verloren zu haben, weil er es nicht zum höheren Preise verkauft hat, obwohl er in Wirklichkeit nichts verlor. Die Fiktion des rechenmäßigen Verlustes und des rechenmäßigen Gewinns mit rein mentalem Abrechnungsverfahren bleibt ein äußerst wichtiger wirtschaftlicher Konjunkturfaktor. Die Menschheit liebt eben Fiktionen und klammert sich desto fester daran, je weniger sie sie begreift. Die Schaffung zusätzlicher Wirtschaftskredite in der Hausse, die Vernichtung der gleichen Kredite in der Baisse wird nicht überdacht, aber anerkannt. Das „Als-Ob" der Börse wird dadurch auch für die reale Wirtschaft sakrosankt.

Entzieht die Börse der Wirtschaft Geld?

In jeder länger andauernden Hausseperiode wird an der Hand der steigenden Börsenumsätze darüber diskutiert, ob die Börse der Wirtschaft Geld entzieht oder nicht. Zu einem guten Teil entstehen solche Diskussionen durch die irrige Gedankenverbindung des Begriffs Börse mit dem Begriff des Kaufs. Der Laie glaubt, daß in der Hausse einfach alle, die zur Börse kommen, kaufen wollen, um mit ihrem Kauf etwas zu verdienen, und daß durch den Kauf, der bezahlt werden muß oder zu dem man sich einen Spielkredit verschafft, der Wirtschaft Geld entzogen wird. Es ist ganz eigentümlich, daß sogar Gebildetere unter den Börsenverächtern gerade dabei etwas übersehen, was sonst in jedem anderen wirtschaftlichen Prozeß als undiskutierbare Tatsache feststeht: nämlich daß das Geld, das der Käufer zahlt, ja nicht von der Erdoberfläche verschwindet, sondern an den Verkäufer geht. Wer ein Wertpapier auf den Markt bringt, erhält sofort dafür die Bezahlung und kann sein Geld nach Gutdünken wieder in der Wirtschaft investieren. Wir sehen also hier fürs erste einmal die Börse nur als Durchgangsstation von Zahlungen. Was die Käufer erwerben, müssen sie bezahlen, und über die Kaufsumme haben die Verkäufer jede Verfügungsmöglichkeit.

Nun ist das Börsengeschäft, bei dem, wie gesagt, jedem Kauf ein Verkauf gegenübersteht, in seiner administrativen Abwicklung einer Transfer-Organisation gleichzustellen. Für jede derartige Abwicklungsstelle muß ein gewisses Betriebskapital zur Verfügung stehen. Theoretisch könnte die Größe dieses Betriebskapitals die Höhe der jeweiligen Tagesumsätze nicht überschreiten, weil ja am Ende jeder Börse Verkäufe und Käufe sich ausgeglichen haben. Allen Verkäufern wird noch am gleichen Tage der Verkaufserlös ihrer Effekten gutgeschrieben, während gleichzeitig alle Käufer mit dem Kaufpreis belastet werden. Das aus der Wirtschaft zum Effektenkauf geholte Geld kann sofort als Erlös für den Effektenverkauf wieder in die Wirtschaft zurückgelangen.

Geht man aber der praktischen Abwicklung nach und berücksichtigt man die Gepflogenheiten der Banken und der Broker, so stößt man hier auf die Frage der „Valutierung". Valutierung heißt eigentlich im Bankverkehr: den Kunden veranlassen, für zu leistende Zahlungen sein Geld einen Tag vorher bereitzustellen und sein Konto erst am Zahlungstage zu belasten, eingehende Zahlungen aber dem Kunden frühestens am folgenden Tage gutzuschreiben. Aus diesem Gewohnheitsrecht haben sich in der Börsenpraxis die „Zahltage" entwickelt. Wer kauft, muß sofort bezahlen oder den entsprechenden Spielkredit zur Zahlung verwenden. Wer verkauft, bekommt seinen Erlös für die Effekten frühestens einen Tag nach dem Verkauf. Auch diese Verzögerung bedeutet aber insofern keine Geldentziehung aus der Wirtschaft, weil von der Einzahlung bis zur Auszahlung der Betrag wieder bei einer Bank auf Girokonto steht und von der Bank für wirtschaftliche Zwecke nutzbar gemacht werden kann.

So muß man also zu der Ansicht zurückkehren, daß das der Wirtschaft entzogene Geld praktisch nicht viel mehr darstellen kann als die Summe der täglichen Börsenumsätze. Diese Umsätze lassen sich für andere Börsen als Wall Street nicht genau erfassen. In New York erreichen sie, wie schon an anderer Stelle erwähnt, in Hausseperioden durchschnittlich 250 bis 300 Millionen Dollar an einem Tag, in Zeiten anhaltender Baisse auch weniger als 20 Millionen. Die auf diese Weise festgehaltene Summe ist tatsächlich der Wirtschaft entzogen. Wie geringfügig sie selbst in Hausseperioden war, wenn an einem seltenen Tage 5 Millionen Shares mit einem Durchschnittskurs von 90 Dollar den Besitzer wechselten, also schon 450 Millionen festgehalten waren, ergibt ein Vergleich mit den Depositen einer amerikanischen Großbank. Allein die Chase National Bank wies zu Zeiten solcher Umsätze über 2 Milliarden Dollar an Einlagen aus, also viermal mehr, als durch die Transaktionen an der Börse von New York gebunden war.

Wirkliche Geldentziehungen in größerem Umfange verursachen die Börsen nicht, wie manche Konjunkturtheoretiker annehmen, in Hausseperioden, sondern bei schweren Kurseinbrüchen. Denn einmal gehen in solchen Perioden die höchsten Börsenumsätze vor sich, höhere als selbst in üppigsten Boom-Zeiten. Zudem aber, was noch viel wichtiger ist, ziehen unter der Psychose des Krachs die Verkäufer das Geld, das sie für die abgestoßenen Effekten erhielten, vorübergehend aus dem Wirtschaftskreislaufe zurück. Sie wollen das, was ihnen noch verblieben ist, sehen, zählen und am liebsten bei sich zu Hause aufbewahren. Genau genommen erfolgt die Geldentziehung aus der Wirtschaft aber auch hier nicht durch die Börsenengagements, sondern durch ihre plötzliche Lösung und den damit fast stets verbundenen Run auf die Banken.

Auch die Kredite, mit denen die Spekulation ihre Verpflichtungen finanzieren läßt — die Broker Loans in Amerika, die Banken- und Maklerdarlehen in Europa —, bedeuten keine Geldentziehungen für die Wirtschaft. Denn diese Kredite, die letzten Endes auf die Notenbank zurückgehen, würden nicht existieren, wenn es kein Börsenspiel gäbe. Sie stellen ein ausgesprochenes Zweckgeld dar, das nur innerhalb eines engen Kreises, nämlich innerhalb der Spielerorganisationen zirkuliert. Weder die Spieler noch die vermittelnden Broker oder Banken können dieses Kreditgeld zu etwas anderem verwenden als zu Börsenengagements.

Wenn die Spielumsätze steigen, entstehen neue Kredite dieser Art, und wenn die Umsätze an der Börse sinken, so sinken automatisch auch diese Kredite in sich zusammen. Die Wirtschaft wird dadurch weder im einen noch im anderen Falle berührt. Auch davon, daß weniger gespielt wird, hat sie keine Kreditvorteile.

Man kann das Betriebskapital der Börse mit einem See vergleichen. Dieser See wird von einem Fluß durchquert, den täglichen Transaktionen des Effektenmarktes. Der Wasserstand des Sees ist gewissen Schwankungen unterworfen, je nachdem der Fluß Hochwasser mit sich führt oder halb ausgetrocknet ist. Am stürmischsten gebärdet sich der Fluß nach der Schneeschmelze auf den Kursbergen, und dann kann wohl auch der See das Uferland überschwemmen. Aber nach kurzer Zeit ist das Hochwasser wieder abgeflossen, und das Niveau des Sees gibt das Wirtschaftsufer wieder frei.

Das Kartenhaus über der Börse

Die Gefahr für die Wirtschaft besteht demnach nicht darin, daß die Börse dem übrigen Wirtschaftsleben Geld entzieht. Sie beruht vielmehr darauf, daß die Wirtschaft auf den Fiktionen der Börse Kartenhäuser aufbaut. Trotz der jahrhundertelangen Erfahrung, daß jeder Hausse eine Baisse folgt, berücksichtigt die Wirtschaft diese Börsenbewegung in ihren Dispositionen niemals genügend. Sie ist darin noch naiver als der Börsenspieler. Denn der Spieler kann sich, wenn er einmal die Situation erkannt hat, umstellen. Er kann von einem Tag auf den anderen vom Haussier zum Baissier werden und dadurch auch an der Baisse verdienen. Die Wirtschaft kann das nicht.

Die Kreditinflation, die sich auf Grund der Börsenhausse täglich verstärkte, hat Realitäten geschaffen, die sich ohne schmerzhafte Operation nicht aus dem Wirtschaftskreislauf beseitigen lassen. Die Häuser, die Fabriken, die Transportmittel, die aus Börsengewinnen gebaut wurden, sind auch nach dem Kurssturz da, und ihre Erhaltung kostet Geld, das die Börse nicht mehr prägt. Die Häuser stehen leer, die Schornsteine rauchen nicht mehr, die Transportmittel werden nicht mehr ausgenutzt, weil die Kredite, mit denen sich die Wirtschaft in der Hausse aufpulverte, fehlen. Diesem Mangel gegenüber helfen keine Einsparungen und auch keine Hungerkuren. In künftigen Aufstiegsperioden wird man vielleicht wieder die „produktive Kraft" der Börse rühmen und sich dessen erfreuen, was in der vorigen Hausse an realen Werten für die Wirtschaft geschaffen worden ist. In der Krise aber spürt man nur die nutzlosen Kosten der stillstehenden Anlagen und nennt das alles „Überproduktion".

Neuntes Kapitel

DER BÖRSENBETRIEB

Der Börsenhandel hielt, zumindest nach außen, seit jeher auf Vornehmheit. Als man nach den ersten Krachs der großen Publikumsspekulation zu Beginn des achtzehnten Jahrhunderts daran dachte, die Börse von der Straße, in der sie sich bis dahin meistens abspielte, in ein eigenes Gebäude zu bringen, entwarf man fast allenthalben sofort phantasievolle Pläne zum Bau nobler Börsenpaläste. Aber nach den Experimenten Laws in Paris und seit den Abenteuern um die South Sea Company in London legte sich der Hang zum Börsenspiel bei der Bevölkerung. Die Bankiers spielten wohl sehr fleißig in Wechselkursen. In Frankreich löste das Münzpatent von 1726 jahrzehntelang Spekulationen in Silbermünzen aus. In Österreich und in Bayern wurde auf die Maria-Theresianische Münzkonvention bis nach 1810 gespielt. In England machte man in untergewichtigen Gold- und Silbermünzen auf den Spuren der Kipper und Wipper von 1740 bis 1770 manch schönes Währungsspiel. Zu diesen Spekulationen brauchte man aber kein großartiges Börsenhaus. Es genügten da in der Regel muffige Bankkontore.

Erst als der steigende Finanzbedarf die Staaten zur immer häufigeren Ausgabe von Anleihen zwang und als mit dem Fortschritt der Technik mehr Aktiengesellschaften entstanden, deren spekulative Reize man dem Publikum empfehlen wollte, fing man an, repräsentative Börsengebäude zu bauen. In London errichtet 1801 der Maklerclub auf dem Grundstück einer Boxkampfhalle die Stock Exchange. In Paris baut Napoleon I. sieben Jahre später die Bourse des Valeurs. Er baut sie im Stil eines griechischen Tempels, vielleicht, um dem Handel mit Staatsanleihen das nötige Relief vor seinen Untertanen zu geben, vielleicht aber auch nur aus der Vorliebe des Empires für die Linienführung der Akropolis. Seither ist die Form des griechischen Tempels bei Börsenbauten das Konstruktionsideal geworden. New York baut in Wall Street dem Spiele sein Parthenon. Berlin, Wien, Hamburg, Mailand und viele andere Städte umgeben die Stätte des täglichen Börsenspiels mit edlen griechischen Säulen. Die Tempelform bildet bis zu Beginn des zwanzigsten Jahrhunderts das Maximum äußerlicher Spieleleganz. Erst kurz vor dem Kriege kommt man von dieser Form ab. Amsterdam baut sich eine ganz moderne Börse. Chicago bricht für den Weizenhandel mit der Tempeltradition und stellt gegen Ende der Prosperity-Periode einen vierzig Stock hohen Board of Trade mit „up to date“-Linien hin.

Die mittelalterlichen Börsen früh spielreif gewordener Länder, wie der gotische Bau von San Giorgio in Genua, die Lonja de la Seta in Valencia oder der kastellartige Bau der Börse von Palma de Mallorca, dienen heute zum Teil nicht mehr dem Börsenspiel. Sie sind zu historischen Baudenkmälern degradiert worden, die man auf Reisen vielleicht einmal besucht, und der moderne Spekulant wird gewiß nur noch mitleidig lächeln, wenn er in der 1483 erbauten Seidenbörse von Valencia an den Wänden den eigenartigen Spruch liest: Wer hier betrügt, wird nie die ewige Seligkeit erlangen. Die heutigen Börsen haben keine Inschriften dieser Art. Sie haben griechische Säulen . . .

Handel im Halbdunkel

Wer durch die Säulen in den Börsensaal vordringt, ist das erste Mal immer erstaunt, aus dem hellen Tageslicht in die Dämmerung zu gelangen. Das ist so in Berlin, in Paris, in London und in Wien. Die finsterste Börse von allen aber ist Wall Street. Obwohl mit künstlicher Beleuchtung gewiß nicht gespart zu werden braucht, spielt sich der Börsenverkehr aus völlig unerklärlichen Gründen überall in einem merkwürdigen Halbdunkel ab. Die Glasdächer, die Licht hereinlassen sollen, sind meist schmutz- oder rußüberdeckt, und Börsen im Betrieb machen fast überall einen sehr ungepflegten Eindruck. Sofort nach Börsenbeginn liegt schon sehr viel Papier herum, es werden Zigarettenstummel und Packungen von Bonbons weggeworfen, man findet zusammengeballte Zeitungen oder Kurszettel auf dem Boden. Die Börsenbesucher sind daran gewöhnt. Keiner von ihnen sucht in diesen Tempeln jenes Parkett, von dem die Kursberichte sprechen, als glattgescheuerte Fläche. Die Spielatmosphäre geht über Sauberkeitsfragen jeder Art zur Tagesordnung über.

Überall ist das Börseninnere völlig schmucklos. Nur in New York hängen über dem Spiel zwei Fahnen, das Sternenbanner und ein altes Gildentuch. Die Wände tragen einen gut eingedunkelten Anstrich, die verschiedenen Podien für das technische Personal sind nicht einmal immer mit Farbe gestrichen, die Türen sind mit Schutzgittern vor ihren Glasscheiben versehen, damit nichts zerbrochen wird, die Garderoben sind schlechter als in einem unmodernen Kino, und zudem weht meist noch eine kräftige Zugluft. Nichts von diesen spartanisch einfachen Dingen stört die Börsenbesucher in ihrem Spielkult.

Die Börsen lassen nicht jeden zusehen, wie es an ihnen zugeht. Vor allem dürfen in den meisten Ländern Frauen nicht in die Börse hinein. Aber auch die Vertreter des starken Geschlechts werden an einer Reihe von Börsen genau geprüft, bevor sie die Erlaubnis zum Besuch des Spieltempels bekommen. Am strengsten schließt sich die Londoner Stock Exchange von der Öffentlichkeit ab. Dort dürfen nur Börsenmitglieder und ihre wenigen Gehilfen, nicht einmal die Vertreter der Banken, die Börsenräume betreten. Ähnlich ist es in Wall Street, wo nur die Broker und ihr Personal den Börsensaal betreten dürfen. In Berlin werden außer den Maklern auch Bankiers und

Journalisten zum Börsenbesuch zugelassen, aber nur mit besonderer Erlaubnis und eigener Börsenkarte. Sehr frei ist die Regelung in Paris, wo jeder französische Bürger das Recht hat, die Börse zu besuchen, und nur Ausländer seit 1926 einer besonderen Erlaubnis zum Betreten der Börse bedürfen. In Amsterdam, Wien, Budapest und Prag ist die Börse für das große Publikum verschlossen.

Damit das Publikum aber doch wenigstens einen Blick in die heiligen Hallen des Spiels werfen kann, haben alle Börsen, mit Ausnahme der Londoner, Galerien für die Zuschauer gebaut. Verdunkelt sich aber der Börsenhimmel, so ziehen es die ängstlich gewordenen Börsenpräsidenten vor, auch dieses Zusehen aus der Ferne dem Publikum, das sich dabei vielleicht die Augen und seine Ansicht über die Börse verderben könnte, unmöglich zu machen. Die Galerien werden geräumt, wie Gerichtssäle, wenn die Verhandlung auf Sittlichkeitsverbrechen oder Bestechungen von Staatsbeamten hinüberspielt. So geschah es in Berlin häufig in der letzten Inflationszeit und auch an jenem historischen „Schwarzen Freitag", dem 13. Mai 1927, und in Wall Street am 29. Oktober 1929, als dort die Panik ausbrach.

Bis zum Weltkrieg bewahrten vor allem in London, New York, Hamburg und auch in Berlin die Börsen einen gewissen Clubcharakter mit äußerlich wahrnehmbaren Attributen ihrer Mitglieder. Die Börsenleute — Bankiers, Broker, Jobber, Makler und größere Spieler — legten Wert darauf, eine besondere Eleganz zur Schau zu stellen. Man glaubte noch an die Solidität brillantener Krawattennadeln und langer Gehröcke und hielt darauf, dem Kunden schon durch die Kleidung überlegen zu sein. Die Kleidung des ernsten Börsenmitglieds aber krönte seit Beginn des neunzehnten Jahrhunderts der Zylinder. Börse und Zylinder waren unzertrennlich geworden, und selbst in dem so rührigen Wall Street erhielt sich der hohe Hut neben den Hemdsärmeln der Clarks noch lange. Bis er um 1900 verschwand und nur für ein Jahrzehnt noch vom Gehrock überlebt wurde. Am längsten erhielt sich im Rahmen der englischen Tradition der Zylinder in London, aber auch da ist er seit dem Kriege immer mehr abgekommen. Die vielen Zylinder, die man auch jetzt noch in der City sieht, gehören biederen Kassenboten. In Wall Street und in Paris behalten, vielleicht aus irgendeiner Zylinderreminiszenz, die Chefs der Häuser an der Börse den Hut auf dem Kopf. Das Personal ist hier wie an den anderen Börsen meist hutlos, und in Paris sind die Späße, die man sich mit den Hüten börsenunkundiger Besucher erlaubt, besonders an stillen Börsentagen eine beliebte Zerstreuung der Commis.

Gebrüll und Geflüster

Je mehr an der Börse gehandelt wird, um so größer ist der Lärm, der die Transaktionen umgibt. Geschrien wird immer, weil stets mehrere Händler auf einer Gruppe ausbieten oder kaufen wollen. Eine Börse ohne Gebrüll kann man sich nur schwer vorstellen. In Paris, wo an der Place de la Bourse auf der Freitreppe zur Börse ein Teil der Coulisse handelt, kann man schon in den Nebenstraßen das Getöse der Börse hören. Die Bezeichnung der Coulissencommis, die man „Les Fauves", also die wilden Tiere, nennt, rührt von diesem Schreien her. Nach dem Tonfall des Gebrülls kann man aber auch von weitem schon die Tendenz beurteilen. Baß oder Bariton deuten auf Baisse hin. Bei schleppend schwachen Märkten verschwindet der Baß sogar bis zum Gemurmel. Sobald die Tendenz aber fest wird, kommt der Tenor der Händler heraus, der auch in Diskant umschlagen kann, was dann dem Boom entspricht. Doch auch bei ganz totem Geschäft schweigt die Börse nicht, sondern die stimmgewaltigen Commis beginnen, namentlich in Paris und Amsterdam, im Chor irgendeinen neuen Schlager zu grölen.

Während die Händler brüllen, ziehen andere Leute an der Börse, wenn es sich um geschäftliche Besprechungen handelt, das Flüstern vor. An allen Börsen wird viel direkt ins Ohr geflüstert, damit es der böse Nachbar nicht hört und sich womöglich danach richtet. Es werden leise auch viele Witze erzählt. In Witzen ist Paris Mitteleuropa und den angelsächsischen Plätzen an Laszivität nicht überlegen. In Prag, Berlin, London und New York werden bedeutend mehr saftige Witze an der Börse serviert als in der Stadt der Folies-Bergère.

An allen Börsen aber wird der Tip geflüstert. Ein falscher Tip, ob man ihn befolgt oder nicht, wird überall verübelt, während es für einen guten und auch befolgten Tip nie Erkenntlichkeit an den Börsen gibt. Trotz gelegentlichen Differenzen auf Grund von falschen Tips oder ähnlichen Dingen kommt es, so erregt es auch sonst an den Börsen zugehen mag, nur sehr selten zu Tätlichkeiten. Handgreifliche Auseinandersetzungen halten das Geschäft zu sehr auf, und so unterbleiben sie. Trotzdem herrscht an den Börsen ein sehr ungezwungener Ton, die meisten Leute duzen sich, tun das aber durchaus unverbindlich und gehen, falls sie sich außerhalb der Börse treffen, wieder zum formellen „Sie“ über.

Zwischen Geflüster und Höllenlärm wird jedoch auch geschrieben, nämlich in Notizbücher und auf Ordrezettel. Trotz der Erfindung des Füllfederhalters hat sich aber die Tinte noch nicht die Börse erobern können. Für die Börsenschrift gibt es nur den Bleistift, und unter den Bleistiften ist der Kopierstift eine Seltenheit.

Im Café gegenüber

Entgegen allen anderen Berufen, die zu Mittag die Tagespause einschalten, amtieren die Börsen gerade zur Zeit des Mittagessens. Um zwölf Uhr ist an allen Börsenplätzen der Welt der Handel entweder schon im Gange oder kurz vor seinem Beginn. Die praktische Ursache dieser Zeiteinteilung ist die Tagesmitte. Zwei bis drei Stunden vorher kann man nämlich die Aufträge für die Börse einsammeln und sortieren, und nachher hat man dann noch zwei bis drei Stunden in den Büros für die Abwicklung zur Verfügung. Diese Stundeneinteilung der Börse wirkt sich aber auch auf die Mahlzeiten der Börsenleute aus. In Frankreich und in Belgien wird vor der Börse mit Ruhe und gewohnter Ausführlichkeit gegessen. Großspieler und Bankiers haben sich ein Eß-Privileg während der Börsenzeit geschaffen und lassen sich von Laufjungen die Kurse auf den Tisch des Restaurants legen. Ihre Mahlzeit geht meist gemächlich vor sich. In anderen Ländern, vor allem in New York, Berlin, London, ißt man überhastet, oft auch im Stehen während oder nach der Börse. In London und New York wird der Börsenlunch vorwiegend in schlechten und kleinen Eßlokalen eingenommen, während Berlin ein eigenes Börsenrestaurant hat.

Fast alle Börsenleute spielen Karten. In Wien Tarock, in Prag Mariage, in Berlin Skat, in Paris Belote, überall aber seit ein paar Jahren auch fleißig Bridge. Diese Kartenspiele werden meist niedrig gespielt und oft von den Spielern nur aus dem Grunde nach der Börse gepflegt, um sich selbst drollig reden zu hören. Auch andere harmlose Spiele sind aus gleichem Grunde beliebt. An der Diamantenbörse von Amsterdam wird sofort nach Geschäftsschluß an Ort und Stelle Domino gespielt. Ähnlich ist es an der Perlenbörse von Paris. Auch „Dame" spielt man gelegentlich, nicht aber Schach. Das dauert zu lange. In vielen Ländern lassen sich an stillen Tagen die Besucher der Warenbörsen „im Café gegenüber" nieder und vertreiben sich mit Kleinspielen die Zeit.

Die Börse ist auf andere Spielinstitutionen nicht eifersüchtig. Sie liebt auch Rennwetten und Lotterien. Der Totalisator hat unter den Börsenprofessionells treue Kunden. In Paris, London, New York und auch in Berlin lebt mancher Buchmacher davon, daß er die Börsenleute telephonisch mit Renntips versieht. Die Sweepstakes, die großen indischen oder irischen Rennlotterien in Verbindung mit dem Derby, erfreuen sich bei den englischen Börsenleuten besonderer Beliebtheit. Die Stock Exchange in London hat sogar ein eigenes Sweepstake für den Derby-Tag von Epsom, dessen Lose nur von Börsenmitgliedern erworben werden können und stets sehr gesucht sind. Aber auch andere Lotterien sind ein Sport für die Börse. Pariser Börsenleute kaufen alljährlich viele Lose der spanischen Weihnachtslotterien. In Berlin sind Klassenlose ebenso beliebt wie in Prag oder in Wien. In London wetten Clerks und oft auch ihre Chefs auf Windhunde (Greyhounds), und in den Vereinigten Staaten genieren sich die Börsenbesucher nicht, eigene Kurse auf die Matchaussichten eines Boxers zu machen und diese „Werte“ sehr ernsthaft bis zum Kampfabend zu handeln.

Börsenverfassungen

In allen Ländern wird der Börsenbetrieb auf Grund eigener Verfassungen geregelt, die im Laufe der Jahrhunderte nur geringfügige Modifikationen erfahren haben. Es gibt zwei Grundformen der Börsenverfassung, die englische und die französische. Die englische Börsenverfassung hat bis auf den heutigen Tag ihren ursprünglichen Clubcharakter bewahrt. Die Börse ist dort eine private Aktiengesellschaft und zählt 1250 Broker und 1250 Jobber als Mitglieder. Es ist aber ebenso schwer, Mitglied und Aktionär der Stock Exchange zu werden, wie Mitglied eines ganz exklusiven Clubs von Old England. Die seltenen Zahlungseinstellungen englischer Börsenmitglieder beweisen den Vorteil dieser Börsenverfassung. Stark beeinflußt vom privaten Charakter der englischen Börse ist die Verfassung der wohl älteren, aber im Laufe der Jahrhunderte neben London an Bedeutung zurückgegangenen Börse von Amsterdam. Auch da ist die Börse ein Privatunternehmen mit sehr strengen Bedingungen für die Erwerbung der Mitgliedschaft.

Wall Street hat aus der englischen Börsenverfassung den privaten Börsencharakter und das Broker-System mit dem Ausschluß der Banken übernommen, an die Erwerbung der Mitgliedschaft jedoch das typisch amerikanische Kriterium des Geldbesitzes geknüpft. Der Erwerb der Mitgliedschaft an der New York Stock Exchange erfolgt durch Kauf eines Börsensitzes. Die Preise dieser Sitze schwanken je nach der Börsenkonjunktur und erreichten:

Preis der Börsensitze	Dollar
1901	80000
1913	37000
1929	625000
1932	80000

Die Zahl der Börsenmitglieder in Wall Street ist seit einigen Jahren auf 1375 begrenzt.

Die französische Börsenverfassung geht in ihrer heutigen Form auf das Jahr 1807 (Code de Commerce) zurück. Sie ist zum Unterschied von den angelsächsischen Börsenformen eine scheinbar sehr demokratische Institution mit vollster Öffentlichkeit, aber mit staatlich mehr oder minder überwachter Kursbildung. Die Börsenmitglieder, Agents de Change, sind auf 71 beschränkt und versehen eine offizielle Funktion. Sie sind, wie die Notare, Staatsbeamte (officiers ministeriels) und im Syndicat des Agents de Change vereinigt. Dieses Syndicat haftet solidarisch für die Verpflichtungen seiner Mitglieder dritten gegenüber, wodurch eine außerordentliche Verkehrsicherheit für das Börsengeschäft in Paris gegeben ist. Die Ernennung der Agents de Change, deren Beruf (charge) erblich ist, erfolgt durch den Staat. Der Rechtsnachfolger eines Agent übernimmt die Maklerstelle aber auch hier im Kaufwege von seinem Vorgänger und muß besonders in Krisenzeiten dem Syndicat das Passivum seines Vorgängers, für das zunächst die Maklervereinigung aufkam, zurückerstatten. Solche Rückerstattungen, die auch hier als Kaufpreis des Börsensitzes anzusehen sind, erreichten selten mehr als 4 bis 6 Millionen Francs. Seit Bestehen der Pariser Börse waren Banken und Bankiers von der Börsenmitgliedschaft ausgeschlossen. Die Pariser Börsenform wurde in Italien im Jahre 1932 nach verschiedensten Versuchen auf dem Gebiet der Börsengesetzgebung angenommen und hat zu gleicher Zeit auch bei der Börsenreform der spanischen Republik als Vorbild gedient.

Mischformen zwischen der angelsächsischen und der französischen Börsenverfassung — Selbstverwaltung unter Staatsaufsicht — bestehen in Berlin, Wien, Prag und Budapest. An diesen Plätzen sind Banken ebenso wie Makler zur Durchführung von Börsengeschäften berechtigt. Die Börsenmitglieder, deren Zahl an keiner dieser Börsen begrenzt ist, erwerben ihre Mitgliedschaft leichter als an den westlichen Börsen. Sie haben dafür nicht einmalige Kaufpreise, sondern hochgestaffelte jährliche Börsenbeiträge zu entrichten. Seit einigen Jahren stehen die Börsenverfassungen der deutschen Börsen im Mittelpunkt von Reformdiskussionen, die neuerdings darin gipfeln, die Banken, wie im Westen, von der Börsenmitgliedschaft auszuschließen.

Der tägliche Aufmarsch

Die größte Besucherzahl unter den abendländischen Börsen dürfte wohl Paris aufweisen. Sie schwankt hier je nach der Lebhaftigkeit des Geschäfts und erreichte in Boom-Perioden, wie 1926 oder 1928, bis 8000 Personen. In normalen Geschäftszeiten weist sie gegen 4000 tägliche Besucher auf. In London erreicht die Besucherzahl in guten Börsenzeiten gegen 3000 Menschen im Börseninnern. Wall Street hat in normalen Zeiten auch nicht viel mehr Besucher, in lebhafteren Spielperioden jedoch bis zu 5000. In Berlin wurden, außer in der Inflationszeit, selten 3000 Besucher gezählt, in den Krisenjahren 1929 bis 1932 betrug die Besucherzahl nicht einmal 2000 am Tag. Der Börsenbesuch in Amsterdam erreicht am regulären Markt kaum 1000 Personen täglich. In Wien, Prag, Budapest, Bukarest und den noch südöstlicher liegenden Börsenplätzen sind meist nur einige hundert Personen anwesend. Ebenso liegen die Dinge an den skandinavischen Börsen. Nur der Catch Candy von Bombay, dieses Mittelding zwischen Waren- und Effektenbörse und Wettbetrieb größten Stils, weist größere Besucherziffern als alle anderen Börsen auf.

Die tägliche Börsenversammlung trägt ihren Namen im Französischen — la séance — und im Englischen — sitting — völlig zu Unrecht. Nur an wenigen kleineren Börsen, so in Lissabon, wickelt sich das Geschäft im Sitzen ab. Auf den großen Börsen wird viel mehr herumgestanden und herumgelaufen als gesessen. Es gibt da auch für die Händler keine Stühle, und die an fast allen Börsen vorhandenen Klappsitze oder Strapontins ermöglichen von ihrem Platz aus kein Handeln.

Die Börse beginnt überall zu feststehenden Stunden, aber schon vorher kommt bereits Leben in das Börsengebäude. Der Aufmarsch zur Börse erfolgt bei aller Zwanglosigkeit doch nach der Rangordnung der Börsenhierarchie. Den Anfang machen die Laufjungen, die die Aktentaschen mit Blocks und Kurszetteln hintragen. Es folgen die Commis oder Händler. Erst nach diesen erscheinen die Arbitragisten und beziehen in ihren Telephonzellen Standquartier. Gerade noch rechtzeitig zu Beginn sind die Prokuristen und die Abteilungschefs an ihrem Platz, während die Chefs der Börsenhäuser es nicht mehr unbedingt für notwendig halten, von der ersten Minute an zur Stelle zu sein. An den deutschen Börsen und in Paris, Amsterdam oder Brüssel lassen sich auch die Bankdirektoren oft den Börsenbeginn entgehen, und je nobler der Bankier, um so seltener kommt er zur Börse. Er glaubt, sie auch vom Telephon aus übersehen zu können. Nur die privaten Spieler kommen, wo sie es können, noch vor Börsenbeginn zum täglichen Start, der für sie stets eine Sensation bedeutet.

Der Auftrag

Die Händler bringen bereits die bei ihrem Hause eingegangenen Aufträge, in ein eigenes handliches Ordrebuch oder auf kleinen Zetteln verzeichnet, mit. Diese Auftragszettel stellen die Basis aller Börsentransaktionen dar. Ihre Ausfertigung kann nach verschiedenen Gesichtspunkten erfolgen, die alle als wichtige Zahnräder im Kursgetriebe der Börsen zu betrachten sind.

Es gibt limitierte und unlimitierte Aufträge. Beim limitierten Auftrag wird der Kurs, zu dem er ausgeführt werden soll, und seine Gültigkeitsdauer vom Kunden festgesetzt. Eine beliebte Form des Börsenlimit ist auch die besonders in den Vereinigten Staaten und in Westeuropa übliche Form des „stop loss“-Limit, also eine verlustbegrenzende Auftragsformulierung, die gleich bei der Ordreerteilung vorsieht, daß die eingegangene Position bei einem bestimmten Verlust ohne besondere Verständigung des Kunden vom Vermittler glattzustellen ist. Diese Spielvariante läßt sich an folgendem Beispiel verständlich machen: Ein Spieler gibt den Auftrag, ihm 100 Aktien zu 100, stop loss 95, zu kaufen. Steigen die Aktien über 100, so behält er sie, fallen sie etwas unter 100, so behält er sie auch noch. Fallen sie aber auf 95 und erreicht sein Verlust schon 5 Punkte, so geht er mit diesem Verlust aus dem Spiel heraus. Diese Form des Limit hat unstreitig für alle an der Börse nicht anwesenden Spieler, aber auch für die Anwesenden, die plötzliche Kurseinbrüche nicht immer sehen, ihre großen Vorteile, und es ist unerklärlich, warum sie bei den europäischen Börsenspielern nicht mehr verbreitet ist. Ein großer Teil der Börsenverluste des Publikums könnte durch diese Formel vermieden werden.

Die „Bestens"-Ordre kennzeichnet den unlimitierten Auftrag. Da heißt es kaufen oder verkaufen, zu jedem Preis. Möglichkeiten, den nicht an der Börse anwesenden Kunden bei unlimitierten Aufträgen zu benachteiligen, sind besonders dann gegeben, wenn der Auftrag nach Börsenbeginn erteilt wird. Dem gegenüber gibt es ein Verteidigungsmittel in der Formel, einen Auftrag „bestens zum ersten Kurs" oder „bestens zum letzten Kurs" zu erteilen. Diese Sicherung läßt sich aber nur für Papiere, die am Terminmarkt notiert werden, und für etliche Kassawerte mit variabler oder fortlaufender Notierung anwenden. Sie schließt den Kursschnitt vollständig aus und wird daher von allen erfahrenen Spielern bevorzugt.

Der erste Kurs

Mit ihren Aufträgen im Notizbuch begeben sich die Händler auf ihre bestimmten Plätze oder „Gruppen", an denen eine bestimmte Art von Werten gehandelt wird. Je nach der Größe der Börse gibt es zwei bis hundert verschiedene Gruppen meist unsystematisch zusammengeworfener Wertpapierkategorien. Bevor nun der erste Kurs zustande kommt, gibt es in der Regel schon eine Art von vorbörslicher Kursbildung, zumindest in den führenden Werten. Der vorbörsliche Kurs entsteht auf Grund privater Vortendenzen der Händler, die vor allem in Berlin, Wien, Prag, Budapest, Amsterdam, also nur an Plätzen, wo Banken zum Börsenhandel zugelassen sind, von Büro zu Büro telephonieren. Die Schlußkurse des Vortages, die Laune der Händler, in Europa auch noch die letzte Tendenz von Wall Street, spielen bei der Bildung solcher vorbörslichen Kurse eine gewichtige Rolle. Die vorbörslichen Kurse, die es in Paris und New York nicht gibt, werden von den Börsenvermittlern in guten Zeiten gern noch zum Kundenfang benutzt. Ihr Einfluß ist an den westlichen Börsen ganz gering, in Berlin, Wien, Budapest und Prag beträchtlich. Überall aber kommen die Händler einige Minuten vor dem offiziellen Börsenbeginn auf ihren Standplätzen zusammen, um über die eventuellen Aussichten der Kursbildung Schätzungen auszutauschen.

Diese vorbörslichen Kursmeinungen werden von der Art und der Anzahl der Aufträge, die die Angestellten zur Ausführung in ihren Listen oder auf ihren Zetteln haben, beeinflußt. Bis dann, wie an den Rennplätzen, ein Glockenzeichen zum offiziellen Börsenbeginn ertönt. Sowie die Glocke zu läuten anfängt, beginnt die Schar der Angestellten ein Papier nach dem anderen zu „handeln".

Das Geschäft hebt an. Aus einer Gruppe ruft ein beliebiger Händler ein Angebot oder eine Nachfrage auf ein Papier aus. Er bezieht sich da in der Regel auf die Ordres, die er auszuführen hat, gelegentlich aber auch auf sein eigenes Spiel. Hat der Händler beispielsweise 100 Aktien eines Wertes „bestens" zu kaufen, so sucht er nach einem Angebot. Die Verkäufer, die vielleicht auch 100 Aktien „bestens" zu geben haben, dabei aber noch limitierte Verkaufsaufträge ausführen müssen, etwa bei Kursen von 105 aufwärts 100 Aktien zu verkaufen haben, bieten zu diesem Kurse die Aktien an. Hat ein anderer Händler zu einem tieferen Kurse, etwa 102, Aktien zu verkaufen, so unterbietet er den Kurs von 105, und die Transaktion kommt bei 102 zustande, worauf 102 als erster Kurs gilt. Auf Grund dieses ersten Kurses geht nun der Ausgleich zwischen Verkaufs- und Kaufaufträgen vor sich.

Ist aber die Nachfrage bedeutend größer als das zur Verfügung stehende Angebot und kommt selbst bei steigenden Kursen kein neuer Verkaufsauftrag in den Markt, so greift an den kontinentaleuropäischen Plätzen oft die Börsenleitung ein, um in Berlin einen Kurs „gestrichen Geld" oder in Paris „demandé à la cote“ zu notieren. Tritt der umgekehrte Fall ein, was besonders in Depressionsperioden geschieht, so wird für das Angebot, das keine Nachfrage findet, der Kurs „gestrichen Brief“ an den deutschen oder „offert à la cote“ an den französischen und belgischen Börsen notiert. An diesen Börsen finden in solchen Extremfällen auch reduzierte Zuteilungen (Repartierungen) auf Grund des zur Verfügung stehenden Ordrematerials statt, die von den amtlichen Organen vorgenommen werden. Stehen da beispielsweise 100 Aktien bestens zum Kauf und 200 bestens zum Verkauf, ohne daß noch irgendwelche limitierte Ordres im Markte wären, so wird auf alle Verkaufsaufträge nur die Hälfte zugeteilt, die andere Hälfte kann erst am folgenden Börsentage wieder zum Verkauf gestellt werden.

In Wall Street kümmert sich selbst bei schärfstem Mißverhältnis von Angebot und Nachfrage keine autoritative Stelle um die Kursbildung, mit dem Ergebnis, daß dort trotz der Breite des Marktes Kurssprünge um 10 Prozent innerhalb weniger Minuten nicht selten sind und sogar Kursveränderungen um 20 bis 30 Prozent an einem Tage vorkommen. Man geht eben in Amerika von der stolzen, aber dennoch falschen Voraussetzung aus, daß jeder Mensch, der sich an die Börse begibt, wissen muß, was er riskiert.

In London sind Kursstockungen mangels Ausgleich von Angebot und Nachfrage dadurch selten, daß dort zwischen den Brokern — den Vermittlern — an der Börse noch der Jobber steht, der eigentliche Händler, der für eigene Rechnung kauft und verkauft und stets zwei Kurse, einen für den Ankauf und einen für den Verkauf, nennt. Lassen sich Verkaufsordres notierter Werte am regulären Markt der Londoner Stock Exchange nicht ausführen, so hat der Verkäufer das Recht, seine Shares sofort nach Börsenschluß versteigern zu lassen.

„Von Ihnen“ — „An Sie“

Die Schreie der Händler bei der Kursbildung schaffen um sie oft eine Atmosphäre, in der ein Händler den anderen nicht mehr verstehen kann, besonders wenn die Transaktionen sich häufen. Aus diesem Grunde werden alle Angebote und Nachfragen — an den deutschen Börsen „Brief“ und „Geld“ — von den Händlern mit Gesten begleitet. Die Gesten werden mit dem rechten Arm ausgeführt, weil die linke Hand in der Regel das Auftragsbuch hält. Hochschwenken des rechten Arms heißt überall an den Börsen kaufen, Tiefschwenken bedeutet verkaufen. Dazu kurze Rufe. An den deutschen Börsen ist für den feststehenden Kauf der Ruf „von Ihnen“, für den Verkauf der Ruf „an Sie“ verbindlich geworden. An den französischen Börsen sind die Sätze „je te prends“ und „je te donne“, an den angelsächsischen Börsen die Worte „taken“ und „sold“ die übliche Transaktionsformel. An Börsen, an denen man infolge des zu großen Lärms nicht mehr mit der Stimme durchdringen kann, wie an der Weizenbörse in Chicago oder an der Silberbörse von Shanghai, wird der obwohl wirkungslose, so doch ausgestoßene Schrei und das Armschwenken noch durch eine konventionelle Fingerstellung der rechten Hand begleitet.

Sobald die ersten Kurse der einzelnen Werte an den Börsen zustande gekommen sind, erfolgt ihre Verbreitung. An den meisten europäischen Börsen werden sie noch auf schwarzen Tafeln für jede Gruppe mit Kreide verzeichnet, dann aber, für die führenden Werte wenigstens, über ein elektrisches Schaltwerk mechanisch auf weithin sichtbaren Tafeln registriert. Das Bekanntwerden dieser ersten Kurse löst sofort bei den Spielern neue Angebote oder neue Nachfragen aus, die telegraphische oder telephonische Kursübermittlung in die Provinz oder auch ins Ausland bringt ebenfalls neue Aufträge, und so geht die ganze Börsenzeit über der Ausgleich zwischen Angebot und Nachfrage vor sich. An den großen Börsen, in Wall Street, London, Paris, Berlin, wird jede Kursveränderung lebhafter gehandelter Werte in der Börse durch das elektrische Schaltwerk bekanntgegeben, sie kann auch projiziert werden und durch den Ticker, wie in Wall Street, den Spielern in aller Welt zur Kenntnis gelangen.

Die Kursbildung muß rasch vor sich gehen. In Paris müssen an einem Tage oft über 4000 verschiedene Werte notiert werden, in New York über 3000, in London und Berlin zwischen 2000 und 3000. In den meisten Werten kommen selbst in Wall Street nur wenige Abschlüsse und Notierungen zustande. Dutzende von Papieren haben aber an den großen Börsen einen dauernden Markt, der während der ganzen Börsenzeit funktioniert. In Amsterdam gibt es für Terminwerte nur sieben Kursstaffelungen in regelmäßigem Abstand von zehn Minuten.

Sobald größere Ordres vorliegen, wird das Geschäft hastig und rücksichtslos, jeder Händler hat danach zu trachten, alle Aufträge, die ihm übergeben sind, zu erledigen, er muß auf die Limite scharf aufpassen, für deren Einhaltung er, wenigstens theoretisch, verantwortlich ist. Der Auftragseinlauf während der Börse stellt besondere Anforderungen an die geistige Elastizität der Händler, die sich dauernd in einem Erregungszustand befinden. Commis mit ruhigen Nerven und vertraut mit all den zahlreichen Finessen, die das Ausgleichspiel der Kurse aufweist, werden von ihren Chefs — allerdings nur bei gutem Geschäft — geschätzt. Die starke Stimme des Händlers ist an der Börse wichtig, und es kommt an großen Börsentagen häufig vor, daß der Händler nach der Kursschlacht, die für ihn ein richtiges Gefecht darstellt, heiser ist.

Schlaue Händler, die die Gruppe, an der sie arbeiten, und die Psychologie ihrer Gruppenkollegen genau kennen, machen aus dieser Kenntnis oft einen rentablen Erwerbszweig. Wenn sie beispielsweise sehen, daß beim ersten Kurse ein sehr kleines Angebot größerer Nachfrage gegenübersteht, und wenn sie annehmen, daß andere Händler höher limitierte Aufträge in ihren Ordrebüchern haben, so nehmen sie erst einmal einen Teil des vorliegenden Angebots für eigene Rechnung auf, um ihn beim nächst höheren Kurse wieder auf den Markt zu bringen. Für diese Beschäftigung, die eine Sonderart des Kursschnittes darstellt, hat die Händlersprache das Kennwort des „Erstickens“ geprägt. Das Ersticken ist ein sehr beliebter Sport in kleinen Märkten und bei festen Tendenzen.

Wie war die Tendenz?

Sofort nach der Feststellung der ersten Kurse ergibt sich im Vergleich mit den Schlußkursen des Vortags die „Tendenz“. Ist die Mehrzahl der Kurse gestiegen, so wird die Börse als „fest“ bezeichnet. Erreichen die Steigerungen einige Prozente, bis etwa 5 Prozent, so wird von sehr festen Börsen gesprochen, betragen sie aber gegen 10 Prozent, so lautet in Deutschland die Parole „bombenfest“. In Amerika, das die Superlative liebt, wird sofort von einem Boom berichtet, und in Paris, wo sich das Wort „booming“ in französischer Aussprache noch nicht recht eingebürgert hat, wird dann die Börse als „ferme comme le roc“, also felsenfest, oder als „archi-ferme“, erzfest, bezeichnet. Gehen die Kurse zurück, so wird in Deutschland und in Frankreich die Börse schwach und flau, in den Vereinigten Staaten und England weich (weak) oder stumpf, dumm (dull) genannt. Auch da gilt bei Abwertungen bis gegen 5 Prozent gegenüber dem Vortag die Bezeichnung „sehr schwach“, während bei einer Baisse von 10 Prozent und mehr von einem Kurseinbruch, einem „effondrement“ oder einem „break“ gesprochen wird. Ist im Vergleich mit dem Vortag kaum eine merkliche Änderung in den Kursen festzustellen, so ist die Börse „behauptet“, widerstandsfähig oder auch freundlich. Die Freundlichkeit hört jedoch bei Kursverlusten von einem Prozent schon auf. Denn die Börsensprache geht davon aus, daß die Spieler à la hausse liegen und bei sinkenden Kursen verlieren.

Ein- und auch zweimaliger Tendenzwechsel im Laufe eines Börsentages sind nicht selten, und jeder schärfere Tendenzwechsel führt zu verstärkter Geschäftstätigkeit. Doch auch unabhängig von der Tendenz ist das Geschäft nicht gleichmäßig rege. Um die Mitte der Börsenzeit ist der Markt gewöhnlich stiller, und namentlich in New York, wo die Mitte der Börsenzeit (von zehn bis drei Uhr) mit der Mittagszeit zusammenfällt, gibt es, ohne offizielle Unterbrechung der Börse, doch in der Regel eine Ebbe im Spielbetrieb. Gegen Börsenschluß verstärkt sich dann die Spielaktivität wieder. Auf Grund der Tagestendenz bauen sich viele Spekulanten eine neue Spielpartie auf, und namentlich bei steigenden Kursen entstehen häufig vor Börsenschluß Ordrezusammenballungen von Leuten, die schnell noch das Glück beim Schopf fassen wollen. In Paris haben diese Nachläuferzüge im Spiel, die meist gegen zwei Uhr vor sich gehen, den Spitznamen des „Train de deux heures“ bekommen, der durch die plötzliche Zunahme des Geschreis weithin vernehmbar wird. Auch in Wall Street gibt es kurz vor Börsenschluß sehr oft frische Spekulationszüge. Bis dann ein neues Glockenzeichen dem offiziellen Handel ein Ende macht.

Nach diesem Glockenzeichen dürfen den Börsenvorschriften entsprechend eigentlich keine Transaktionen mehr durchgeführt werden, und an manchen Börsen stehen auf Nichteinhaltung der Geschäftszeiten empfindliche Geldstrafen. Überall in Europa jedoch wird von den Händlern noch einige Minuten nachgehandelt. Es geht da meist um Gefälligkeitsgeschäfte zwischen Kollegen, um Spitzenausgleich oder Bereinigung von Irrtümern. Auch Kundenordres werden gelegentlich „in den letzten Kurs hineingenommen“, falls der Kunde mit dem Händler — nicht unbedingt mit dem Broker oder der Bank — gute Beziehungen unterhält. Die Festsetzung des letzten Kurses erfolgt aber nicht überall gleichartig. In New York, London und Paris lehnt sich der Schlußkurs eng an die letzte Transaktion in jedem Wert an.

In Berlin gibt es am Kassamarkt für die meisten Werte einen amtlichen Einheitskurs, der gegen Schluß der Börsenversammlung festgestellt wird und für alle Transaktionen des Tages in dem betreffenden Papier gilt. Es handelt sich dabei aber nicht etwa um einen schematischen Durchschnittskurs aus den vorliegenden Kauf- und Verkaufsordres, sondern das Prinzip ist vielmehr: Es muß ein Kurs festgestellt werden, bei dem außer den unlimitierten auch eine möglichst große Zahl limitierter Aufträge durchführbar ist. Stehen beispielsweise Kaufaufträge über 1000 Mark (nominal) zu einem Kurs von 74 und über 2000 Mark zu 75 Prozent Verkaufsaufträgen über 1000 Mark zu 74½ und über 1000 Mark zu 75 gegenüber, so würde der Einheitskurs 75 lauten, weil zu diesem Kurs das gesamte Angebot und der größere Teil der Nachfrage erledigt werden kann. Der Käufer, der nur 74 für die Aktien anlegen wollte, muß am nächsten Tag noch einmal sein Glück versuchen. In der Praxis macht diese Kurserrechnung oft erhebliche Schwierigkeiten. Außer den beiden vom Staat ernannten Kursmaklern, die in Berlin für jede Wertpapiergruppe die Kurse zu ermitteln haben, helfen auch die freien Börsenbesucher häufig noch durch Auftragserteilungen in letzter Minute beim Zustandekommen des Kurses mit, bis schließlich die Aufsichtsbehörde, der Börsenkommissar, durch seine Unterschrift den Kurs für amtlich erklärt.

Die letzten Kurse bilden für die weitere Öffentlichkeit den Tendenzmaßstab für den Kurs des Tages. In vielen Zeitungen werden nur sie im Kurszettel verzeichnet. Sie dienen wieder als Grundlage für die Tendenzbewertung des nächsten Börsentages. Nach Feststellung der Schlußkurse wird in Berlin, Wien, Prag, Budapest der Bürohandel wieder aufgenommen. In Frankfurt gibt es noch eine besondere Abendbörse, und auch Paris hat seit 1932 eine Art von Abendbörse mit einem halben Dutzend großer Spekulationswerte. In Barcelona wird in einem besonderen Saal nach der Börse weitergehandelt, in London handelt man auf der Straße vor der Stock Exchange nach Börsenschluß noch etwas, aber diese Nachbörsen haben eine untergeordnete Bedeutung. Sie interessieren nur die Arbitrage, die großen Spieler und die Banken. In Perioden starker Börsenbewegung wird von Händlern und Brokern oft versucht, nach dem Schlußkurs für verspätet eingetroffene Aufträge einen Kleinmarkt zu schaffen, was ihnen gelegentlich gelingt. Aber auch solche Transaktionen können nicht als Tendenzelemente betrachtet werden.

Der Kurszettel

Kaum hunderttausend Leute sind täglich an allen Börsen der Welt anwesend, während, je nach der Tendenz, von vielen Hunderttausenden und oft von Millionen Menschen täglich mindestens ein Auftrag gegeben wird. Wer immer sich aber ins Börsenland begibt oder auch nur den Plan hat, sich hinzubegeben, studiert wie ein Tourist vor einer Wanderung die Karte des Geländes, durch das er wandern will. Da mit den schwankenden Kursen die Börsentopographie täglichen Veränderungen unterworfen ist, muß das Kartenmaterial auch täglich erneuert werden. Es gibt oberflächliche Karten, die nur die großen Werte und die Spekulationsströme, an denen sie liegen, verzeichnen, es gibt etwas genauere, die auch die kleineren Werte und Spekulationsflüßchen markieren, und es gibt, wie beim Großen Generalstab, die großen Börsenkarten, denen selbst kleinste Werte nicht entgehen: die amtlichen Kurszettel.

Wie jedoch jeder Generalstab seine eigenen kartographischen Methoden hat, so besitzt jede Börse auch eigene Methoden der Kursaufzeichnung. In allen offiziellen Kurszetteln wimmelt es von Fachausdrücken und konventionellen Zeichen, die meist Abkürzungen für eine Reihe von Faktoren sind, in denen die Spekulation echte Spielunterlagen zu finden glaubt. Angebot und Nachfrage werden auf die verschiedenste Weise neben den Kursen verdeutlicht, es wird Aufschluß über die ersten und letzten Kurse des Tages gegeben, ebenso wie über den Schlußkurs der vorhergehenden Börse, es werden Dividenden und Verzinsungen der Obligationen mitsamt ihrer Fälligkeit verzeichnet und manchmal noch eine Reihe anderer, sehr informativer Dinge.

Am ausführlichsten sind in den meisten Ländern die offiziellen Kurszettel, die man in den angelsächsischen Ländern „Stock Lists“ und in den Ländern französischer Sprache „Cote“ nennt. Diese offiziellen Kurszettel, die stets von der Börsenverwaltung herausgegeben werden, sind rechtsverbindlich für alle Vermittler ihrer Kundschaft gegenüber. Ihre Auflage ist aber überall verhältnismäßig gering, da außer Banken, Maklern und ein paar Großspielern alle Börseninteressenten mit dem nichtamtlichen Kurszettel in der Tagespresse vorlieb nehmen. Die Auflage der amtlichen Kurszettel ist freilich auch viel weniger Schwankungen unterworfen als die der Tageszeitungen mit vielgelesener Börsenbeilage. Für die Tageszeitung wirkt sich auch auf diesem Gebiet die Hausse auflagefördernd und die Baisse auflagereduzierend aus. So hatte beispielsweise der „Berliner Börsen-Courier" im Jahre 1923, in voller Inflationshausse, für sein Abendblatt mit Kurszettelbeilage eine vielfach so hohe Auflage wie für sein Morgenblatt ohne Kurszettel. Die Auflagen der Pariser Wirtschaftszeitung „L'Information" schwanken ebenfalls nach Hausse und Baisse, ebenso verhält es sich mit den englischen Finanzblättern und besonders mit den amerikanischen Zeitungen, die fast alle einen ausführlichen Kurszettel veröffentlichen.

Auch die nichtamtlichen Kurszettel der Tagespresse haben in den letzten Haussejahren einen informativen Ausbau erfahren. Sehr inhaltsreich sind in dieser Hinsicht die amerikanischen Blätter, die für jede Aktie zumindest den Höchst- und Tiefstkurs des Jahres, oft auch noch des Vorjahres verzeichnen, dann den Eröffnungskurs, den höchsten und tiefsten Kurs des Berichttages, den Schlußkurs sowie die Kursdifferenz gegenüber dem Vortag mit Plus- und Minuszeichen. Die Angabe des Umsatzes in den einzelnen Wertpapieren vervollständigt den Bericht vom Spielschauplatz. Die europäischen Kurszettel stehen hinter der amerikanischen Spieltechnik insofern zurück, als sie, abgesehen von Paris für einige wenige Werte, die Umsätze der Effekten nicht verzeichnen. Sie geben dafür mehr Aufschlüsse über Fälligkeitsdaten von Dividenden, Zinsendienst der Obligationen, sie verzeichnen das Aktienkapital der Gesellschaft oder die Höhe der im Umlaufe befindlichen Obligationsserie und tragen noch deutlich eine Art von Rechtfertigungsstempel für ihr Dasein, das eher der Anlage als dem reinen Spiel zu dienen vorgibt, während die amerikanischen Stock Lists aus dem Spielcharakter der Börse kein Hehl machen. Wo in Europa, beispielsweise in Paris, die reinen Spielelemente des Prämiengeschäfts auf den Kurszetteln verzeichnet werden, da geschieht das meist in kleinerem Druck, der von den Eingeweihten rasch gefunden, von den übrigen Lesern aber leicht übersehen wird. Denn Europa gibt noch nicht ganz offen zu, daß es an der Börse spielt. Es glaubt anzulegen, eventuell auch hie und da, zu spekulieren. Aber spielen? Nein, das machen nur die Amerikaner.

Die amerikanischen Kurszettel mit ihrer alphabetischen Durchnotierung der Werte, die nur in zwei Kategorien eingeteilt sind, nämlich in Shares und Bonds, können als vorbildlich bezeichnet werden. Europa hält auch da noch an verstaubten Traditionen und an dem Bemühen fest, die Anlage als Börsenzweck vorzutäuschen. Es wird schon auf dem Kurszettel der Eindruck erweckt, als ob sich der Aktionär tiefgründig für die Art der Unternehmungen interessiert. In Berlin werden die Aktien der Banken, Industrie- und Verkehrsgesellschaften, Versicherungsaktien und Kolonialwerte sorgfältig geschieden. In Paris und in London werden noch speziellere Aufteilungen in Elektrowerte, Kautschukaktien, Montanpapiere, Chemiewerte und etliche andere Wirtschaftskategorien vorgenommen. Der Kurszettel gibt sich den Anschein, ein höchst differenziertes Spiegelbild der Wirtschaft zu sein, während er doch für die meisten seiner Leser nur der Fahrplan für die laufenden Spielpartien ist.

Die Pariser Coulisse

An den offiziellen Börsen haben sich überall bald nach ihrer Gründung Unstimmigkeiten in der Maklerschaft ergeben. Unzufriedene, die sich dem strengen Reglement nicht unterwerfen wollten oder in den Kreis der amtlich Anerkannten nicht aufgenommen wurden, gründeten neue Spekulationsmärkte mit etwas freieren Spielsitten. Diese Börsen zweiter Güte mit leichteren Zulassungsbedingungen für Makler und Wertpapiere haben sich bis auf den heutigen Tag erhalten und zum Teil eine bedeutende Spielkundschaft an sich gezogen. Die offiziellen Börsen haben wohl seit jeher eine gewisse Eifersucht gegenüber diesen nichtoffiziellen Börsen bewahrt, sie aber seit der Mitte des vorigen Jahrhunderts fast durchweg anerkannt.

Das Vorbild dieser „zweiten“ Märkte ist die Pariser Coulisse geworden. Gegen Ende des achtzehnten Jahrhunderts arbeiteten einige freie Makler im gleichen Raum neben den Agents de Change, von denen sie aber durch eine Holzverschalung getrennt waren. Diese Holzverschalung, also eine Kulisse, hat seit jener Zeit den freien Maklern den Namen der Coulissiers verschafft, den sie selbst jedoch seit einigen Jahrzehnten nicht mehr gern hören. Seitdem sich die Coulissenmakler, 110 an der Zahl, im „Syndicat des Banquiers en Valeurs“ organisiert haben, bevorzugen sie die Standesbezeichnung eines Bankiers. Sie sind es nur nicht immer. In den letzten Jahren sind einige von ihnen in die Gefängnisse der Dritten Republik gewandert oder zumindest in Strafuntersuchung gekommen.

Die Zulassungsbedingungen eines Wertes zum Handel in der Pariser Coulisse sind bedeutend weniger streng als am offiziellen Markt. Bis 1932 brauchte eine Gesellschaft, um in der Coulisse notiert zu werden, nicht einmal eine einzige Bilanz vorzuweisen, konnte also schon wenige Monate nach ihrer Gründung „börsenfähig“ werden. Infolge derartiger Verhältnisse ist es jedoch oft zu wilden Spekulationen in rasch eingeführten Werten gekommen, von denen vor allem die Oustric-Werte, wie die Extension, die Holfra und andere, die Spieler Hunderte von Millionen Francs kosteten. Die Mehrzahl der 2000 in der Pariser Coulisse gehandelten Werte ist höchst spekulativ. Fast alle größeren, aber auch die kleineren Goldminen werden dort notiert, sehr viele Kautschukwerte, Diamanten- und Metall-Shares, aber auch einige gute französische Industriewerte, wie die Aktien der weltbekannten Waffenfabriken Hotchkiss. Bürgert sich ein Wert am Terminmarkt der Pariser Coulisse ein, dann suchen die Agents de Change ihn ins „Parkett“, also an die offizielle Bourse des Valeurs, zu bringen. So notierten alle französischen Renten vor dem Kriege am Terminmarkte der Coulisse, bevor sie in den offiziellen Markt kamen. Die Rio Tinto und die Royal Dutch wanderten ebenfalls aus diesem Vorhof des offiziellen Spiels in das Pariser Parkett.

Die Coulisse hat äußerlich die Formen der amtlichen Börse mehr und mehr übernommen. Sie scheidet zwischen Kassageschäft und Terminmarkt, zu dem gegen 100 Werte zugelassen sind. Sie gibt auch ihren eigenen Kurszettel heraus. Ihre Courtagesätze sind scheinbar höher als im Parkett, können aber von jedem größeren Kunden erfolgreich heruntergehandelt werden. Sämtliche Coulissiers in Paris geben nämlich auf die Courtagesätze bis zu 60 Prozent Rabatte, eigentlich nur an Bankiers, in stillen Zeiten aber auch an Einzelspieler. Der Kulissenhandel spielt sich in Paris nicht im Börsensaal selbst, sondern auf den Gängen rund um die Börse, also im Freien, ab. Für die Benutzung der Gänge wird von den Coulissiers eine jährliche Miete an die Agents de Change gezahlt, die wiederum die Börse von der Stadt Paris gemietet haben. Die Coulisse handelt also in Untermiete.

Curb Market

Seit dem ersten Zusammenschluß der amerikanischen Broker im Jahre 1792 hat es bereits dissidente Makler an der New-Yorker Börse gegeben, die außerhalb der Börse ihre Geschäfte zu machen suchten und das mit Vorliebe auf offener Straße taten. Die Straße gab ihnen auch ihren heutigen Namen, dem das Pittoreske nicht abzusprechen ist, denn „Curb Broker“ heißt nichts anderes als Rinnsteinmakler. Ein Stich aus dem Jahre 1864 vergißt bei der Darstellung des Curb Market nicht, den Rinnstein neben dem Gehsteig in William Street ganz deutlich zu zeigen. Seine erste große Blütezeit hatte der Curb Market bereits während des Bürgerkrieges von 1861 bis 1865. Damals erreichten die Umsätze auf der Straßenbörse manchmal höhere Beträge als an der nobleren Stock Exchange. Am „Curb“, unter freiem Himmel, erlebten in den siebziger und achtziger Jahren auch die Minen- und Petroleumwerte ihre ersten Booms und Breaks. Erst im Jahre 1908 begannen sich die Curbmakler zu organisieren, und 1911 wurde die „New York Curb Market Association“ begründet. Nun wurde man vornehm und förmlich. Die Börsendauer, die bis dahin vom frühen Morgen bis in die Nacht hinein unbegrenzt war, wurde auf die gleichen Stunden wie die der Stock Exchange reduziert, die Freilufthändler begannen sich nach einem Dach über ihren Spielen zu sehnen, und im Jahre 1921 konnte der Umzug in ein eigenes Gebäude, die New York Curb Exchange, stattfinden. Die Curb Exchange stellt eines der modernsten Börsengebäude der Welt dar und wird in Ausstattung und Organisation von keiner europäischen Börse auch nur annähernd erreicht. Sie kann sich aber auch ihrem Umfang nach mit den größten Börsen Europas messen, hat San Francisco und die anderen amerikanischen Provinzbörsen weit überflügelt und nennt sich mit Recht die „zweite Börse“ der Staaten.

Es gibt 550 Börsenmitglieder oder Curb Broker, die ihre Mitgliedschaft wie in Wall Street durch Sitzkauf erwerben. Der Preis eines Börsensitzes an der Curb Exchange betrug bei der Eröffnung im Jahre 1921 3750 Dollar und stieg 1929 bis auf 254000 Dollar. Am Curb wurden 1932 gegen 2400 verschiedene Aktien, 550 amerikanische Schuldverschreibungen und gegen 100 ausländische Obligationsserien notiert, darunter eine Reihe deutscher Stadt- und Provinzanleihen. Ähnlich wie in der Pariser Coulisse sind am Curb Market die Zulassungsbedingungen zur Börsennotiz weniger streng als an der Hauptbörse. Die Curb Exchange gibt auch ihren eigenen Kurszettel heraus und ist an Spekulationsfavoriten in guten Börsenzeiten nicht arm. Sehr groß war seit 1921 die Zahl der am Curb notierten Investment Trusts, von denen seither viele wieder verschwunden sind. Den wichtigsten Platz unter den Curbwerten nehmen heute die Public Utilities ein. Die Spekulation hat sich hier nie Schranken auferlegt, und in den Tagen des Oktoberkrachs von 1929 erreichten die Tagesumsätze 7 Millionen Shares. Sie bewegten sich 1932 auf einem Tagesdurchschnitt von etwa 200000 Shares, von denen freilich viele in der schlimmsten Baisse noch nicht einmal 1 Dollar das Stück kosteten.

Kleinkulissen

Neben den äußerst spekulativen, aber bedeutenden „Coulissen“ von Paris und New York haben auch die meisten übrigen Börsen der Welt einen Kulissenverkehr, der sich jedoch schon nicht mehr scharf vom Freiverkehr unterscheiden läßt. An der Börse von Amsterdam gibt es im Erdgeschoß einen lebhaften nichtoffiziellen Verkehr in verschiedensten zum offiziellen Börsenhandel nicht zugelassenen Papieren, unter denen einige Auslandswerte eine größere Rolle spielen. In diesem Markt werden auch Devisengeschäfte abgeschlossen, es wurden dort zur Zeit der Börsensperre in Deutschland manche deutschen Werte nichtamtlich gehandelt. Die an ihr operierenden „Eckenhändler“ sind in vielen Fällen aus dem Ausland zugewandert. Sie werden von den alteingesessenen und zur Hauptbörse zugelassenen Vermittlern nicht für voll genommen. Die holländische Sprache hat für sie ein größeres und nicht eben schmeichelhaftes Vokabularium entwickelt.

In Berlin faßt die Bezeichnung Kulissenhandel den Freiverkehr in allen Werten, den offiziell oder nichtoffiziell notierten, zusammen. Kulissengeschäfte können zu jeder Zeit innerhalb der Börsenstunden und in den Börsenräumen durchgeführt werden und brauchen über keinen amtlichen Kursmakler zu gehen. Nach dem offiziellen Börsenschluß handelt man im Freiverkehr meist noch eine Stunde weiter. Die Kulissenwerte unterliegen keiner Kurskontrolle und keinen bindenden Zulassungsbedingungen. Doch haben sich in Berlin und ebenso in Frankfurt in der Inflationszeit, wo der Handel im Freiverkehr allzu üppig ins Kraut schoß, Kontrollausschüsse von Banken und Bankiers ausgebildet, die für die Zulassung zum Freiverkehr gewisse Richtlinien aufgestellt haben. Grundsätzlich sollten fortan im Freiverkehr nur Werte gehandelt werden, die wenigstens schon eine Bilanz vorweisen können. Nach der Markstabilisierung fand in Berlin eine große Tempelreinigung des freien Marktes statt, der die Hälfte der nachweislich dort gehandelten Werte — es waren gegen 200 — zum Opfer fiel.

Der Freiverkehr der deutschen Börsen nähert sich durch diese Eingriffe auch organisatorisch allmählich der Pariser Coulisse, also einer „zweiten“ Börse. Neben vielen kleinen einwandfreien Werten werden in Berlin die Aktien etlicher bedeutender Großunternehmungen, so einige Kaliwerte und die Obligationen und Aktien der weltbekannten Ufa, ausschließlich als „Unnotierte“ im Freiverkehr gehandelt. Trotzdem bleibt die Gefahr bestehen, daß sich am freien Markt höchst zweifelhafte Werte einschleichen, und vor allem kann der Kunde bei der Abrechnung leicht übervorteilt werden, da es an den deutschen Freiverkehrsmärkten nur private und meist unzuverlässige Kursfeststellungen und keinen regelrechten Kurszettel gibt.

Sowohl Wien wie Prag haben einen Kulissenverkehr, der sich aber nur auf wenige Werte beschränkt. Das führende Papier der Prager Börse, die Aktie der bekannten Waffenwerke Skoda in Pilsen, wird in der Kulisse in breitem und sehr spekulativem Markt gehandelt. Abarten des Kulissenverkehrs gibt es an allen Schweizer Börsen, an den spanischen und auch an den italienischen. Einen größeren Kulissenhandel hat Brüssel, während die junge Börse von Luxemburg eigentlich noch nichts anderes ist als eine einzige Kulisse.

Londoner Straßenbörse

Viel tiefer als die kontinentalen Kulissenmärkte, die sich im Börsengebäude selbst abspielen, steht ihrem kaufmännischen Niveau nach die Londoner Straßenbörse, auch wenn sie ihrem Umfang nach bedeutend ist. Infolge der sehr strengen Zulassungsbedingungen zur Mitgliedschaft an der Stock Exchange haben sich in London schon seit fast zwei Jahrhunderten zahlreiche freie Broker neben den offiziellen Börsenmitgliedern behaupten können. Diese Vermittler, die man Outside Brokers nennt, weil sie nicht in die Börse hineindürfen und ihre Geschäfte außerhalb der Stock Exchange, in der Straße oder in kleinen Läden rings um die Börse, abwickeln, sind nicht organisiert. Sie können alle Papiere handeln, die auch im Börseninnern notiert werden, sie können auch nicht in London notierte Werte handeln. Solange sie nicht nachweislich mit dem Strafgesetz in Konflikt kommen, hindert sie niemand. Seit jeher haben sie freilich durch nicht immer sauber durchgeführte Spekulationen von sich reden gemacht. Die Bezeichnung eines Outside Brokers war jahrzehntelang mit der Bezeichnung eines Bucket-Shops identisch, eines Ladens, in dem man versuchte, dem Kunden wertlose Effekten anzuhängen. Seit einigen Jahren gibt es aber auch unter den Outside Brokers geachtete Händler.

Die freien Vermittler gehen in London mit recht derben Methoden auf Kundenfang aus. Nur sie dürfen in den Zeitungen annoncieren, während die Mitglieder der Stock Exchange öffentlich nicht Reklame machen dürfen. Die von den Outside Brokers täglich ihren Kunden empfohlenen Spiellisten enthalten fast ausnahmslos äußerst risikoreiche Tips. Die Outside Brokers sind mit Börsenprophezeiungen nicht ängstlich, sie haben sogar eine besondere Art der Spielreklame entwickelt, indem sie in ihren Zirkularen gleich zahlenmäßig die Gewinnmöglichkeiten für jedes Papier angeben. Die Verlustmöglichkeiten werden nicht im voraus berechnet. Dieses System, so plump es auch ist, scheint sich, besonders in der Provinz, immer wieder zu bewähren.

Markt für alles

Der Freiverkehr ist offenbar eine unvermeidliche Nebenerscheinung des geregelten Börsenhandels. Selbst an den beiden Plätzen, an denen bereits zwei organisierte Effektenmärkte bestehen, in New York und Paris, hat sich der Freiverkehr erhalten, und an beiden Orten kann er sogar mit einem respektablen Spielprogramm aufwarten. In Paris wird „Hors-Cote", wie man in Frankreich den freien Markt nennt, eine Reihe von ausländischen Aktien gehandelt, die, wie die I. G. Farben oder große amerikanische Shares, weder im Parkett noch in der Coulisse notiert werden. Auch einige bedeutendere inländische Aktien zirkulieren hier. Neben diesen ernsthaften Werten gibt es aber auch die seltsamsten Spielobjekte, so Eintrittskarten für große Ausstellungen, die mit Lotterien verbunden sind. Eine schwunghafte Spekulation dieser Art blühte während der Exposition des Arts Décoratifs von 1926 und während der Kolonialausstellung im Jahre 1931. Dunkelste Elemente handelten in jener Zeit mit den Commis guter Börsenfirmen die „Tickets" en gros, per Kassa und in einzelnen Fällen sogar auf kurze Termine. Der New-Yorker Freiverkehr hat ein besonders wertvolles Spielfeld in den Aktien der meisten Großbanken und Versicherungsgesellschaften, die weder an der Stock Exchange noch am Curb Market regulär eingeführt sind.

Der Freiverkehr geht überall von dem Prinzip aus: man kann alles handeln. Wie sein Name sagt, unterliegt er praktisch keinerlei Beschränkungen. Er entfaltet sich auch heute noch mit besonderer Vorliebe an der freien Luft, wo sich die Geschäftsformen schwerer kontrollieren lassen als im Börsenraum. Die Kursbildung an den Freiverkehrsmärkten, die völlig unkontrollierbar ist und keinerlei Aufsicht unterliegt, schafft eine ideale Spielatmosphäre, aber nicht für die Spieler, die hier von allem Anbeginn schon als Opfer zu betrachten sind, sondern für die Vermittler. Denn der Freiverkehrsmarkt, der heute noch die Börse in der Spielverfassung zeigt, in der sie sich vor zwei Jahrhunderten befand, ist die vorzüglichste Einrichtung für den Kursschnitt. Es gibt keinen offiziellen Kurszettel für die hier zustandegekommenen Kurse. Lediglich einige Broker- oder Coulissierfirmen veröffentlichen ein- oder zweimal in der Woche eine „unverbindliche Aufstellung“ über die annähernden Notierungen der einzelnen Werte. Diese Privatkursblätter, die oft auch noch von eigenen Zirkularen begleitet sind, stimmen selten miteinander und fast nie mit der Wirklichkeit überein.

Aus diesem Grunde sind die Freiverkehrsabteilungen meist kleine Goldgruben für die Broker, Coulissiers oder Banken, die sie ausbeuten. Der Schnitt am Kunden begleitet hier fast jede Transaktion. Da aber der Verkäufer seinen Kunden ebenso schneiden will wie der Käufer und da außerdem noch die Commis ihren Schnitt machen möchten, ist das Handeln an solchen Märkten nicht immer leicht. Alle Durchführungsorgane wollen verdienen, und je mehr der Kunde hier übervorteilt wird, um so tüchtiger dünken sich die Händler. Gelingt der Kursschnitt besonders gut, so sprechen die Pariser Händler bezeichnend von einem „Coup de bambou“, einem Schlag mit einem Bambusstock. Je nach Land und Börsenmentalität tragen die Freiverkehrsmärkte besondere Spitznahmen, unter denen der in Frankreich bekannte „Les pieds humides“ der humorvollste sein dürfte. Er verdankt seine Entstehung dem Handel im Freien, bei dem sich die Commis bei Regenwetter nasse Füße holten.

Trotz allen seinen Spitzbübereien hat der Freiverkehrsmarkt aber doch eine wichtige Ersatzfunktion für den offiziellen Verkehr der Börse. Werte, die später bestimmt zum amtlichen Börsenhandel zugelassen werden, sich aber noch in ihrer Zeichnungsperiode befinden, wie Staatsanleihen oder junge Aktien vor ihrer Einführung und Bezugsrechte auf Neu-Emissionen, werden hier sofort gehandelt. Andere Werte, die aus irgendwelchen technischen Gründen vorübergehend vom amtlichen Kurszettel gestrichen werden, finden hier augenblicklich einen neuen Markt. Schließlich aber können auch reine Saisonmärkte für Aktien ad hoc im Freiverkehr geschaffen werden, der niemals wählerisch ist.

Die Courtage- und Steuersätze im Freiverkehr sind die gleichen wie an den Kassamärkten der offiziellen Börsen. An Stelle der im Börsenreglement vorgesehenen Exekutionen eines Verkäufers, der die Effekten nicht in der vereinbarten Frist liefern kann, treten meist gütliche Lieferungsverlängerungen. Es wird da auch länger um einen Kurs zwischen den Händlern gefeilscht, weil die Märkte relativ klein sind. Die Umsätze im Freiverkehr stellen stets nur einen Bruchteil der Umsätze des offiziellen Marktes dar. Es sucht sie auch niemand zu erfassen. Vielen Vermittlern sind jedoch kleine Umsätze mit großen Differenzen lieber als große Geschäfte, die lediglich Kommissionen einbringen und nur geringe Schnittmöglichkeiten bieten.

Der Börsentod

Die moderne Börse liebt die Statistik. Nur ein sonst sehr wichtiger Zweig der modernen Statistik findet an der Börse keinen Eingang, nämlich die Sterbestatistik. Alljährlich verschwinden von der Börse die lebensunfähig gewordenen Gebilde, Papiere zusammengebrochener Gesellschaften, Firmen, die auf dem Spielfelde einen nicht immer ehrenvollen Tod starben, und auch Spielpositionen von Leuten, die das Zeitliche segneten. Über all diese Ereignisse statistisch oder gar in graphischen Darstellungen zu berichten, scheint für die Spekulation nicht zweckvoll zu sein. Selbst in Deutschland, in England oder den Vereinigten Staaten, wo es für das Versicherungswesen die besten Sterblichkeitstabellen gibt, ist diese Art von Statistik noch nicht auf die Börse angewandt worden.

Die Börse will ihren oft in einem Doppelsinne teuren Toten nichts nachsagen. Denn so schwere Verluste ihr Siechtum oder ihr plötzliches Dahinscheiden den Angehörigen, den Aktien- und Obligationsbesitzern, auch gebracht haben mag, sie haben zur Aufrechterhaltung des Spielbetriebes meist ihr gut Teil beigetragen, und dafür ist die Börse dankbar. Noch viele Jahre nach Zusammenbrüchen hört man manchen Händler sentimental von den Konjunkturen sprechen, die ihn an Kreuger, an Oustric, an Hatry oder an Insull viel Geld verdienen ließen. Daß die Harmlosen und die Überklugen unter den Spielern dabei oft um ihr ganzes Vermögen kamen, interessiert die Professionells der Börse nicht im geringsten.

Wie dem Tod die Begräbnisfeierlichkeit folgt, so hat auch die Börse ein eigenes Bestattungszeremoniell. Entspricht die Aktie eines Unternehmens nicht mehr den Zulassungsbedingungen des Börsenhandels, so muß sie nach den gleichen Bestimmungen von der Notiz gestrichen werden. Der Ausschluß erfolgt in besonderen Trauersitzungen des Börsenvorstands und zieht einen sofortigen Kurssturz des Papiers mit sich, falls der nicht schon vorher eingetreten ist. Die Börsenautoritäten zögern immer etwas, bevor sie so schwerwiegende Entschlüsse fassen. Meist sind sie aus Vermittlern zusammengesetzt, die in dem betreffenden Wert für ihre Kundschaft und vielleicht auch für sich Spielengagements unterhalten, und als Interessenten sind sie sich besonders klar über die Folgen der Streichung, durch die das Papier offiziell spielunfähig wird.

Die Börse sträubt sich daher, so lange es nur geht, gegen das Totsagen von Unternehmen, deren Aktien offiziell notiert werden. Sie greift sogar zur Polizeihilfe, besonders in Krisenzeiten, um die vermeintlichen Totengräber von Wertpapieren zu verfolgen. New York hatte in der letzten Krise seine diesbezüglichen Strafuntersuchungen genau so wie Paris, Brüssel oder Berlin. Mit Bedrohungen und

Strafverfolgungen hat sich indessen noch nie die Lebensfähigkeit eines Wertpapiers verlängern lassen. Andererseits ist kein Fall bekannt, wo die Börsenverwaltungen mit Erfolg dafür zur Rechenschaft gezogen worden sind, daß sie die Aussetzung von Kursnotizen zu spät vorgenommen haben.

Wird in der Trauersitzung des Börsenvorstandes die Streichung eines Wertes vom Kurszettel beschlossen, so bezieht sich das am Kontinent meist nur auf die Aufhebung der Terminnotiz. Am Kassamarkt ist man noch langmütiger, und es gibt an den größten Börsen auch heute noch regelmäßig notierte Aktien und Obligationen von Gesellschaften, die dem Konkursverwalter unterstehen. Nur in krassen Kriminalfällen werden Werte auch vom Kassamarkt ausgeschlossen, wie die Brandenburgische Holz-A.-G. in Berlin oder die Oustric-Aktien in Paris, die sich als vollkommen trügerische Gebilde erwiesen. Doch gestattet auch da noch die Börse Ausnahmen. Die peinlichen Entdeckungen nach dem Selbstmord Ivar Kreugers genügten nicht, um dem offiziellen Spiel in Kreuger-Obligationen und Kreuger-Aktien ein Ende zu machen. Die Banque Nationale de Crédit, die Electrical & Musical Industries, die Wabash Railway und viele andere Werte waren schon lange tot, als es für sie noch immer Käufer gab, die auf ihre Wiedergesundung spielten.

Während sich die Bestattung von Börsenwerten ohne jede Feierlichkeit vollzieht, ist der Börsentod von Mitgliedern der Stock Exchange an den angelsächsischen Börsen eine äußerst feierliche Angelegenheit. Wird in Wall Street oder in London ein Börsenmitglied zahlungsunfähig, so hört damit automatisch seine Zugehörigkeit zur Börse auf. Sobald die Börsenleitung davon verständigt wird, daß ein Mitglied seinen Verpflichtungen nicht nachkommen kann, verkündet sie den Todesfall der Börsenversammlung durch öffentliches „Aushämmern". In London ertönen an beiden Seiten des Börsensaales Hammerschläge zum Zeichen, daß die Transaktionen unterbrochen sind. In Wall Street geht das Aushämmern nicht minder wirkungsvoll auf hoher Empore vor sich. Schon dabei überkommt ein leichtes Grauen auch die abgehärtetsten Spieler. Denn wer denkt in solchem Augenblick nicht an sein eigenes Ende. Die Stimme des Börsenvorstandes, der die Insolvenz bekanntgibt, klingt in dem weiten Saal, in dem sonst tausend Stimmen durcheinander schwirren, hohl und schaurig. Nach Bekräftigung durch neue Hammerschläge ist die Zeremonie vorbei. Das Memento mori drückt dann vielleicht noch etwas die Kurse, aber bald siegt wieder der Wille zum Spiel. Die Sitzung geht weiter.

Häufiger wohl als Menschen irgendeines anderen Berufskreises machen Börsenleute ihrem Leben ein Ende, wenn sie wirtschaftlich vor dem Zusammenbruch stehen. Selbstmorde großer Spieler kennzeichnen den Gang der Börsengeschichte. Barnato, der Diamantenkönig, Loewenstein, der Kunstseidenfürst, Kreuger, der König des Streichholzes, der Präsident der Wiener Börse Miller-Aichholz, der große ungarische Spekulant Bettelheim und eine Reihe anderer gingen freiwillig in den Tod, nachdem ihre Partie verloren war. Es ist aber keineswegs nur das Selbstbewußtsein der Großen, das zu diesem Schritt treibt. Auch kleine Spieler sehen nicht selten im Freitod die letzte Ausflucht. Fast nach jedem Börsenkrach nehmen sich Spekulanten, die ihr Vermögen eingebüßt haben oder ihren Verpflichtungen nicht mehr nachkommen können, das Leben. Grabredner pflegen in solchen Fällen den hohen Ehrbegriff und das Verantwortungsbewußtsein des Verstorbenen zu rühmen. In Wahrheit entspringt die Verzweiflungstat wohl oft einer Art verletzten Ehrgefühls von Menschen, denen es nicht gelungen ist, das Spiel, an das sie glaubten, zu meistern. Manchmal freilich steht dahinter auch die Selbsterkenntnis, daß der Berufsspekulant allmählich zu allen anderen wirtschaftlichen Betätigungen unfähig wird.

Börsenjustiz

Börse und Gerechtigkeit sind nicht gerade Zwillingsschwestern. Zwar scheint die äußere Form des Börsengeschäfts an die Rechtlichkeit der Beteiligten besonders hohe Anforderungen zu stellen. Alle Börsenleute pflegen es als einen Beweis für die strenge kaufmännische Ehrenhaftigkeit ihres Berufs anzusehen, daß an der Börse Transaktionen über Tausende und selbst über Hunderttausende Mark rechtsverbindlich durch ein einziges gesprochenes Wort und sogar durch eine Handbewegung abgeschlossen werden können. Tatsächlich ist aber diese ungewöhnliche Formenstrenge nur ein Beweis für den Spielcharakter des Börsengeschäfts. Ganz allgemein kann man sagen: Je bedeutsamer wirtschaftlich der Inhalt eines Geschäfts ist, um so freier ist die Form. Je belangloser der Inhalt, desto strenger die Form. Am Spieltisch in Monte Carlo sind die Formen des „Geschäftsabschlusses", des Einsatzes, des Beginns der Partie, des Nichtmehrspielendürfens, des Auszahlens weit starrer und penibler als bei irgendeinem Millionengeschäft zweier Großunternehmungen. Die Börse ähnelt mit Recht in ihrer Formgebung viel mehr dem Roulettetisch als dem grünen Tisch einer Konzernverwaltung.

Immerhin hat die Börse, wenigstens in den letzten Jahrzehnten, sich in wachsendem Maße bemüht, die kaufmännischen Rechtsbegriffe auch auf ihre Geschäftssphäre zu übertragen. Mit diesem Vorsatz verbindet sich freilich eine merkwürdige Angst, Differenzen zwischen Börsenmitgliedern vor der Öffentlichkeit auszutragen und die ordentlichen Gerichte in Anspruch zu nehmen. Alle Börsen haben ihre eigenen Gerichtshöfe, deren Richter sie selbst bestimmen und aus den Reihen ihrer Mitglieder wählen. Die Börsengerichte haben die Form der alten Zunftgerichtsbarkeit noch in unsere Tage herübergerettet. Verurteilungen sind selten. Einerseits geht die Börsenjustiz mit schöner Selbstgefälligkeit von dem Grundsatz aus, daß jeder Börsenbesucher ein Ehrenmann ist, und andererseits macht sie es sich zur Aufgabe, der Öffentlichkeit möglichst wenig Anlaß zur Nachrede zu geben. Aus diesem Grunde stellt sie das Kompromiß bedeutend höher als eine Verurteilung. Denn über Kompromisse wird nicht, über Verurteilungen aber wird viel gesprochen.

Die strengste Börsengerichtsbarkeit ihren Mitgliedern gegenüber übt die Londoner Börse aus. Ihre beste Waffe ist die Eigenart des Mitgliedverhältnisses der Broker und Jobber, die alljährlich am ersten Montag im März dem

Börsenvorstand ihr Demissionsgesuch einzureichen haben, worauf sie am 25. März Antwort bekommen. Verstieß ein Börsenmitglied gegen die Börsengesetze, so wird sein Demissionsgesuch angenommen. Er hat kein Berufungsrecht gegen diese Ausschließung, die er ja quasi selbst verlangte. An manchen anderen Börsen der Welt wäre vielleicht bessere Ordnung, wenn sie diese eigenartige Organisationsform der Stock Exchange übernehmen würden.

Die Börsengerichte können auch Disziplinarstrafen über ihre Mitglieder verhängen. In Paris ist bei den Agents de Change die „Mise à pied" möglich. Das ist ein Transaktionsverbot für den betreffenden Makler, der auf einen Monat oder länger seiner Berechtigung zum Börsenhandel für verlustig erklärt wird. Geldstrafen sind an allen Börsen für die Mitglieder bei Verstößen gegen die Börsenordnung vorgesehen.

Strafprozesse, bei denen Börsenmitglieder als Hauptpersonen figurieren, sind relativ selten. Auf Unterschlagung von Kundengeldern durch Börsenmakler steht in England ebenso wie in Frankreich lebenslängliche Zwangsarbeit. Kleinere Vergehen aber werden überall, soweit wie nur irgend möglich, unter Ausschluß der Gerichte und damit auch unter Ausschluß der Öffentlichkeit „bereinigt". Wer spielen will, soll an den präzisen Mechanismus der Börse, an die vollste Integrität aller Börsenmitglieder und an die Gewinnmöglichkeiten seiner Spiele glauben. Aus purem Selbsterhaltungstrieb erwächst daher allen Börsenprofessionells die Pflicht, diesen Glauben aufrechtzuerhalten.

Zehntes Kapitel

DIE MAGIE DER BÖRSE

Das Börsenspiel wäre kein Spiel, wenn sich seine Beweggründe und die Kursbewegung selbst verstandesmäßig ganz erklären ließen. Die Anziehungskraft der Börse beruht nicht zuletzt auf den irrationalen Momenten, die das Börsenspiel enthält. Spekulative Kräfte stecken in jeder wirtschaftlichen Aktion. Zu jeder Unternehmertätigkeit gehört daher ein Schuß Spekulantengeist. Auch die Zielsetzung des Unternehmers ist spekulativ. Es hängt aber doch weitgehend von ihm selbst ab, ob er sein Ziel erreicht. Der Börsenspekulant hat im allgemeinen auf das Gelingen seiner Aktion keinen Einfluß. Allenfalls kann das große Spielersyndikat den Markt beeinflussen und in seinem Sinne eine Wendung herbeiführen. Der einzelne Spieler, sogar der Großspekulant, steht einer schicksalhaften Macht, der „Tendenz", gegenüber. Er mag sein Börsenengagement auf Grund sorgfältigster Erwägungen eingehen. Er mag die Tendenz noch so genau verfolgen und sich ihr anpassen, wozu er eher in der Lage ist als der Unternehmer. Er kann sich leichter und schneller wenden als der Fabrikant, der sein Unternehmen in einer bestimmten Richtung aufgebaut hat. Aber zwischen den beiden Entscheidungen der Spielpartie, zwischen dem Eingehen und der Lösung des Engagements, liegt doch ein Zeitraum, in dem der Börsenspekulant nichts anderes tun kann, als inaktiv warten.

Im Grunde genommen wartet er genau so hilflos auf den nächsten Kurs wie der Roulettespieler, der am Spieltisch zusieht, wohin die Kugel rollt. Auch das reine Hasardspiel läßt ja dem Spieler ein gewisses Selbstbestimmungsrecht. Er kann den Einsatz verdoppeln, um einen Verlust wieder einzuholen, er kann auf Grund bestimmter Erfahrungen, nach den Gesetzen der Wahrscheinlichkeitsrechnung, auf eine andere Nummer setzen, er kann schließlich, wenn er gewonnen hat oder bevor der Verlust zu sehr anwächst, vom Spieltisch aufstehen. Die Börse hat feinere Methoden entwickelt. Sie läßt dem Spieler größere Bewegungsmöglichkeiten. Aber letzten Endes ist es doch das gleiche. Solange der Spieler im Spiel ist, ist er Objekt, nicht Subjekt der Bewegung.

Spielaberglaube und Hellseher

Zum Unterschied vom reinen Hasardspieler ist der Börsenspekulant sich dieser Situation aber meistens nicht bewußt. Er will nicht zugeben, daß auch er ein Spieler ist, er behauptet vielmehr, ein Rechner zu sein. Er vertraut nicht dem Glück, sondern seinem Wissen, seiner wirtschaftlichen Voraussicht oder mindestens dem Tip, den er von einem anscheinend Kundigeren erhalten hat, also dem Wissen des anderen. Börsenspieler sind daher nicht so abergläubisch, oder genauer, sie huldigen nicht so primitiven Formen des Aberglaubens wie Roulette- oder Baccaraspieler. In Monte Carlo verkauft man öffentlich Amulette, die den Spielern Glück bringen sollen. An den Börsen würde man es für eine Blasphemie halten, mit solchen Mitteln Unheil abwenden zu wollen. Immerhin ist auf der Schwelle des Bankhauses Morgan, gegenüber der New-Yorker Stock Exchange, auch heute noch das geheimnisvolle Pentagramm eingraviert. Es hat nichts mit dem Sowjetstern zu tun, sondern ist die Teufelsbeschwörung, die der alte abergläubische John Pierpont Morgan, der Beherrscher von Wall Street, der Sieger so vieler Börsenschlachten, zum Schutz seines Hauses vor der Eingangstür anbringen ließ.

Auch die kühlsten Spekulanten lassen sich gar nicht so selten von den äußerlichsten Dingen in ihren Entschlüssen beeinflussen und glauben an gute und böse Vorzeichen. Börsenleute achten darauf, daß sie mit dem rechten Fuß die erste Stufe des Börsengebäudes betreten — der linke bringt Unglück. In Mitteleuropa meiden manche Spekulanten das Kaffeehaus, in das sie in einer verlustreichen Baisseperiode zu gehen pflegten, damit sie nicht wieder verlieren. Andere Spieler geben nur dann Aufträge, wenn sie ihr altes Portemonnaie bei sich haben, das aus den Tagen ihres Börsendebüts datiert. Noch skurriler wirkt der Aberglaube, wenn er sich mit den Elementen der modernen Börsentechnik mischt. In einem internationalen Pariser Brokerbüro beispielsweise erteilte ein routinierter Börsenspieler nur dann Kaufordres, wenn an der Kurstafel derselbe Angestellte die Kurse von Wall Street anschrieb, der ihm einmal das Gelingen eines besonders großen Börsencoups übermittelt hatte. Auch während des Spiels selbst feiert der Aberglaube seine Triumphe. Für die Wertpapierauktionen an den westeuropäischen Börsenplätzen gibt es ein wahrhaft erleuchtetes Rezept. Man zündet eine Kerze an und steckt eine Nadel durch das Licht. Die Spielerregel lautet dann: Sofort mit dem Bieten aufhören, wenn die Nadel herunterfällt.

Nicht wenige Börsenleute versuchen, auf magische Art einen Blick in die Zukunft zu tun. Großspekulanten gehören, wie man aus zahlreichen Prozessen weiß, zu den besten Kunden der Wahrsager und Wahrsagerinnen. Die einen vertrauen sich okkultistischen Künsten, Traumdeutern und Astrologen an, andere begnügen sich damit, aus ihrer Handschrift geheime Aufschlüsse zu erlangen. Alle haben aber nur ein Ziel, im voraus etwas über das Gelingen ihrer Transaktionen zu erfahren. Selbst Kollektivprophezeiungen sind willkommen. So finden die Börsenprognosen französischer Hellseherinnen, die einige Pariser Blätter zu Beginn jedes Jahres veröffentlichen, stets eine gewisse Beachtung. Keiner der Gläubigen legt sich die Frage vor, warum diese Berufspropheten, die ja häufig durch einen sehr regen Erwerbssinn ausgezeichnet sind, ihre Sehergabe nicht selbst an der Börse verwerten und dort in kürzester Zeit zu Multimillionären werden.

Seit dem berühmten biblischen Exempel Josephs in Ägypten, der auf Grund einer Traumdeutung den ersten Weizencorner der Weltgeschichte durchführte, hat man nur selten von gelungenen Spekulationen auf okkulter Basis gehört. Dagegen sind noch aus jüngster Zeit Fälle bekannt, in denen Großspekulanten pessimistische Voraussagen von Hellsehern in den Wind schlugen. Die Brüder Sklarek ließen sich ebensowenig durch die Unheilsträume der Berliner Hellseherin Lina Seidler warnen, wie sich Alfred Loewenstein durch das Handlese-Experiment einer belgischen Gräfin in der Fortsetzung seiner Geschäfte stören ließ. Auch in diesen Beispielen zeigt sich das charakteristische Verhalten des Spielers. Er ist leichtgläubig und folgsam, solange man ihm etwas Günstiges prophezeit, und er wird skeptisch und unwillig, wenn man ihm von weiteren Spekulationen abrät. Denn der Spieler will spielen.

Magie der Persönlichkeit

Auch ohne die Flucht ins Okkulte findet der Spieler an der Börse genug magische Momente, die ihm scheinbar den Weg in die Zukunft weisen. So öffentlich sich in manchen Ländern auch das Börsengeschäft vollzieht, ein gewisses Halbdunkel bleibt doch bestehen. Die lauten Angebote, die der Börsenhändler im Markt macht, und sogar die sofortige Bekanntmachung der abgeschlossenen Geschäfte durch den Börsenticker geben noch keinerlei Aufschluß darüber, wer der Käufer, wer der Verkäufer ist. Das aber möchte gerade der Börsenprofessionell brennend gern wissen. Nicht etwa, um die Spielpartie des anderen zu durchkreuzen, denn eigentliche Konkurrenzkämpfe gibt es an der Börse ja nur unter ganz großen Spielern und Spielersyndikaten bei besonderen Gelegenheiten. Die Neugier des Durchschnittsspekulanten rührt von viel bescheideneren Wünschen her. Er möchte nur wissen, was der andere macht, um — es ihm nachzumachen. Auch der selbstbewußte Spekulant neigt zu der Annahme, daß der andere mehr weiß als er, daß der andere die besseren Einsichten und die besseren Tips hat. Und wenn sich nun das Gerücht verbreitet, daß dieser andere wirklich ein Insider, ein Großindustrieller, ein mit Aufsichtsratsposten geschmückter Bankier oder auch nur ein bekannter Großspekulant ist, so ist der erste Gedanke: Ihm nach! — Der weiß, weshalb er kauft. Und diejenigen, die nicht wissen, kaufen mit.

Die Magie der Persönlichkeit wirkt nirgends stärker als in einer Börsenversammlung, die scheinbar aus lauter überzeugten Individualisten besteht. Offiziell hat die Börse keine „Führer", es gibt nicht mal ein Wort dafür, in dem Sinne, in dem sich die Begriffe „Wirtschaftsführer" oder „Captain of Industry" eingebürgert haben. Tatsächlich dominiert an allen Börsen eine kleine Schar ungekrönter Börsenkönige, deren Weisheit sich die Masse des Börsenvolkes willig unterwirft. Oboedientia facit regentem — der Gehorsam der anderen macht den Herrscher erst zu dem, was er ist: dieser Satz römischer Staatskunst bestätigt sich an der freien Republik der Börsenspieler täglich aufs neue.

Männer wie Nathan Rothschild, Ouvrard, Gould, Fisk, Daniel Drew, Rouvier, Hooley, Morgan, Finaly, Oustric, Devilder, Hugo I. Herzfeld, Jakob Goldschmidt, Arthur Cutten, Hatry, Mannheimer, Dannie Heinemann, Alfred Loewenstein haben auf die Börsen ihres Landes und auch auf ausländische Börsenplätze jahrelang eine magische Macht ausgeübt.

Gewiß haben einzelne Börsenmatadore, namentlich diejenigen, die zugleich Großbankiers sind, auch effektive Machtmittel in der Hand, um die Börse in ihre Gefolgschaft zu zwingen. Durch Erweiterung und Verknappung der Spielkredite können sie die Kleinen belohnen und züchtigen. Durch die Größe ihrer eigenen finanziellen Reserven halten sie die Widerspenstigen in Schach. Denn welcher mittlere Spekulant wird es wagen, ein Spielengagement einzugehen, wenn er weiß, auf der anderen Seite steht ein von Morgan geführtes Syndikat und treibt die Kurse in die Höhe.

Viel mehr als die wirkliche Macht des Geldes wirkt aber an der Börse die reine Suggestion des großen Namens und des großen Besitzes. Die Börse ist tief von der Überzeugung durchdrungen, daß reiche Leute klüger sind als ärmere, und deshalb hält sie es mit den Reichen. Am Abend, im privaten Plaudergespräch, bekrittelt der kleine Spekulant genau so skeptisch und abfällig die Manöver der Großen, wie wenn ein Bankstift über seinen Generaldirektor herzieht. Er durchschaut sie alle und sagt, manchmal sogar ganz richtig, was sie vorhaben und wie sie es machen. Er ist sich dann durchaus darüber klar, daß der Erfolg der Erfolgreichen zum guten Teil auf dem Mitläufertum beruht. Am nächsten Morgen aber hat er diese Erkenntnisse wieder über Bord geworfen. In der Minute der Entscheidung folgt er jedem Rat, der ihm auf noch so verzwickten und unkontrollierbaren Wegen aus dem Munde der Großen zuteil wird.

Börsenmimik

Höchstes Glück der Börsenkinder, von einem der Gewaltigen selbst ein Wort zu erhaschen oder, wenn das nicht gelingt, wenigstens an seiner Miene abzulesen, was er wohl denken mag, ob sein Gesichtsausdruck oder eine Handbewegung von ihm gutes oder schlechtes Börsenwetter prophezeit. Meistens belieben es die Großen der Börse, ernst und finster dreinzuschauen, wie das leibhaftige Schicksal. Aber es gibt unter ihnen auch heitere Naturen, die um so eindrucksvoller wirken, wenn ihre Stirn sich einmal sorgenvoll umwölkt.

Die Börsenmimik ist von jeher von manchen Prominenten ausgenutzt worden, um den magischen Einfluß ihrer Persönlichkeit noch zu steigern und in ihrem Sinne Stimmung zu machen. In der ältesten Pariser Straßenbörse in der Rue Quincampoix, im Anfang des achtzehnten Jahrhunderts, spielte ein Monsieur Le Blanc die Rolle des wandelnden Börsenbarometers. Wenn dieser Großspekulant in eigener Person unter den kleinen Jobbern auftauchte, so wußte man, daß eine besondere Aktion bevorstand. Die ganz Schlauen gingen in ihren physiognomischen Schlüssen noch weiter. Wenn der verschlagene Herr Le Blanc lächelte, so meinten sie, daß er verkaufen wollte und ein Kursrutsch zu erwarten wäre. Machte er aber ein düsteres Gesicht, so nahmen sie an, daß er selbst bald „einsteigen“ wollte, und kauften daher schon im voraus zu niedrigeren Kursen. In den wilden Wall Street-Jahren um die Mitte des vorigen Jahrhunderts galt der große Baissier Daniel Drew als der Wettergott der New-Yorker Börse. Damals kam der schöne Satz auf: Wenn Daniel Drew sagt „up“, geht der Markt in die Höhe; wenn Daniel Drew sagt „down“, geht es runter; wenn Daniel Drew sagt „wiggle-waggle“, wackeln die Kurse hin und her. In den Jahren nach der Markstabilisierung nahm an der Berliner Börse Jakob Goldschmidt diesen Ehrenplatz ein. Da er im Rufe des Haussiers stand, so wurde sein persönliches Erscheinen in den Börsensälen, was nicht so häufig vorkam, begrüßt wie der Durchbruch eines Sonnenstrahls: die Hausse flog ihm förmlich entgegen. Die beglückten Kleinspieler aber meinten, Jakob Goldschmidt habe die Hausse mitgebracht.

Der Nimbus der Persönlichkeit bedarf nicht des öffentlichen Auftretens. Keine abgezirkelte Geste wirkt so suggestiv wie das völlige Unsichtbarbleiben. Nur wenige

Berühmtheiten bringen es freilich über sich, dauernd im Halbdunkel zu verweilen und die Stätten ihres Ruhms zu meiden. Zu den wenigen Männern dieses Schlages gehörte Hugo I. Herzfeld, der erfolgreichste Berliner Börsenoperateur der Inflationsjahre. Herzfeld, der durch freie Aktienkäufe ganze Majoritäten zusammenbrachte und, ein sehr seltener Fall, über die Börse neue Industriekonzerne schuf, hat selbst die Burgstraße niemals besucht. Seine großen Transaktionen ließ er durch zwischengeschaltete Maklerfirmen ausführen, um nicht als Käufer aufzufallen. Trotzdem oder vielleicht ebendeshalb wuchs sein Name an der Börse zu geheimnisvoller Größe, und auch manches Geschäft, das er nie gemacht hat, wurde ihm zugeschrieben. Den „Magus der Börse“ nannte man ihn bei seinem frühen Tode.

Magie des Erfolgspapiers

Der Ruhm des Börsenerfolges ist nicht nur an Persönlichkeiten geknüpft. Er heftet sich häufiger noch an die Papiere, an denen einige Leute viel Geld verdient haben. Die ständige Beschäftigung mit Werttiteln, mit Namen und Abkürzungen, mit denen die meisten Spekulanten nur ganz vage geographische und wirtschaftliche Vorstellungen verbinden, bringt es mit sich, daß die abstrakten Wertobjekte der Börse für die Spekulanten ein merkwürdiges Eigenleben bekommen. In den Gesprächen der Wall Street-Büros erscheinen Shares und Bonds als die wahren Realitäten, während Menschen und Fabriken nur ein schattenhaftes Dasein führen. Die Welt hat sich da zu Börsensymbolen verdichtet, die in der Phantasie der Spieler fast zu konkreten Lebewesen werden. Die Börsenwerte „steigen“ und „fallen“, sie erweisen sich als „widerstandsfähig“ oder „geben nach“, sie sind „schwerfällig“ oder „sprunghaft“. Ein Papier, dessen Kurs gegen die allgemeine Tendenz gesunken ist, wird angesehen wie ein verlorener Sohn. Aktien aber, die sich in der letzten Hausse besonders gut gehalten haben, gelten als Musterknaben, um deren Zukunft man sich keine Sorgen zu machen braucht.

So entstehen bisweilen die schon in anderem Zusammenhang erwähnten Börsenfavoriten. Auch an der Börse zieht der Erfolg den Erfolg nach sich. Papiere, in denen einmal eine auffällig große Bewegung vor sich ging, bleiben lange Zeit ohne logische Begründung im Mittelpunkt der Spekulation. Man spielt auf sie so, wie man beim Pferderennen auf den Sieger vom letzten Derby wettet. An der Berliner Börse war in der Inflationszeit das Schokoladenpapier Sarotti der magische Börsenwert, in der Pariser Aufwertungshausse waren es die Aktien der belgischen Kunstseidengesellschaft Tubize, in der amerikanischen Hausse im Spätsommer 1932 die Auto-Shares von Auburn. Die Rekordsprünge, die diese Papiere einmal gemacht hatten, lockten immer wieder Käufer an — ohne Rücksicht auf die schweren Kurseinbußen, die der ersten Hausse gefolgt waren.

Bei manchen Dauerfavoriten übt zweifellos auch der einprägsame Name eine gewisse Suggestionskraft aus. Es gibt Spekulanten in Rio Tinto-Aktien, die das Papier einfach auf seinen „alteingeführten" Namen hin gekauft haben, ohne auch nur zu ahnen, um was für ein Unternehmen es sich dabei handelt. Von einem dieser Käufer erzählt man die hübsche Geschichte, wie er fest entschlossen zu seinem Bankier ging, um ihm den Auftrag für Rio Tinto zu erteilen. Der Bankier riet ab: über Rio Tinto lägen zur Zeit keine besonders günstigen Nachrichten vor. Der Kunde aber ließ sich dadurch nicht beeinflussen, kaufte und gewann in wenigen Wochen ein Vermögen. Als er sich seinen Spielgewinn abholte, bat ihn der Bankier, nun schon sehr respektvoll, in sein Privatkontor und sagte zu ihm: „Jetzt, wo Ihr Coup gelungen ist, können Sie mir doch verraten, wer Ihnen den Tip gegeben hat?" Und prompt kam die selbstbewußte Antwort: „Ich hatte in der Zeitung gelesen, daß von Rio in die Gegend von Tinto eine Bahn gebaut werden soll, und da dachte ich mir: Eisenbahnen gehen immer." Es hatte also der Spekulation keinen Abbruch getan, daß Rio Tinto in Wirklichkeit Kupferminen in Spanien sind.

Kundigere Börsenleute pflegen über so krasse Ignoranten, wie der glückhafte Rio Tinto-Spieler einer war, erhaben zu lächeln. Aber auch sie erliegen sehr häufig der Magie des Erfolgspapiers, nur auf etwas fachmännischere Art. In ihren Kurstabellen, in ihren Notizbüchern und in ihrem Kopf tragen sie Erinnerungswerte mit sich herum, von denen sie sich nur ungern trennen. Es liegt in der menschlichen Natur, daß man das Unangenehme schneller vergißt als das Angenehme, und so erklärt es sich wohl, daß auch die Börse für Höchstkurse ein besseres Gedächtnis hat als für Tiefstkurse. Ein einmal erreichter Höchstkurs wirkt noch jahrelang magisch nach, wie eine glanzvolle Vergangenheit. Und selbst diejenigen, die von den Höchstkursen nie profitiert haben, wärmen sich daran in der Frostnacht der Baisse. „Das Papier stand auch schon 500" — in schlechten Börsenzeiten gibt es kein Spekulantengespräch, in dem nicht solch ein Stoßseufzer fällt. Aber auch beim Eingehen neuer Engagements spielen historische Reminiszenzen oft eine Rolle. Gerade die entschiedenen Tendenzspieler, die in Erwartung einer bestimmten Konjunktur, ohne auf die kleineren Schwankungen zu achten, nur à la hausse oder nur à la baisse spekulieren, richten sich gern nach den Höchst- oder den Tiefstkursen früherer großer Bewegungen.

Zahlensuggestion

Die Aktiengesellschaften, die Banken und Maklerfirmen unterstützen diese psychologische Neigung der Spekulation, indem sie in Prospekten und Exposés die bisher erreichten Höchst- und Tiefstkurse hervorheben. In Amerika verzeichnet jede Kurstafel und jeder Kurszettel das „high" und „low" des letzten Jahres, während die Berechnung von Durchschnittskursen mehr und mehr außer Übung kommt, eben weil ihnen der suggestive Reiz fehlt. Für den wirklichen Gang der Börsenbewegung besagen diese zufälligen Kursextreme innerhalb eines Kalenderjahres aber gar nichts. Nur die genaue Verfolgung der Auf- und Abwärtsbewegung bietet gewisse Vergleichsmöglichkeiten, und auch da wird man sich bei der praktischen Nutzanwendung an das Rothschild-Wort erinnern müssen: „An der Börse kann nur der gewinnen, der niemals zum niedrigsten Kurs kaufen und zum höchsten verkaufen will."

Die Zahlenmagie treibt an der Börse noch andere und seltsamere Blüten als den Glauben an die ewige Wiederkehr der Höchst- und Tiefstkurse. Obgleich die Spekulation, außer bei der Verteilung der Dividende, sich nicht allzu viel um den Nennwert der Aktien kümmert und viele Aktien ja gleich weit über dem Nominale in den Börsenhandel eingeführt werden, gibt es doch jedesmal einen kleinen seelischen Ruck unter den Spielern, wenn der Kurs eines Papiers unter den Nennwert zu sinken droht. Namentlich an der Berliner Börse, wo die Kursfestsetzung in Prozenten erfolgt, ist der Kurs von 100 geradezu eine heilige Zahl. In den Börsenstatistiken wird genau darüber Buch geführt, wieviel Papiere über der Parität und unter der Parität notieren. Das Publikum erblickt in der Paritätsgrenze einen Soliditätsmaßstab, und deshalb halten sich auch manche Gesellschaften für verpflichtet, ihre Aktien nicht unter 100 sinken zu lassen. Vor dem Bankenkrach vom 13. Juli 1931 wandten die Danatbank und die Deutsche Bank und Disconto-Gesellschaft große Summen auf, um ihre Aktien auf dem Parikurs zu halten. Tatsächlich gelang es damit, die weitere Öffentlichkeit noch einige Wochen über die wahre Lage der Banken hinwegzutäuschen.

Auch in Amerika, wo die meisten Shares nominal auf 100 Dollar lauten, huldigt man diesem Zahlenfetischismus. Im Jahre 1930 wurde durch kostspielige Stützungskäufe des Farm Board der Weizenpreis in Chicago längere Zeit auf 100 Cents für den Bushel gehalten. Noch weiter geht die Magie der „runden" Zahlen manchmal in Wall Street. Wochenlang kämpfte man im Herbst 1932 darum, die Steel-Aktie unter 30 Dollar herunterzudrücken, aber jedesmal, wenn Steels 30¹/₈ erreicht hatten, fanden sich wieder Käufer, die ein ehemals so wertvolles Papier nicht der Schmach aussetzen wollten, nur 29⁷/₈ zu notieren. Bis eines Tages den Baissiers der Durchbruch gelang und der Kurs nun in rapidem Tempo auf 25 herabsank. Schon aber fanden sich wieder „Dezimalspekulanten", die laut und vernehmlich ihre Meinung kundtaten, Steels seien eigentlich nur 20 wert. Doch diesmal mißlang die Attacke.

Magie der Zeit

Börsenspieler, auch Professionells, spielen im allgemeinen ohne einen festen Zeitmaßstab. Sie legen im voraus nicht fest, wie lange sie ihr Engagement halten wollen, sondern machen das von der Kursentwicklung abhängig. Man kann wohl prinzipiell zwischen kurzfristigen Spekulationen auf einen oder wenige Tage und langfristigen Spekulationen, die schon einen halben Anlagecharakter tragen, unterscheiden. In der Praxis verwischen sich aber diese Unterschiede. Zum Schluß sind doch das Temperament des Spielers und die Höhe der Kursgewinne oder Kursverluste ausschlaggebend und nicht der Feldzugsplan. Eine Ausnahme bilden die Fälle, in denen außerbörsliche, persönliche Verhältnisse den Spieler zwingen, seine Engagements zu einem bestimmten Zeitpunkt zu lösen. So war es in Deutschland und Frankreich in der Inflation und in Amerika in den Prosperity-Jahren, als Angestellte und Beamte einen Teil ihres Gehalts schnell zu einem kleinen Börsenspiel benutzten, aber ihr Geld nach wenigen Wochen wieder von der Börse zurückziehen mußten, wenn sie es zu ihrem Lebensunterhalt benötigten. Häufiger kommen solche wirklichen Zeitspiele — im Gegensatz zu den sogenannten Zeit- oder Termingeschäften, die mit dem Zeitbegriff im Grunde nichts zu tun haben — in der Großspekulation vor. So legten die deutschen Großbanken und Industriegruppen in den Jahren 1926 bis 1928 ihre Auslandskredite, die sie zu Produktionszwecken aufgenommen hatten, vorübergehend an der Börse an. Ähnlich machte es die Pariser Großbank Union Parisienne mit einem Kredit, den ihr die französische Regierung zur Weiterleitung an Ungarn gegeben hatte; nur daß die Bank selbst darüber in große Verlegenheit kam, als im Sommer 1931 Ungarn vorzeitig den Kredit abberief.

Auch da, wo der Spieler nicht durch äußere Umstände gezwungen ist, die Partie bis zu einem bestimmten Termin zu beenden, ist er keineswegs so erhaben über den Zeitbegriff, wie er selbst es gewöhnlich glaubt. Er spricht zwar gern davon, daß „mit der Zeit" alles wieder gut wird, tatsächlich aber ist die Zeit für den Spekulanten eben doch ein bedrohliches Moment, dem gegenüber er sich ständig unsicher fühlt. Nur wenige kühne Großspekulanten bringen es fertig, weite Reisen anzutreten, ohne vorher ihre Börsenordres zu erteilen, und die Bekundung von so viel Wagemut und Kaltblütigkeit flößt den nervösen Spielern unheimlichen Respekt ein. Die Verwegenen gelten — solange sie Glück haben — als die wahren Helden der Börse.

Die Angst sehr vieler Spieler vor der Zeit offenbart sich am deutlichsten außerhalb der Börsenstunden und Börsentage, also gerade dann, wenn ihnen nichts passieren kann. Um sich gegen dieses Angstgefühl zu schützen, stellen sie vor den Feiertagen ihre Engagements glatt, mit dem Erfolg, daß es unmittelbar vor Ostern, Pfingsten, Weihnachten, aber auch vor den in den angelsächsischen Ländern üblichen Bankfeiertagen häufig schwache Börsen gibt. Selbst der börsenlose Sonntag wirft, namentlich in England und Amerika, seinen Schatten voraus. Selten gibt es an den Sonnabend-Börsen einen scharfen Tendenzwechsel und stürmische Bewegungen, wohl aber wickeln kleinere Spieler häufig zum Wochenende ihre Engagements ab, um sie, ohne Rücksicht auf die Spesen und oft zu höherem Kurs, zu Beginn der nächsten Woche wieder zu erneuern. Eine Parallele dazu bieten die jüdischen Feiertage, an denen die Börsen zwar geöffnet sind, aber das Geschäft an manchen Börsenplätzen stark reduziert ist. Darauf gründet sich der kuriose Börsenratschlag: zum (jüdischen) Neujahr fixen, am Versöhnungstag (zehn Tage später) decken.

Von diesen halbrationalen Kalenderspielen bis zur reinen Zeitmagie ist nur noch ein Schritt. An dem weitverbreiteten Zeitaberglauben, daß der Freitag und daß der Dreizehnte Unglückstage seien, nimmt auch die Börse lebhaft Anteil. In Aufstiegsperioden denkt zwar kein Spieler daran. Wenn aber die Hausse schon auf die Spitze getrieben ist und es nur noch eines äußeren Anlasses bedarf, um das Kursgebäude zum Einsturz zu bringen, bricht an diesen Tagen der Spieleraberglaube durch und bereitet eben damit den Boden für die Katastrophe. Vielleicht würde eine genaue Auszählung aller großen Baissetage ergeben, daß die vermeintlichen Unheilstage der Börse nicht häufiger Unheil gebracht haben als irgendein anderer Tag. Tatsache ist jedenfalls, daß einige der schwersten Katastrophen der Börsengeschichte auf den Freitag oder auf den Dreizehnten fielen und daß diese Daten sich der Erinnerung besonders eingeprägt haben.

Der erste historische „Schwarze Freitag" war der 15. März 1811, der Tag des österreichischen Staatsbankrotts, der an der Wiener Börse schlimmste Verwirrung hervorrief. In Amerika gilt als historischer „Black Friday" der 24. September 1869. An diesem Freitag brach, verbunden mit einem gewaltigen Wall Street-Krach, die „Goldverschwörung" des großen Spekulanten Jay Gould zusammen. Um die Währungszerrüttung spekulativ auszunutzen, die seit dem Bürgerkriege in Amerika herrschte, hatte Gould gemeinsam mit seinem Partner James Fisk einen Goldcorner inszeniert. Durch ein Heer von Agenten ließ er im ganzen Land Gold aufkaufen und Goldkontrakte abschließen, und da in den ganzen Vereinigten Staaten nur 15 Millionen Dollar Gold im freien Umlauf waren, so konnte der Goldpreis in Wall Street maßlos in die Höhe getrieben werden. Die Regierung in Washington bereitete der Aktion Goulds ein bitteres Ende. Ein überraschendes Telegramm des Schatzsekretärs: „Verkaufe 4 Millionen Gold und kaufe 4 Millionen Bonds", genügte, um die Spekulation in einen wilden Schrecken zu versetzen. Der Goldpreis stürzte in wenigen Minuten von 162½ auf 133. Die Suggestion war ungeheuer und pflanzte sich auch auf die europäischen Börsen fort. Wall Street hat diesen Tag bis heute nicht vergessen.

In der jüngsten Zeit hat die Berliner Börse einen „Schwarzen Freitag" von historischer Größe erlebt, der dazu auch noch auf den Dreizehnten fiel: den 13. Mai 1927. Diesmal kam der Chok von der Kreditseite her. Die Ankündigung der Großbanken, die Reportgelder zu kürzen, führte zu einer wüsten Panik in der Burgstraße und machte der

Hausse für lange Zeit den Garaus. Dieser große Schreckenstag hat dem Börsenaberglauben neue Nahrung gegeben, und auch bei viel harmloseren Anlässen und geringeren Kurseinbrüchen, die sich an einem Freitag ereignen, spricht man von „Schwarzen Freitagen", während es niemand einfällt, einer Baisse am Dienstag dieses mystische Prädikat beizulegen.

Die Börse handelt im Affekt

Alle diese außerhalb der Verstandessphäre liegenden Erscheinungen, an denen die Börse so reich ist, gehen auf dieselbe Wurzel zurück: die Ungewißheit drückt der Börsenspekulation den Stempel auf. Die Ungewißheit über das Kommende bildet die Gefahr, aber sie macht auch den Reiz des Börsenspiels aus. Der Spekulant will das gewöhnlich nicht wahrhaben. Wenn er es schon nicht für notwendig hält, seine Tätigkeit vor sich oder vor den anderen mit irgendwelchen volkswirtschaftlichen „höheren" Zwecken zu verbrämen, so erklärt er doch, daß er nur an die Börse geht, um zu profitieren, um zu gewinnen. Aber diese Erklärung wird täglich durch die Tatsachen widerlegt.

Das Börsenspiel entspingt nicht nur dem Gewinnstreben, es ist, wie jedes Spiel, Passionssache. Auch die in der Stille des Privatkontors ausgeklügelte Spekulation wird durch die Spielerleidenschaft mitbestimmt. Zum offenen Ausbruch kommt die Spielerpassion aber erst durch das Aufeinanderprallen der verschiedenen Spekulantenmeinungen und Spekulantentemperamente im Börsensaal selbst oder angesichts der Kurstafeln in den Banken und Brokerbüros. Hier hört die ernsthafte Überlegung überhaupt auf, weil zum Überlegen keine Zeit mehr ist. An die Stelle der sorgfältigen Erwägung — die freilich um nichts richtiger zu sein braucht — muß der blitzartige Entschluß treten. Denn das Börsengeschäft unterscheidet sich von allen anderen Geschäften im besonderen durch das Tempo. In keinem anderen Wirtschaftszweig wird einem Fabrikanten, einem Kaufmann oder einem Kunden zugemutet, über erhebliche

Teile seines Vermögens in der Minute sich zu entscheiden, wie es an der Börse fortwährend geschieht.

Die Hast der Börsenabschlüsse kann man allenfalls mit dem Geschwindtempo von Auktionen in Parallele setzen. Aber auch dieser Vergleich fällt sehr zuungunsten des Börsengeschäfts aus. Denn bei der Versteigerung kann der Käufer im voraus den Wert der einzelnen Objekte abschätzen und eben danach sein Limit legen, an der Börse ändert sich der Wert des Objekts ständig nach der Marktlage. Zudem aber riskiert der Kauflustige auf der Auktion ja nur, daß ihm vielleicht durch ein zu niedriges Limit ein günstiger Kauf entgeht, während der Börsenspekulant auch Gefahr läuft, schwere Verluste zu erleiden, wenn er seine Ordre zu spät erteilt oder sich bei der Festlegung des Limit irrt. Das Börsengeschäft wird dadurch zu einer Hetzjagd nach dem richtigen Preis, wobei es einen allgemeingültigen Maßstab nicht gibt, sondern richtig eben der Kurs ist, der dem einzelnen einen Gewinn einbringt oder wenigstens seinen Verlust mindert.

Die Börse in Aktion ist ein übererregter Organismus, der sich bis zum Orgasmus erhitzt. Dabei macht es keinen großen Unterschied mehr, ob die Akteure ihre eigenen Interessen wahrnehmen oder nur die ihrer Auftraggeber. Die Angestellten von Banken und Brokerfirmen, die die Aufträge ihnen völlig fremder Menschen durchzuführen haben, nehmen leidenschaftlich an dem Spiel Anteil, auch wenn sie selbst zufällig nicht mitspekulieren. Der Eifer des Gefechts erzeugt eine Massenpsychose, der sich kaum jemand entziehen kann. Man darf daher den Satz wagen: die Börse handelt im Affekt. Sie ist rasch wechselnden Stimmungen unterworfen, wie eine hysterische Frau, unlogisch, sprunghaft, ohne rechtes Augenmaß für Ursache und Wirkung, immer zu Übertreibungen geneigt. Sie wird sich ihres psychischen Verhaltens nicht bewußt, sondern hält sich vielmehr für ein Collegium logicum. Sie möchte stets vernünftiger erscheinen, als sie ist, um nur ja nicht in den Verdacht zu geraten, daß hier Zufälligkeiten des Spiels obwalten.

Sinngebung des Sinnlosen

Die Börse trachtet danach, dem Weltgeschehen im allgemeinen und der Wirtschaft im besonderen in jedem Augenblick den Puls zu fühlen. In dem Betreben, aus dem einzelnen politischen oder wirtschaftlichen Vorgang, der ihr zu Ohren kommt, sinnvolle Schlüsse für die Kursbildung abzuleiten, versteigt sie sich zum baren Unsinn. Sie stellt um elf Uhr mit Überzeugung fest, daß aus diesem oder jenem Grunde die Konjunkturaussichten sich verschlechtert haben, und läßt daraufhin die Kurse purzeln. Eine Stunde später wird sie sich, wiederum mit voller Überzeugung, durch einen anderen Vorgang zu einer günstigeren Beurteilung der Konjunktur anregen lassen und nun die Kurse in die Höhe treiben. Sie glaubt, daß ihre Stimmungen von realen Ursachen herrühren, die außerhalb ihrer Geistesverfassung liegen. Tatsächlich sind die Stimmungen sehr häufig das Primäre, und um sie sich selbst plausibel zu machen, zieht sie irgendein beliebiges Faktum zur Begründung heran.

Man hat gesagt, daß Geschichte die Sinngebung des Sinnlosen sei. Man könnte das Gleiche von der Börse sagen. Auch sie sucht fortwährend nach Zusammenhängen, deutet die Ereignisse um und aus, wie sie es gerade braucht. Denn sie hat den Ehrgeiz, das Kursbild müßte ein Spiegel des Weltbildes sein. Und um des Kursbildes willen verschiebt sich auch ihr Weltbild von Stunde zu Stunde. Die Börse als Ganzes, als Institution, glaubt selbstverständlich daran, daß sie ein zutreffendes, objektives Spiegelbild gibt. Sie hält diese objektivierende, regulierende Tätigkeit für die vornehmste Aufgabe der Spekulation: fortwährend die Bewertung von Vermögen und Waren der wirklichen Wirtschaftslage anzupassen. Die Börse darf natürlich nicht zugeben, daß sie infolge der spekulativen Übertreibungen und Abirrungen bestenfalls ein Hohlspiegel ist, der ein verzerrtes Bild der Wirklichkeit zeigt.

Doch diese Selbsteinschätzung der Spieler gibt noch keine hinreichende Erklärung dafür, weshalb die Börse sich trotz allen Anfeindungen so machtvoll behaupten und entwickeln konnte, weshalb die Öffentlichkeit bei aller Kritik die Verzerrungen der Spekulation schließlich doch hinnimmt, ohne ernsthafte Konsequenzen daraus zu ziehen, weshalb der Staat und die Allgemeinheit das Börsenspiel dulden.

Das Wesen der Börse

Die Grundlage für die rechtliche Existenz der Börse ist, daß der Staat und die Gesellschaft ihr die Funktion eines Marktes zuerkennen. Wir haben schon zu Anfang dieses Buches darauf hingewiesen, wie sehr sich die Börse von allen übrigen Märkten unterscheidet. Jede Analyse des Börsengeschäfts bestätigt aufs neue, daß die große Mehrzahl der Börsentransaktionen keinen echten Marktcharakter hat, weil hinter ihnen kein wirklicher Bedarf steht. Die gelegentlichen Aktienkäufe zum Zweck von Majoritätsbildungen, die Anlagekäufe von Anleihen, die dem effektiven Warentransport dienenden Geschäfte an den Produktenbörsen, diese drei Grundtypen wirtschaftlicher Börsentransaktionen bilden in ihrer Gesamtheit nur einen minimalen Teil des Börsengeschäfts. Man hat, namentlich in den langen Erörterungen über die Zulassung des Warenterminhandels, immer wieder betont, daß diese Effektivgeschäfte nicht ausreichen würden, um einen kontinuierlichen Markt zu unterhalten, und daß man ebendeshalb die rein spekulativen Geschäfte tolerieren müßte. Nach dieser Argumentation soll die Spekulation einspringen, wenn andere Käufer oder Verkäufer fehlen. Sie soll einmal eine gewisse Auffangs- und Stillhaltefunktion ausüben, sodann soll sie den ungenügenden Markt künstlich erweitern und dadurch eine stetige Preisbildung herbeiführen. Sie soll also einen Ausgleich bewirken, den der reguläre Handel nicht bewerkstelligen kann.

Die Erfahrung gerade der letzten Jahre zeigt, daß die Spekulation nicht imstande ist, diese Aufgabe zu erfüllen. Sie vermag es weder in der einen noch in der anderen Richtung. Trotz der immer glänzenderen technischen Ausgestaltung des spekulativen Terminhandels hat die börsenmäßige Spekulation sich nirgends als Kreditinstrument zum „Durchhalten“ überschüssiger Warenvorräte erwiesen, weil dazu ihre finanzielle Kraft nicht entfernt ausreicht. Ohne hier einen ursächlichen Zusammenhang konstruieren zu wollen, muß man doch die Tatsache feststellen, daß gerade in den Ländern, in denen die Warenbörsen am vorzüglichsten organisiert sind, also vor allem in Amerika, die Krisennot der landwirtschaftlichen Produzenten die schlimmsten Formen angenommen hat.

Noch weniger aber ist die Spekulation fähig, einen Preisausgleich herbeizuführen. Die Gedankengänge, die der Spekulation diese Aufgabe zuweisen wollen, gehen von der irrigen Voraussetzung aus, daß ein größerer Markt auch schon ein ausgeglichenerer Markt sein muß. Tatsächlich beweisen alle Börsenstatistiken das Gegenteil. Je größer die Umsätze an der Börse, desto wilder die Preisschwankungen. Denn die Spekulation legt sich ja eben dann ins Zeug, wenn sie große Preisdifferenzen erwartet, und mit dem Anwachsen der spekulativen Käufe und Verkäufe verschärft sich die Preisbewegung nach oben oder nach unten. So erklärt es sich, daß in ausgeprägten Konjunkturen die Preise nirgends so rapide steigen und stürzen wie in den Werten, die an der Börse gehandelt werden. Das gilt für die Effektenbörsen ebenso wie für die Warenbörsen. Es bedürfte aber auch gar keines zahlenmäßigen Beweises, um den Widersinn der Behauptung, daß die Börse ein wirtschaftlicher Ausgleichsfaktor sei, zu widerlegen. Die psychologische Eigenart des Spekulanten, wie sie in diesem Buch an vielen Einzelbeispielen aufgezeigt wurde, macht die extreme Preisbildung der Börse unvermeidlich. Die spekulativen Geschäfte bilden in ihrer Gesamtheit nicht einen ruhigen See, auf dem die Wirtschaft glatte Fahrt macht, sie gleichen vielmehr einem stürmischen Meer, auf dem die wirtschaftlichen Bedarfsgeschäfte hin und her geworfen werden, wie winzige Kähne, die bei jedem starken Wellenschlag kentern können.

Wenn die Wogen der Spekulation allzuhoch gehen, wenden sich wohl gelegentlich die Industriekapitäne und die Lenker des Staatsschiffes gegen das „Treiben an der Börse“. Mit kleinerem Wellengang sind sie aber ganz zufrieden. Im

Prinzip sind sie selbstverständlich für ausgeglichene Preise und demgemäß auch für möglichst stabile Börsenkurse. In der Praxis jedoch haben sie gegen etwas Unruhe und kleine Kursdifferenzen nichts einzuwenden, denn nichts anderes bedeutet es, wenn man sagt, die Börse erleichtere der Wirtschaft und dem Staat die Aufnahme von Kapital und die Unterbringung von Anleihen. An sich ist die Börse ja kein Kapitalreservoir, aus dem die private oder die öffentliche Wirtschaft ihren Geldbedarf befriedigen kann. Auch die Emission neuer Aktien oder Anleihen vollzieht sich, streng genommen, nicht über die Börse, sondern außerhalb der Börse. Die nachträgliche Einführung der Wertpapiere in den Börsenhandel, die man meistens auf den Zeichnungsprospekten schon stolz vermerkt, ist nichts weiter als ein Anlockmittel für die Kapitalisten. Man führt ihnen in nüchternen, höchst korrekten Worten, aber doch mit einem verständnisinnigen Unterton die Magie der Börse vor Augen. Man sagt dem Publikum: Kauft unsere Wertpapiere, ihr belastet euch damit nicht, denn morgen schon könnt ihr sie an der Börse an einen anderen weiterverkaufen und dabei vielleicht noch gehörig gewinnen. Gebt uns euer Geld — wir geben euch dafür ein Spielzeug.

Da dieser Lockruf seit mehr als dreihundert Jahren immer wieder Gehör findet, darf man wohl mit Fug und Recht behaupten, daß die Börse ein unentbehrliches Finanzierungsinstrument für den modernen Staat und für die moderne Wirtschaft geworden ist. Sie führt tatsächlich der öffentlichen Hand und den privaten Großunternehmungen Geld zu, aber nur im Sinne eines Vermittlers. Sie erweitert den Kreis der Geldgeber, indem sie diejenigen Kapitalisten heranzieht, die ohne spekulativen Anreiz nicht daran denken würden, ihr Geld einem ausländischen Staat anzuvertrauen oder es in eine ihnen völlig fremde Fabrik zu stecken. Das Anlage suchende Kapital würde sich, wenn Sicherheit und Verzinsung ausreichend erscheinen, ohnehin an den Zeichnungsstellen einfinden. Aber die Börse bringt dazu noch dem Staat und der Wirtschaft den Spekulanten. Das ist, wenn man dieses schmückende Beiwort liebt, ihre volkswirtschaftliche Mission.

Der Staat revanchiert sich für diese wertvollen Hilfsdienste, indem er über die Börse seine schützende Hand hält. Wenn sich in Baissezeiten die Angriffe gegen die Börse häufen — nicht selten übrigens gerade aus den Reihen derer, die in der Hausse fleißig mitprofitiert haben —, so macht der Staat wohl der öffentlichen Stimmung Konzessionen, setzt Untersuchungsausschüsse gegen die Börse ein, zitiert ein paar Großspekulanten vor die Gerichte, verbietet bestimmte Spielformen und schließt dann und wann sogar die Börsensäle für einige Tage. Aber im ganzen protegiert er doch die Börse, läßt ihr auch in den Ländern, wo sie organisatorisch ein reiner Privatclub ist, wichtige Privilegien zukommen und erkennt sie als eine öffentlich nützliche Einrichtung an.

Daß die Börse in den dreihundert Jahren ihrer Existenz und namentlich im letzten Jahrhundert für die öffentliche und für die private Wirtschaft ein sehr starker Motor gewesen ist, steht außer jedem Zweifel. Das moderne Verkehrswesen und die auf technischen Neuerungen fußende Großindustrie hätten, wie wir im einzelnen gezeigt haben, gewiß nicht eine so rasche Entwicklung genommen, wenn die Börse nicht die Zugkraft der Spekulation vor den Wagen der Wirtschaft gespannt hätte. Auch die großen gemeinwirtschaftlichen Anlagen der Staaten, der Provinzen und Städte wären ohne den Ansporn der Börse nicht so leicht zu finanzieren gewesen.

Doch selbst wenn die Börse zeitweise der Volkswirtschaft nicht so bedeutende Vorteile brächte, würde sie in der kapitalistischen Welt wahrscheinlich ihren Platz behaupten. Denn wie man auch ihre Zweckmäßigkeit begründen und bemänteln mag, zum Schluß gehen doch alle diese Gründe und Scheingründe auf dieselbe Wurzel zurück: Die Börse ist nicht nur dazu da, den Markt zu regulieren, die Preise auszugleichen, den Kapitalverkehr zu erleichtern, dem Staat oder der Wirtschaft bei der Unterbringung von Aktien und Anleihen behilflich zu sein — die Börse ist da, weil ein erheblicher und einflußreicher Teil der Bevölkerung am Börsenspiel Gefallen findet. Die Börse kommt der Spielleidenschaft entgegen, die sehr vielen Menschen eigen ist. Der menschliche Spieltrieb in Verbindung mit dem Profitstreben hat überall und zu allen Zeiten Profitspiele geschaffen, die der jeweiligen Wirtschaftsform angepaßt sind. Bisher hat es noch kein Land gegeben, das sich von Profitspielen freihielt, auch Sowjetrußland nicht. In der modernen kapitalistischen Wirtschaft hat sich organisch die Börsenspekulation als die beliebteste und angesehenste Form des Profitspiels herausgebildet.

Die Börse kann, um es noch einmal zu wiederholen, auch anderen, nicht spekulativen Zwecken dienen. Sie mag für Kapitalisten, für den Staat, für die Wirtschaft manche nützliche Funktionen erfüllen. Aber der Nutzen und der Schaden, den die Börse stiftet, ist nicht das Ausschlaggebende. Die Börse ist vielmehr, auch wenn es die Beteiligten nicht immer wahrhaben wollen, eine Institution zum Spiel in Kursdifferenzen. Ihr Wesen ist die Spekulation, das Profitspiel mit Begründung — mit Begründungen, die den Spieler scheinbar als Rechner legitimieren.

NAMEN- UND SACHVERZEICHNIS